国家社会科学基金重大项目《网络信息安全监管法治体系构建研究》（项目编号：21&ZD193）阶段性成果

博士生导师学术文库

A Library of Academics by
Ph.D.Supervisors

全球网络空间安全治理研究

（2021—2022）

韩　娜　主编

光明日报出版社

图书在版编目（CIP）数据

全球网络空间安全治理研究：2021—2022 / 韩娜主编 . -- 北京：光明日报出版社，2023.10

ISBN 978 - 7 - 5194 - 7548 - 2

Ⅰ. ①全… Ⅱ. ①韩… Ⅲ. ①网络安全—研究—世界 Ⅳ. ①TN915. 08

中国国家版本馆 CIP 数据核字（2023）第 197712 号

全球网络空间安全治理研究：2021—2022

QUANQIU WANGLUO KONGJIAN ANQUAN ZHILI YANJIU：2021—2022

主　　编：韩　娜

责任编辑：杜春荣　　　　　　　　责任校对：房　蓉　贾　丹

封面设计：一站出版网　　　　　　责任印制：曹　净

出版发行：光明日报出版社

地　　址：北京市西城区永安路 106 号，100050

电　　话：010 - 63169890（咨询），010 - 63131930（邮购）

传　　真：010 - 63131930

网　　址：http：// book. gmw. cn

E - mail：gmrbcbs@ gmw. cn

法律顾问：北京市兰台律师事务所龚柳方律师

印　　刷：三河市华东印刷有限公司

装　　订：三河市华东印刷有限公司

本书如有破损、缺页、装订错误，请与本社联系调换，电话：010 - 63131930

开　　本：170mm×240mm

字　　数：357 千字　　　　　　　印　　张：19

版　　次：2024 年 3 月第 1 版　　　印　　次：2024 年 3 月第 1 次印刷

书　　号：ISBN 978 - 7 - 5194 - 7548 - 2

定　　价：98.00 元

本书编委会

主　　编：韩　娜
编　　委：邓　辉　康　宁　杨振楠　张　钰
　　　　　杨关生　冯文刚　张溪瑨　吴才毓
　　　　　陈成鑫　王家胤

前　言

在大数据时代，全球网络安全态势空前复杂，网络空间的内涵和外延不断扩充，传统的安全困境逐渐走进网络空间，国家原有的社会发展问题与信息社会中出现的新问题相互交织、叠加而至。当前，各国在网络空间中的行动愈加频繁，以国家为背景的网络争端不断显现，扩散的网络武器引发的勒索软件席卷全球，大规模数据泄露及滥用问题不胜枚举，个人信息保护问题日益凸显，关键基础设施频遭黑客攻击而陷入被操控境地或瘫痪。网络威胁演变速度快、散播广、后果大，这远超人们的认知。面对日益复杂的网络安全环境，全球主要国家和地区倾向于通过提升自身网络能力来应对新任务、新挑战，兼顾安全和发展。网络安全是关系未来繁荣与安全的重要议题，尤其是在全球经济倒退的背景下，网络空间国际规则的制定对于经济复苏和发展至关重要。

近年来，网络空间安全领域中出现的大国博弈现象愈演愈烈，使网络空间领域国际交流合作的进程充满不确定性。这些激烈纷争集中在网络设施、网络平台、网络应用、网络市场、社交网络、网络数据、网络技术、网络犯罪、网络内容、网络安全十大方面。由此生成的网络空间治理议题繁杂多样，诉求主体众多，形成无数分散而无法聚焦的小议题群。为实现网络空间和平、安全、开放、合作、有序的状态，有必要完善网络空间国际治理中正在出现的"大治理"机制，聚焦重点涉网议题。

在生产、生活、创造智能化的背景下，网络平台、算法、数据出境、数字货币、元宇宙等领域的议题重要性日益凸显，其监管进展、特征、态势、实践均是分析全球网络空间安全治理的切入点。以跨境网络诈骗、勒索病毒等为代表的网络犯罪猖獗，以暗网为背景的网络恐怖主义尚未停息，在全世界范围内各国公民的个人信息、企业商业秘密被泄露、转卖，衍生下游犯罪。

为充分发挥高校在互联网领域的教学研究资源和优势，鼓励高校进一步加强相关领域理论研究、学科建设和人才培养，为开展网络空间国际交流合作、促进全球互联网事业发展贡献力量，2018 年 12 月，中央网信办联合教育部在全

国遴选 10 家首批网络空间国际治理研究基地，中国人民公安大学成功入围。中国人民公安大学作为公安部的直属高等公安院校，在网络空间监管和治理中具有行业资源优势和科学研究优势。中国人民公安大学网络空间国际治理研究基地致力于网络空间中安全、警务、治理的研究工作，本书为研究员们共同编写，力求做到高维度、全景式、多学科地对全球网络犯罪进行全面和深入的描绘和分析，并提出有关对策。基于此，本书将网络空间安全国际治理的议题设置聚焦美国、俄罗斯、澳大利亚和欧盟、亚非拉等主要国家与地区在网络治理、防范网络恐怖主义、元宇宙、算法安全等重点领域方面的工作，以月份、季度作为时间脉络展现 2021—2022 年网络空间安全治理态势。本书撰写情况如下：第一篇绪论"全球网络空间安全发展"由韩娜副教授撰写；第二篇第一章"美国网络空间安全"由邓辉博士撰写，第二章"欧盟网络空间安全"由康宁副教授、段静暄硕士研究生撰写，第三章"俄罗斯网络空间安全"由杨振楠博士撰写，第四章"澳大利亚网络空间安全"由张钰博士撰写，第五章"亚非拉网络空间安全"由杨关生博士撰写；第三篇第一章"元宇宙监管"由冯文刚副教授撰写，第二章"网络平台监管"由张溪瑨博士、马亚文硕士研究生、陈思琦硕士研究生撰写，第三章"数据出境安全监管"由吴才毓博士撰写，第四章"算法安全监管"由陈成鑫副教授撰写，第五章"数字货币监管"由王家胤博士撰写；第四篇"2021—2022 年月度网络空间安全治理态势"由韩娜副教授撰写。

　　作为世界上最大的发展中国家以及网民数量最多的国家，中国主张让互联网的成果造福全人类，主张"全世界只有一张网"，互联网是人类共同的家园，构建网络空间命运共同体。本书纵向梳理了全球各个主要国家和地区的网络空间安全治理情况与态势，存在诸多不足，恳请实务界人士、学术界同行提出宝贵意见。本书在筹备、撰写和出版的过程中得到了中国人民公安大学各层面的支持和鼓励，在此致以深深的谢意。

目 录
CONTENTS

第一篇 **01**

|制度文化|

绪 论

全球网络空间安全发展

全球网络安全治理拥有政治、经济、外交、军事、技术等多重含义，影响军事和情报信息化，涵盖数万亿数字经济规模，关乎国家安全和政治稳定，占据科技创新、对外贸易、国际传播的制高点，涉及国防、网信、工信、公安、贸易、金融等多个部门，容纳技术社群、民间团体、私有部门等各类非国家行为主体，近年来加速演变成为广泛、复杂、多维、交织的难题，上升为各国最高领导人高度关注的核心议题。2022 年，全球网络安全治理领域的大国博弈一方面呈现白热化的态势，阵营化路线凸显，全球数字经济与贸易规则版图继续呈现分裂割据的局面；另一方面呼吁网络空间和平合作、去意识形态化、去政治化的声音也随之升高，数字冷战路线和数字共同体路线之间的对峙突出，呈现出下列趋势。

第一，网络军事和网络冲突：全球网络冲突加剧，战争和冲突思维充分蔓延到网络空间。

战争和冲突思维已经充分蔓延到网络空间，网络空间已经成为新战场，网络空间总体上进入了"要反对核武器，自己就应该先拥有核武器""要去武装化，必须先武装化"的时代。网络安全领域的国际治理仍然没有走出丛林法则阶段，各国都认为本国是网络攻击的受害者，网络空间和平仍然依赖大国之间的"相互确保摧毁"能力。根据瑞士研究机构日内瓦互联网平台（Geneva Internet Platform）的报告，世界上已经有 53 个国家宣布自己拥有网络作战部队或者显示出具备开展网络攻击的能力，美国、日本、澳大利亚、德国、法国、荷兰、比利时等发达国家和俄罗斯、印度、南非、巴西等新兴国家都已经拥有网络作战部队。

俄乌冲突除了使用传统军事交战手段之外，还动用了网络战、舆论战、信息战等非对称混合式战争手段，成为 2022 年度网络安全形势的一大特征。自2017 年北约国家和欧盟国家在赫尔辛基成立"反制混合威胁欧洲卓越中心"（Hybrid CoE）以来，混合作战概念正式被应用于实战，网络基础设施、网络应

用和服务被"武器化"，关键基础设施成为网络安全的核心战场，网络信息内容平台成为数字时代"攻心之战"的主要场所。

战争和冲突给全球网络安全治理增添新变数。俄乌冲突给网络战争合法性、互联网技术资源治理、网络信息内容治理等全球网络安全治理核心领域带来了新冲击。金融领域的制裁向网络领域延伸，私营企业在全球网络安全治理中的作用凸显，美国互联网骨干运营商 Cogent Communications 和 Lumen Technologies 停止为俄罗斯客户提供服务，SSL 证书认证机构 Sectigo 停止向俄罗斯发放证书，域名注册商 Namecheap 停止维护俄罗斯域名。私营企业掌握了较多的互联网基础技术资源，有能力绕过 ICANN（互联网名称与数字地址分配机构），在一定程度上干涉互联网正常运行，损害其他国家的网络主权。美国私营企业在网络领域针对俄罗斯的此类制裁侵蚀了国际社会对当下全球互联网治理机制的信任，增加了互联网根域名体系分裂的风险，动摇了国际社会对全球互联互通的信心。

在中美网络关系方面，美国继续无中生有，借助其信息传播领域的实力优势，鼓吹"中国网络攻击威胁论"。2021 年 7 月，美国鼓动欧盟、英国、加拿大及北约发布不实报告，指控中国国家行为主体支持攻击微软 Exchange 服务器产品，2022 年 3 月，俄乌冲突爆发之后，美国媒体指控中国攻击俄罗斯实体。然而，美国这两次指控所依赖的证据《2021 年 Microsoft 数字防御报告》（*Microsoft Digital Defense Report* 2021）存在多方面硬伤，指控主要反映美国的政治需求和媒体操作，并经过政客、智库、咨询公司、新闻媒体按照自身所属意识形态光谱、利益集团阵营、盈利模式进行加工和过滤。

在这个背景下，中国实体罕见发布回应报告，解释跨国网络攻击真相。2022 年 2 月，北京奇安盘古实验室科技有限公司发布报告，披露来自美国的 Linux 平台后门"电幕行动"（Bvp 47）的完整技术细节和攻击组织关联，指出该后门已侵害全球 45 个国家和地区。2022 年 3 月，360 公司发布《网络战序幕：美国国安局 NSA（APT-C-40）对全球发起长达十余年无差别攻击》报告，发现美国大规模地、长期地、系统地对全球尤其是中国关键基础设施进行网络攻击和渗透。同时，中国继续采取法律措施保护本国网络和数据。2021 年 9 月，《关键信息基础设施安全保护条例》正式施行，2022 年 2 月，《网络安全审查办法》正式施行。

第二，世界各国挑战美国：网络空间数字立法趋势持续，各国以反垄断、数据安全、隐私保护的名义加强数字立法，以美国为主的全球平台企业继续承压。

以苹果、谷歌、亚马逊、脸书、微软为首的美国平台企业和世界其他国家的平台企业继续承受数字立法压力，在国内外遭遇合规挑战，尤其体现在反垄

断、数据安全、隐私保护等方面。欧盟继续引领全球数字立法"军备竞赛",欧盟相继通过《数字市场法案》(*Digital Markets Act*)与《数字服务法案》(*Digital Services Act*),引领全球反垄断立法,苹果、谷歌、脸书、亚马逊和微软都在欧盟反垄断视野之内。新兴国家和发展中国家争相效仿欧盟,加强数字立法,导致全球呈现出数字立法"军备竞赛"的局面。不同国家之间的法律体系缺乏兼容性,全球数字规则呈现分裂割据的状态,加诸立法者和代码书写者缺少沟通与共识,调整代码空间的难度大、复杂性强,导致平台企业——尤其是美国的全球垄断平台——在全球发展和扩张方面面临巨大压力。

世界各国尚未就数字经济和数字贸易规则形成广泛共识,但是数字经济的双边、多边与区域机制发展迅速。《美国—墨西哥—加拿大协定》(USMCA)、《全面与进步跨太平洋伙伴关系协定》(CPTPP)、《区域全面经济伙伴关系协定》(RCEP)等国际贸易条约纳入数字贸易条款,世界贸易组织(WTO)框架下的电子商务谈判取得实质性进展,加强数字经济、数字贸易立法的兼容性成为国际治理的关键点。

各国加紧推进跨境数据流动规则和跨境隐私规则建设。2022年3月,美欧就"跨大西洋数据隐私框架"达成原则性协议,该框架强调了美欧双方对隐私、数据保护和法治的共同承诺,将促进跨大西洋数据流动。在经历了《安全港协议》(*Safe Harbor*)和《隐私盾协议》(*Privacy Shield*),初步解决了斯诺登泄密事件之后美国国家安全部门针对欧洲的数字监控问题,形成了新的跨境数据流动治理方案。2022年4月,美国与加拿大等APEC(亚太经合组织)经济体宣布建立"全球跨境隐私规则体系"(Global Cross-Border Privacy Rules System),将APEC框架下的跨境隐私规则体系转化为全球所有国家和经济体都可以加入的新体系,建立跨境隐私保护的缓冲带,遏制以欧盟规则为代表的高标准隐私规则在全球范围内无止境扩张的势头,减少以美国为主的全球平台企业的合规成本。

中国积极分析数字时代新形势,恰当认识数字经济在全球竞争格局中的地位,在加强保护公民个人信息的同时,通过国内数字立法和申请加入国际协议,加大国内外数字经济立法兼容性,支持中国企业走出去。中国数字经济发展占据世界前列,数字经济规模位居世界第二,从数字经济占GDP比重指标,中国(30%以上)来看是世界上最依赖数字经济的国家,在数字支付、共享经济治理等领域最早积累了宝贵的实践经验。

2021年8月,全国人民代表大会常务委员会通过了《中华人民共和国个人信息保护法》,并自2021年11月起施行,该法与《网络安全法》《数据安全法》一起被称为网络空间立法的三大支柱。2021年9月及11月,中国分别正式提出申请

加入《全面与进步跨太平洋伙伴关系协定》（CPTPP）和《数字经济伙伴关系协定》（DEPA）。2021 年 10 月及 11 月，国家互联网信息办公室分别就《数据出境安全评估办法（征求意见稿）》和《网络数据安全管理条例（征求意见稿）》公开征求意见。

第三，美国围堵中国：数字冷战路线崛起，国家安全、意识形态、地缘政治冲击数字经济和数字贸易。

美国数字和技术企业面临来自欧洲、新兴国家等全世界经济体的数字立法挑战，亟须树立一个假想敌转移世界注意力。为了达到削弱中国和转移世界注意力的双重目标，美国选择诉诸其驾轻就熟的手段，即炒作意识形态仇恨，以此打造数字时代的排华俱乐部，试图通过政治手段重新制定一套围绕新兴技术、人工智能、数字平台治理的规则，既排挤中国，也收编欧盟。

美国新版《国家安全战略》（*National Security Strategy*，NSS）认为美国应该联合所谓盟友和伙伴，在微电子、先进计算和量子技术、人工智能、生物技术和生物制造、先进电信和清洁能源技术等技术领域削弱中国。美欧以价值观和意识形态为理由推动跨大西洋网络和数字问题对话。美欧在匹兹堡召开会议，宣布成立美欧贸易与技术理事会，建立了技术标准、气候与清洁技术、安全供应链等具体工作组。其中，技术标准工作组的任务是根据美欧核心价值观制定关键和新兴技术标准的协调合作方法。新兴国家印度放弃传统时代的反殖民主义和不结盟运动主张，利用西方恐俄恐华心理，全面参与塑造全球数字经济新秩序。

新兴国家印度借助自身所处的地缘政治战略机遇期，以数字经济和新兴关键技术为首要发力点，加强与发达国家的连接。美日印澳在"四方安全对话机制"首次领导人峰会上决定成立关键和新兴技术工作组，加紧在生物、低碳、半导体、网络、稀土等领域构建弹性、多元、安全的供应链。

针对这种局面，中国在"网络空间命运共同体""数字共同体"等顶层概念指引下不断扩大数据安全领域的国际合作。中国召开 2021 年世界互联网大会乌镇峰会，继"网络空间命运共同体"之后提出"数字文明"新概念，首次使用"数字文明"概念诠释大会主题。中国国家主席习近平以视频方式出席博鳌亚洲论坛 2022 年年会开幕式，提出"全球安全倡议"，呼吁统筹维护传统领域安全和"气候变化""网络安全"等非传统领域安全。2021 年 3 月，中国外交部同阿拉伯国家联盟秘书处召开中阿数据安全视频会议，中国外交部副部长马朝旭和阿盟秘书长办公室主任兼第一助理秘书长扎齐、经济社会事务助理秘书长阿里与会，各成员国驻阿盟代表参加。中阿双方共同发表《中阿数据安全合作倡议》。中阿双方一致认为，在当前数字经济迅猛发展、数据和网络安全风险

突出的背景下，达成《中阿数据安全合作倡议》具有重要特殊意义，标志着双方数字领域战略互信和务实合作进入新阶段，彰显了中阿在数字治理领域的高度共识，有利于推进数据安全领域国际规则制定。自 2020 年 9 月中国发起《全球数据安全倡议》以来，阿拉伯国家成为全球范围内首个与中国共同发表数据安全倡议的地区。

2022 年 6 月，"中国+中亚五国"外长第三次会晤在努尔苏丹举行，各方强调应在"中国+中亚五国"IT 产业园基础上建设"数字丝绸之路""智能丝绸之路"，深化数字经贸、人工智能、大数据、电子政务、区块链等高技术领域合作。各国欢迎国际社会在支持多边主义、兼顾安全发展、坚守公平正义的基础上，为保障数据安全所做出的努力，愿共同应对数据安全风险挑战并在联合国等国际组织框架内开展相关合作。各国强调在《"中国+中亚五国"数据安全合作倡议》框架内开展合作，以应对新的国际信息安全挑战，构建和平、开放、安全、合作、有序的网络空间。在《中阿数据安全合作倡议》之后，《"中国+中亚五国"数据安全合作倡议》标志着中国提出的《全球数据安全倡议》再向前迈进一步。

第四，威胁演化与防护升级：网络犯罪持续增加，各国积极监管网络空间。

勒索攻击全面升级，成为破坏网络安全的颠覆性力量。2021 年勒索软件攻击数量急剧攀升，根据威瑞森发布的《2021 年数据泄露调查报告》显示，勒索软件攻击频率在 2021 年翻了一番，占全部网络安全事件的 10%。随着俄乌冲突在网络领域的延伸，业余勒索软件泛滥成灾，关键基础设施是勒索攻击的核心战场，加速网络空间的"军备竞赛"。随着美国通过《2022 年关键基础设施网络事件报告法》（*Cyber Incident Reporting for Critical Infrastructure Act of 2022*），世界各国也不断推进关键基础设施的国家战略部署，以强化关键基础设施安全，提升全球供应链竞争优势。此外，议题联盟的崛起成为重要态势，议题联盟是拜登推行的以具体议题为导向，旨在为"志同道合"者构建临时性联盟。如在打击勒索攻击问题上，鼓动盟友加入美国打击勒索软件的执法行动，推行反勒索国际联盟。区别于传统具有明确条约义务的联盟，这类议题联盟运转较为灵活，可以较低成本实现美国的国家利益，但在国际网络治理上秉持的仍然是冷战思维，推行意识形态划线。

漏洞威胁形势严峻，成为影响网络安全的主要变量。随着高危漏洞数量的不断增长，漏洞利用渐趋隐蔽，融合叠加风险攀升，在野漏洞利用成为重大网络安全热点事件的风险点。苹果、亚马逊、特斯拉、谷歌、百度、腾讯、网易、京东、推特、Steam 等在内的大型互联网公司及平台极易遭受网络漏洞攻击。在管控政策方面，漏洞披露与保留博弈深化，美欧根据形势不断制定或修订政策

法规，加强漏洞资源管控，漏洞披露和共享在国家、企业间的"圈子化"趋势明显，漏洞战略地位凸显。以美国为首的西方国家政治色彩明显，对华敌对态势不断增强。美国参议院在 2021 年 10 月 28 日投票通过了《2021 年安全设备法》（*Secure Equipment Act of 2021*），以安全威胁为借口，加强对华为、中兴的限制。同时，拜登政府下令审查中国电子商务巨头阿里巴巴的在美云业务，企图完全禁止国内外的美国机构或个人使用阿里云服务，将中国公司挤出美国云服务市场。其他西方国家也接连围堵中国，时任英国处相的特拉斯则将矛头直指中国，声称中国对立陶宛和澳大利亚的"经济胁迫"行为有所增加，将建立更深层次的防务关系以对抗中国的影响力。

数据泄露风险凸显，数据安全与数据保护成为网络安全的重要议题。网络犯罪造成个人信息及数据的大量泄露，对国家安全产生严重威胁。世界各国多措并举推进数据治理与监管，需要指出的是，由于各国处于不同发展阶段，有效应用数据的能力并不相同，对于数据安全的内在利益诉求与面临的外在现实约束均有不同，数据安全维护很难齐头并进，而是具有一定"优先排序"。因此，相应的数据安全维护政策法规与治理机制没有绝对的"模板"，政策实践更会呈现鲜明的"国情特色"。在数据治理中，各国特别关注对青少年群体的保护，明确相关责任。如美国加州通过《加州适龄设计规范法案》（*California Age-Appropriate Design Code Act*），要求科技公司重视儿童福祉，将儿童福祉置于商业利益之上。我国中央网信办、国务院未保办（民政部）、教育部、共青团中央、全国妇联联合举行"清朗·2022 年暑期未成年人网络环境整治"专项行动，集中解决人民群众反映强烈的涉未成年人问题乱象。

网络诈骗犯罪态势高发，严重威胁网络安全。依靠新的网络技术手段，网络犯罪呈现高度的智能化和隐蔽化、犯罪场景虚拟化和平台化、侵害流程跨地域化和非接触化、诈骗方式的产业链条化和集团职业化等特点。以商业电子邮件犯罪（BEC）为典型的网络诈骗，采取的行动包括简单的黑客攻击、向个人邮箱与企业邮箱发送诈骗信息，并要求目标群体向指定的账户汇款。从国际上看，为进一步防范治理网络诈骗，全球主要国家和地区立足本国国情，结合本国网络诈骗特点规律，多措并举，纷纷加强个人信息保护，强化重点人群以及弱势群体管理，持续提升技术防范能力。

针对网络犯罪，中国积极推进网络安全的战略部署，坚持总体国家安全观，营造良好的网络安全环境。顺应网络发展趋势，大力发展数字经济，加速核心技术的自主创新。从实务层面加强网络空间国际合作，坚持网络主权，发挥区域性国际组织的作用，共同应对网络空间威胁，深化国际网络犯罪防治。

第五，虚假信息在全球加速蔓延：各国持续推进网络信息内容监管，虚假信息治理武器化显现。

全球各国受虚假信息威胁增多。在美国，俄罗斯利用非政府组织（NGO）成员开展了针对美国黑人社区的虚假信息传播，同时还雇用美国记者写文章批评拜登政府；2022 年 7 月美国大选中期，一条推文传播了有关投票的谎言："突发：宾夕法尼亚州将不接受邮寄选票"，加深了美国民众对政客和政治进程的不信任。在英国，英国女王去世后，"阴谋谋杀是死因"的指控层出不穷。在巴西，2021 年 9 月底巴西大选即将开始之际，极右翼影响派人士推出虚假信息网站 Lulaflix. com. br，该网站充满左翼选举者的虚假消息，如"卢拉欠税务机关 40 亿雷亚尔（7. 85 亿欧元）""卢拉侮辱巴西人"等，虽然选举结果是左翼获胜，但通过 WhatsApp 等渠道大量传播假新闻给选举者带来巨大影响。当今时代安全议题已经不断突出，各个国家的民主和稳定都正在受到虚假信息的威胁。

信息操纵实施"智能化"。虚假信息作为信息操纵的工具，正在成为攻击目标国网络空间、影响其社会态势的重要进攻手段，人工智能则加速了虚假信息的传播。其一，社交机器人农场批量传播。农场中机器人通过自动点击进行在线交互，而机器人农场则由人工智能技术对账户进行控制并分类别进行大批量虚假信息的传播。其二，深度伪造技术侵蚀信任。深度伪造的本质是利用人工智能中的先进技术来制作虚假视觉和听觉内容，区别于普通的伪造技术，深度伪造实现了与原内容的高相似度，并且越来越多的虚假内容用于政治目的。虚假信息是以影响社会认知来达到目的的工具，而人工智能技术的发展推动了虚假信息的广泛传播，让其社会效果更加显著，"智能化"的信息操纵方式值得重点关注。

信息聚合呈现"产业化"。目前来看，虚假信息的负面效果不仅被人工智能技术放大，还可能在社会层面形成了"产业化"趋势。其一，"黑公关"为虚假信息传播提供了市场动力。随着对虚假信息传播的理解更加深入，"信息洗钱"作为虚假信息流程化生产的一种方式，经过放置（将旧社交账号作为信息源并多平台多渠道传播）—分层（使用看似与信息来源无关的账户或通过向合法新闻来源层层靠近的方式来点赞或转发）—整合（信息成功到达民众）的过程实现对民众的影响，而这一过程通过借鉴洗钱的方式以"产业化"的形式传播虚假信息。除此之外，"网络钓鱼"的战术也已经十分成熟。通过发布仇恨言论、发布嘲讽或冒犯性内容、分享固定议题、吸引注意力四种流程化方式精准投放极具煽动性、迷惑性和争议性的虚假信息，以操控民意并推进特定议程。

各国也在逐步展开对虚假信息的治理。其一，各国以法制方式治理虚假信息问题。欧盟在 2022 年 6 月 16 日发布《2022 年虚假信息行为守则》，该文件主

要提出削弱虚假信息的广告传播，加强政治广告的透明度，确保数字服务的完整性，增强用户治理参与，给予研究人员更大访问权限，授权事实核查社区，建立透明度中心和工作组，加强审查监测框架的设计。美国在 2022 年 4 月 27 日成立虚假信息治理委员会（DGB），但于 2022 年 5 月因多方反对暂停接受审查，带有政治色彩的美式双标本质也使该委员会无法具有合法性；2022 年 8 月 24 日，美国发布《虚假信息最佳做法和保障小组委员会最后报告》，其中提出国土安全部（DHS）在打击虚假信息方面的贡献，并提出国土安全部应该防止中国、伊朗、俄罗斯对美国开展的虚假信息行动，保护公民权利和隐私，提升对放大和强化虚假信息技术手段的识别与应对，改善信息公开方式，完善法律治理手段。英国于 2021 年 5 月发布了《在线安全法案》（*Online Safety Bill*），其主要内容是对匿名滥用内容的打击，加强内容审核、用户分析和行为识别工具，规定了所有公司删除非法虚假信息的义务和对未成年人免受虚假信息影响的保护等。俄罗斯于 2022 年 3 月通过了一项法律，其中规定对故意散布有关军方的虚假信息的行为判处最高 15 年监禁。在我国，中央网信办于 2022 年 9 月部署开展"清朗·打击网络谣言和虚假信息"专项行动，提出重点网站平台开设辟谣专栏并及时转发中国互联网联合辟谣平台和相关部门权威信息，网站平台要在评论置顶位及时展示重要辟谣信息，完善算法推荐规则，对接触过谣言和虚假信息的用户精准推送相关辟谣信息，加强与相关主管部门的协同联动机制建设，要求各网站平台强化网络谣言和虚假信息线索监测报送，要求网站平台常态化开展日常监测和线索收集，要求重点网站平台设立网络谣言和虚假信息专门举报入口，鼓励网民举报。其二，联合国层面对于虚假信息治理也十分重视。2022 年 4 月 1 日，联合国人权理事会一致通过了一项关于虚假信息的新决议，决议文件提出多元化、自由和独立的媒体环境，保护记者和媒体工作者，以及适当的信息透明是打击虚假信息的有效方针，认为加强对算法平台的审查与强化政策引导作用是重要举措。

虚假信息治理成效显著，其也被美国用于攻击中俄两国的国家治理。一方面针对中国，虽然美国在《国家安全战略报告》中提出要"负责任地"与中国保持竞争关系，但是美国不断就相关问题抹黑中国，并以西方价值观为基础团结盟友，以政治色彩的虚假信息传播为武器对中国进行意识形态攻击。另一方面，美国认为俄罗斯是"帝国主义外交政策，目的是推翻国际秩序的关键因素"，认为俄罗斯侵犯了西方的民主自由价值观，其试图使用西方话语来对抗俄罗斯，同时通过更多更先进的技术手段与盟友共同传播涉俄虚假信息，严重威胁俄罗斯的国家安全。

第二篇 **02**

主要国家和地区网络
空间安全治理

第一章

美国网络空间安全

在大数据时代，全球网络安全态势空前复杂，网络空间的内涵和外延不断扩充，传统的安全困境逐渐走进网络空间，国家原有的社会发展问题与信息社会中出现的新问题相互交织、叠加而至。当前，各国在网络空间中的行动愈加频繁，以国家为背景的网络争端不断显现，扩散的网络武器引发的勒索软件席卷全球，大规模数据泄露及滥用问题不胜枚举，个人信息保护问题日益凸显，关键基础设施频遭黑客攻击而陷入被操控境地或瘫痪。网络威胁演变速度快、散播广、后果大，这远超人们的认知。面对日益复杂的网络安全环境，全球主要国家和地区倾向于通过提升自身网络能力来应对新任务、新挑战，兼顾安全和发展。作为网络空间的领跑者，美国更是将网络安全视为"关系未来繁荣与安全"的重要议题。尤其是在全球经济倒退的背景下，网络空间国际规则制定对于经济复苏和发展至关重要。因此，考察美国网络空间安全战略的相关立法和实践，能够为我国提供有益的参考和借鉴。

第一节　美国网络空间安全战略概述

进入 21 世纪以来，信息网络技术呈现出飞速发展的迅猛态势，作为世界上对互联网依赖程度最高的国家，美国成为信息时代的领跑者和最大受益者。随着信息技术在全球范围内的广泛普及，信息网络空间安全问题成为全球网络互联所裹挟的棘手难题。基于对全球五大空间的新认知，网络空间即网域（Cyberspace）与现实空间中的陆域、海域、空域、太空一起，共同形成了人类自然与社会以及国家的公域空间，具有全球空间的性质。① 此后的 20 余年，美国通过

---

① 王世伟. 论信息安全、网络安全、网络空间安全 [J]. 中国图书馆学报, 2015 (2)：72-84.

颁布和实施一系列重大战略，依靠其厚重的技术和商业应用成功抢占网络空间安全保护的制高点。

一、美国网络空间安全战略的发展演进

美国信息政策制定起步于 20 世纪 50 年代末，彼时的信息保护政策是不同州政府之间的各自为政，尚不能称其为网络空间安全战略。① 从克林顿政府开始，才掀起真正意义上的信息技术革命，美国网络空间安全战略布局真正始于 20 世纪 90 年代中后期，网络形成的"分水岭"从"计算机时代"跃升到"网络时代"，② 联邦政府正式介入网络空间安全管理。此后，美国历经克林顿、小布什、奥巴马、特朗普和拜登五任政府，始终贯彻平稳连贯的网络空间安全战略。

1996 年，克林顿政府颁布第 13010 号行政命令《关键基础设施保护》（*The President Executive Order* 13010 *Critical Infrastructure Protection*），首次提出将通信部分的网络威胁纳入关键基础设施面临的威胁范畴。在该命令中，不仅包含电力、通信、能源设施，也包含金融、运输等一切攸关公众利益的重要设施，也首次提出可由私营企业管理和运营关键基础设施。美国政府牵头各部门成立"关键基础设施保护委员会"，后者最终促成《保卫美国网络空间：信息系统保护国家计划》的出台，初步确立了网络安全计划的实施目标和范围。③ 2000 年，克林顿政府签署了《全球化时代的国家安全战略》，信息网络安全被纳入这份战略，从而成为美国国家安全战略重要的一环，这标志着网络空间安全在美国国家安全战略框架中拥有了重要地位。

2001 年，"9·11"恐怖主义袭击事件打破了美国本土"天然免疫"的神话，小布什政府大幅调整联邦政府的组织架构，美国国会、白宫和最高法院在反恐问题上意见高度一致，共同提出网络反恐的战略目标，针对网络空间的威胁提出多个重要的政策和策略。在此期间，小布什政府颁布行政命令要求采取建立国家网络空间安全响应系统、减少国家网络空间安全的威胁、增强国家网络安全意识并加大培训力度、加大政府网络空间安全保护力度、加强国际网络

---

① 司马贺. 网络信息政策法规导论 [M]. 武夷山，译. 上海：上海科技教育出版社，2003：78.

② 郭旨龙. 网络安全的内容体系与法律资源的投放方向 [J]. 法学论坛，2014（6）：35-44.

③ William J. Clinton. Executive Order 13010—Critical Infrastructure Protection [EB/OL]. UCSB，1996-07-15.

空间安全合作及强化隐私保护等六项安全措施。① 随后，美国政府先后颁布第13231号行政命令《信息时代的关键基础设施保护》（*The President Executive Order 13231 Protection of Critical Infrastructure in the Information Age*）和《美国爱国者法案》（*USA Patriot Act*），并任命多位部长级高级官员参与网络关键基础设施计划。② 2002年，美国政府颁布《国土安全法》（*The Homeland Security Act*）并正式成立国土安全部，明确将保障国内网络信息系统安全纳入规制范畴，为美国空间网络战略的形成打开新局面。③ 同年，《网络安全研究与发展法》（*Cyber Security Research and Development Act*）和《联邦信息安全管理法案》（*The Federal Information Security Management Act*，FISMA）相继通过。2003年，《网络空间安全国家战略》颁布，首次提出将网络安全由发展计划上升到国家战略高度，国土安全部也成为主管网络安全、制订网络安全保障计划和进行危机管理责任的核心部门。④

2009年，奥巴马政府组建后，基本延续了小布什政府时期的网络安全立法战略模式，在其基础上继续推进网络安全建设，增强网络的安全性、可靠性与弹性。其中，增强国家网络空间安全主要从促进网络空间合作、减少美国互联网遭受入侵与破坏、确保对信息基础设施事件管理的稳定性和恢复能力及通过行业咨询提升高技术供应链的安全性四个方面出发。与此同时，首次公布开放政府备忘录和开放政府计划，成为美国网络空间安全战略布局快速发展的重要节点。

2010年，美国政府公布《国家安全战略》（NSS）并专章规定了"确保网络空间安全"，主张网络安全威胁是美国国家安全和公共安全领域中所面临的最严重挑战之一，采取措施威慑、预防、发现以及抵御网络攻击，并从入侵和攻击中快速恢复。

2011年，奥巴马政府公布《网络空间国际战略》（*International Strategy of Cyberspace*），提出制定网络空间政策依据在于保障基本自由、尊重个人隐私、确保信息自由流通，明确了追求未来网络空间的目标是确保网络的开放互通、安

---

① 蔡翠红. 美国国家信息安全战略［M］. 上海：学林出版社，2009：187.

② 郑颖，申玉兰. 中国信息网络安全监管法治建设路径探析：基于国际比较的视野［J］. 河北学刊，2014（5）：96-99.

③ 详见《美国爱国者法案》第10章第1016节，《2001年关于基础设施保护法》载于《美国法典》第42篇等5195节。

④ 2002年11月27日美国颁布的第107~305号法律文件《信息网络安全研究与发展法》，资料来源于《美国法典》第15篇第2789节第7401节及后续条文。

全可靠，通过规则实现网络空间稳定。① 在网络安全政策不断演进并趋于成熟的背景下，美国政府和国会开始积极推动综合性的网络安全立法，陆续公布了《2013 年网络和信息技术研发法案》《2014 年网络安全增强法案》《2015 年自由法案》和《2015 年网络安全信息共享法案》。

2017 年，特朗普政府上台后，美国战略重心逐渐从全球反恐转向大国竞争，大国竞争已经成为美国网络国防建设的重要背景和驱动因素。② 特朗普政府突破奥巴马政府对网络行动边界的划定，将现实世界中大国竞争这一传统安全问题引入网络空间，以此为由积极打造进攻性网络力量。③ 2018 年，特朗普政府公布首份《美国国家网络战略》（*National Cyber Strategy of the United States of American*），详细阐述美国面临的主要网络威胁并提出维护美国网络空间利益、应对网络威胁的战略目标与优先政策选项，在继承美国传统治网理念的同时全面凸显"美国优先"的战略考量，明确并细化网络空间发展的支柱，全方位统筹规划网络空间诸多问题，为确保美国网络空间安全指明工作重点和发展方向。在此之后，相继出台的《2018 年国防部网络战略》（*Department of Defense Cyber Strategy of 2018*）、《国土安全部网络安全战略》等报告，从军事、国土安全、国际合作等多个维度对网络空间安全战略目标进行了细化和完善。④ 另一方面，国土安全部、国防部、中情局也先后推出各自的网络空间安全战略，形成了一套系统完整的网络空间安全战略规划。至此，网络安全已是美国安全战略的重要组成部分，从法理层面、技术层面和资源层面已成功抢占全球网络空间的制高点。⑤

2021 年以来，拜登政府主张立足大国高端竞争，采取一系列措施强化网络空间作战能力，维持网络空间领域全方位领先地位，在原有政策基础上强化了美国网络空间战略的国际化程度，在强调自身网络实力的同时，更注重通过美国在国际体系中的盟友和结构性权力来推进其网络空间国际战略。

2022 年 3 月，美国参议院正式引入《加强美国网络安全法》（*Strengthening American Cybersecurity Act*），旨在通过促进联邦信息安全现代化、完善关键设施

① CLINTON H. Remarks on the Release of President Obama Administration's International Strategy for Cyberspace［EB/OL］. STATE, 2011-05-16.

② 闫晓丽，周千荷. 美国网络威慑能力建设情况分析及借鉴［J］. 网络空间安全，2020（5）：80-84.

③ 蔡翠红，王天禅. 特朗普政府的网络空间战略［J］. 当代世界，2020（8）：26-34.

④ 廖蓓蓓，邢松. 美国网络安全体制研究及拜登时代对华战略分析研判［J］. 情报杂志，2021（4）：21-26.

⑤ 赵晨. 特朗普政府：美国国家网络战略评析［J］. 国际研究参考，2018（12）：8-12.

网络安全事件报告制度、提升云计算安全和扩展网络安全管辖范围等措施来进一步提升美国的网络安全能力，极大程度完善了美国的网络空间安全战略布局。

由上述内容可知，美国在网络安全问题上始终保持积极态度，经历了从国内到国际、从政策到立法、从被动应对到主动防御再到国际威慑出击的阶段，并通过战略高度重视、政策立法逐步完善、加大教研投入、确保科技优势等手段积极在网络空间扩展影响，充分显示了美国网络空间安全战略逐渐走向全面和成熟，也体现其争夺网络空间主导权的深层次战略意图。

二、美国网络空间安全战略实施的基础

作为当今世界的超级大国，卓越的人才梯队、显著的技术优势、雄厚的经济实力及强大的军事保障是美国顺利实施网络空间安全战略的重要保障。

第一，人才梯队。美国拥有世界上最为优越的教育条件，众多世界名校仍在源源不断地为美国信息产业输送着网络精英，这种持续性"供给"为美国信息网络人才梯队的构建奠定了坚实基础。同时，美国政府出台专门的网络人才培养计划，对人才培育的资金支持强力助推了美国信息网络人才梯队的发展壮大。此外，美国在网络安全人才队伍建设方面制定了清晰的战略和政策，社会各界基本形成人才队伍培养、管理和使用的体系化合作，形成人才培养的良性循环。

第二，技术优势。美国信息网络技术近年的发展突飞猛进，在与其他国家和地区信息网络技术水平的横向对比中优势显著。互联网软件是网络系统得以正常运行的"灵魂"。在软件技术方面，美国较其他国家具有得天独厚的优势，完善的技术创新机制和卓越的技术研发团队令美国信息网络软件公司实力超群。美国的政府、科研机构和企业携手合作，推动着全球网络信息技术产业的发展进程。以苹果、谷歌、IBM、微软、甲骨文、思科、英特尔等为代表的IT巨头在半导体、通信网络、操作系统、办公系统、数据库、搜索引擎、云计算、大数据等核心技术领域占据着主导优势，成功控制着全球网络信息产业链的主干。[①] 此外，美国在移动通信和卫星通信等方面处于全球领先地位，[②] 并有计划

---

① 惠志斌. 美国网络信息产业发展经验及对我国网络强国建设的启示 [J]. 信息安全与通信保密，2015（2）：23-25.

② 根据学者研究，全球13台根服务器，不仅主根服务器位于美国，其余12台辅根服务器中的9台也在美国。根区文件虽由互联网名称与数字地址分配机构直接管理，但全球主根DNS的最终管理权仍处于美国控制之下。

（张龑. 网络空间安全立法的双重基础 [J]. 中国社会科学，2021（10）：83-104.）.

地进行信息领域垄断企业的重组，巩固信息领域的垄断地位；不断制定各类标准，尽可能地掌握信息网络领域中的话语权。

第三，经济实力。经济实力是国家战略得以全面实施的基本条件。作为冷战后唯一的超级大国，美国雄厚的经济实力为其争夺全球主导权的国家战略奠定了坚实基础。美国在资源禀赋、经济规模和货币体系上均处于领先地位，使其在网络空间安全战略与经济实力间建立起相辅相成的密切联系。

第四，军事保障。美国网络空间安全战略的"军事保障"经历了由虚拟层面向现实层面的重要拓展，美国国防部对网络空间安全战略的军事保障工作曾侧重于美军网络空间作战实力与能力的建设，并取得了丰硕成果。庞大的军队规模、先进的武器装备、充裕的资金投入、出色的作战能力、丰富的作战经验以及密切的军事同盟令美国传统军事安全领域的强劲实力显露无遗，这种传统军事安全优势正成为一种威慑力量融入美国网络空间安全战略的实施过程。

三、美国霸权的网络空间安全秩序

首先，"国家利益至上"原则不仅指导着美国传统安全战略的行为走向，也是美国网络空间安全战略的实施标尺。大数据技术的发展极大地改变了人类社会的物质生活和精神世界，但全球化融合态势下网络安全问题也随之而来。随着人工智能深度学习在不同领域的进步，网络安全攻击者正在寻求方案来绕过深度学习模型的限制，并利用深度模型实现其目标。① 近年来，全球范围内网络安全事件频发，仅在 2022 年上半年，就有多起网络安全事件发生，比如，黑客袭击美国征信公司招致 5000 余万人征信数据泄露、俄罗斯最大银行遭受严重 DDoS 攻击。② 网络安全问题并非偏安一隅的区域问题，其已成为国际社会的共同挑战。美国作为网络发展最大的受益者和网络安全问题的主要责任人，有义务为网络安全的发展贡献力量。但是，在大力布局国家安全战略目的的同时，美国却并未承担国际义务，其根本落脚点是为最大程度实现"让美国再次伟大"的政治目标，避免"网络珍珠港"事件的发生，从而维护有利于美国霸权的网络空间安全秩序。

---

① 张玉清，董颖，柳彩云，等．深度学习应用于网络空间安全的现状、趋势与展望［J］．计算机研究与发展，2018，55（6）：1117-1142.
② 网信高碑店．2022 上半年全球 40 大网络安全事件回顾［EB/OL］．澎湃新闻，2022-07-07.

其次，巩固美国作为世界政治和经济"领头羊"的战略地位，夯实美国全球霸权维系的重要保障。进入网络时代，促进网络经济繁荣发展自然成为美国国家安全战略的核心目标。与此同时，向其他国家输出美式价值观念也成为美国网络空间安全的战略目标之一。凭借先进的信息技术和超强的网络综合实力，美国政府将自身文化和价值理念最大化地散播至网络空间，借垄断网络资源推销其核心价值观，向信息网络劣势国家民众灌输美式行为方式和价值标准，其坚信美式价值观在网络空间的传播可以增进世界各国对美国政治的广泛认知，有利于缓解体系结构矛盾对美国安全的压力。

最后，依靠自身技术实力和话语权优势，美国在网络安全空间一贯追求"行动自由"和"绝对优势"。具体来说，美国网络空间安全战略的利益出发点是维护现有的国际秩序，塑造有利霸权地位的网络空间安全秩序，巩固自身在世界范围内拥有的绝对话语权，继续引领大数据政策的同时遏制他国相关行业的发展，消除任何对手在网络空间发起的攻击。以此为基点，美国先后颁布了《网络空间政策评估》《网络空间可信身份国家战略》《网络空间国际战略》《网络空间行动战略》《信息共享与安全保障国家战略》等重大战略。

延伸阅读

我国西北工业大学遭受美国网络攻击

2022年6月22日，西北工业大学发布《公开声明》称，该校遭受境外网络攻击。陕西省西安市公安局碑林分局随即发布《警情通报》，证实在西北工业大学的信息网络中发现了多款源于境外的木马和恶意程序样本。

中国国家计算机病毒应急处理中心和360公司全程参与了此案的技术分析工作。技术团队先后从西北工业大学的多个信息系统和上网终端中提取到了木马程序样本，综合使用国内现有数据资源和分析手段，并得到欧洲、东南亚部分国家合作伙伴的通力支持，全面还原了相关攻击事件的总体概貌、技术特征、攻击武器、攻击路径和攻击源头，初步判明相关攻击活动源自美国国家安全局（NSA）的"特定入侵行动办公室"（Office of Tailored Access Operation，TAO）。

四、美国网络空间安全战略的显著特征

美国全球外交和安全的战略目标是领导世界并按美国构想塑造世界，为达成这一战略目标，美国综合运用了政治、军事、外交、经济等各种手段，网络

空间安全战略亦以此为目标。美国历任总统实施的网络信息安全政策，历经保护关键基础设施，扩展先发制人的网络打击，到谋取全球制网权的演变，凸显"扩张性"本质。① 在确定网络空间安全战略过程中，美国继承了冷战时期的核威慑理论和从反恐战争中发展而来的先发制人战略，并阐释了网络战的理论与实践，其网络空间安全策略呈现出明显的进攻性。

（一）突出政府的主导作用，强化信息安全顶层设计

美国政府强调与私营企业的合作，以维护关键基础设施的安全。2012 年，奥巴马政府正式推出大数据研究与开发计划，实施基于大数据的国家信息网络空间安全战略这一重大战略部署。具体而言，美国国家科学基金会、国立卫生研究院、国防部等六大联邦机构宣布先期将共同投入超过 2 亿美元的资金以启动开展大量的大数据网络安全战略，涵盖国防、能源、航天、医疗等多重领域。同时，为实现多部门的紧密配合和相互协调，美国政府特地成立"高级督导小组"居中主导。同时，从近些年出台的网络安全政策文件来看，政府在其中的主导作用持续加大。美国政府建立并完善由军方、私营部门和执法机构组成的网络审查小组，加强政府的主导。可以看出，美国政府对网络空间安全战略采取了更加积极的保护措施。

（二）具有鲜明的包容性，涵盖多个领域和行业

传统安全战略的涉猎范围相对较窄，方向较为单一，比如，美国军事安全战略较少甚至从未涉及文化领域。相比之下，美国网络空间安全战略则涵盖了美国政治、经济、军事、文化、科技、教育和法律等诸多领域，极富包容性。这种差异性在本质上缘于，美国军事、经济、文化等方面的安全战略或政策针对的是美国社会某一宏观领域的安全状态，而网络空间安全战略则指向新时代信息传播与交流的工具（信息网络）及人们为之营造的现实与虚拟环境（网络空间）的安全状态。信息网络的工具性与扩散性决定了其注定成为贯穿美国政治、经济、军事、文化、科技、教育和法律等各领域的"神经系统"，维护这一"神经系统"的安全需要美国各领域联网行为体的同心协力。鉴于此，美国网络空间安全战略自问世之日即显磅礴气势，这是其他类型安全战略所无法比拟的。

美国网络空间安全战略的包容性也导致其实际参与主体范围非常广泛，上至美国政府高层领导，下至普通网民，每一个联网的行为体皆已被纳入美国网

---

① 张舒，刘洪梅. 中美网络信息安全政策比较与评估［J］. 信息安全与通信保密，2017（5）：68-79.

络空间安全战略的实施体系之中。近年来，美国网络空间安全事件屡屡发生，不少事件的起因源自公众不良的上网习惯以及网络安全意识淡薄。2009 年，奥巴马政府重新修订并颁布新版《国家基础设施保护计划》（NIPP），将每年 12 月设置为"国家关键基础设施保护月"，向全国民众强调保护国家资源的重要性，鼓励人们参与相关的活动及培训，以对抗网络攻击与信息恐怖主义的严重威胁。① 美国政府先后发布《网络安全国家行动计划》（CNAP）、《加强国家网络安全——促进数字经济的安全与发展》等多份报告，反映出美国精英阶层对网络威胁的判断，加强了对公众网络安全意识与教育的重视。美国情报机构开展了一系列协调、宣传和计划活动，与美国政府、学术界和产业界的人士合作，使参与非保密工作的科学团体也可以了解情报机构的观点。

（三）凸显军队的特殊作用，强化网络空间军事化趋势

未来网络战不仅会打在战时，更会打在平时；不仅会打在军用网络，更会打在民用网络。2012 年 1 月，奥巴马政府发布的《国防预算优先性与选择》（*Defense Budget Priorities and Choices*）明确指出"网络空间仍将是经费投入还会增加的少数领域"，由此加重了美国网络空间治理的军事化色彩。2015 年，美国政府组建网络作战指挥机构以增强自身威慑力，正式成立"美国网络司令部"。该司令部具备发动主动攻击的权限，而无须考虑攻击威胁的计算机是否处于美国国内，并且在 2016 年被升格为作战司令部。② 2017 年，特朗普上任初期，美国军队中具有网络战职能的不同部门联合形成了单独的高级别的司令部门。2018 年，美军网络司令部完成升级，在调配部队资源、开展行动方面获得了更大自主权，其与太平洋司令部和欧洲司令部同级，向国防部长做直接汇报。③ 同年，《2018 年国防部网络战略》发布，强调主动在网络空间开展竞争和对抗以形成网络空间战略威慑能力，战争期间美国网络部队将会配合陆海空及太空的军事力量共同作战。需要注意的是，为了维持太空军事霸权、构筑太空供应链安全、防止太空技术扩散和确立美国主导的太空规则与秩序，美国于 2018 年正式组建太空军，美国政府强化应对太空系统网络安全问题的相关政策，包括发布指导性政策指令和安全备忘录，与产业界合作确立安全标准和共享安全威胁信息，通过立法将太空系统纳入关键基础设施，以期将太空系统的网络标准从

① 刘金瑞. 美国网络安全的政策战略演进及当前立法重点［J］. 北航法律评论，2013（1）：205-227.

② The US Department of Defense. Defense Budget Priorities and Choice［R］. Washington，D. C.：The US Department of Defense，2012.

③ 王星. 美国网络安全人才政策综述［J］. 信息安全与通信保密，2018（8）：69-76.

自愿遵守变为强制性义务。①

特朗普政府通过行政手段为网络军事行动赋权和松绑，并在《国防部网络战略》中提出了"前置防御"的作战理念，不仅赋予美军在其身处的世界任何地方展开网络行动的权力，而且要求美军在各种威胁发生之前采取行动排除安全隐患。2021年以来，美国加强专业人员招募，组建新的网络空间作战部队，扩大网络空间作战部队规模。美军继续以"联合网络作战架构"为指导，依托各军种发展和完善网络空间作战武器系统和工具，同时充分借助业界技术和能力，加强网络安全技术装备的研发，提升网络空间防御能力。但是，在美国"以实力求和平"的理念指引下，网络空间难以避免地走向军事化的危险道路。其他国家为了维护自身网络安全和在网络空间中的发展权利，不得不投入更多资源加强自身的网络安全能力建设，从而在客观上激化了网络空间"军备竞赛"。

（四）打造国际网络联盟，提升国际网络安全领导力

目前，美国主要是通过能力构建、共享信息、联合训练等方式加强与盟友相互合作。由于美国在网络空间中的优势地位遭到相对削弱，不可避免地影响美国战略界对美国所面临的威胁以及大国竞争关系的判断：在安全机制合作上，2001年美国政府与欧洲理事会的26个欧盟成员国以及加拿大、日本和南非等国共同签署了《网络犯罪公约》（Cyber-crime Convention）；在网络空间军事合作上，美国领衔多国举行了"网络风暴"系列的跨部门、大规模网络攻击应对演习。② 奥巴马政府的国际网络安全合作思维中凸显了"同盟资源"的重要意义，将美国政府在传统国际政治领域中掌握的政治资源引入网络空间，试图通过建立美国网络空间霸权体系下的政治、军事"同盟"或"准同盟"，以网络空间"共同体安全"来应对新时期美国网络安全面临的新挑战。在未来，美国还将构建不同层次的网络盟友和伙伴圈，这成为美国网络空间安全战略发展的重要方向。

近年来，随着后发国家网络技术的兴起，美国从零和博弈与"新冷战"的角度看待中国在网络空间的发展和俄罗斯的网络活动，形成了"大国竞争"语

---

① 何奇松．美国太空系统网络安全能力构建［J］．国际展望，2022（3）：134−155，161− 162.

② 2006年，美、英等4国举行了"网络风暴1"演习，主要针对模拟恐怖分子及"黑客"的网络攻击。2008年，美、英、澳等5国举行了"网络风暴2"演习，主要针对应对1800多项的安全挑战。2010年，美、英、法、德、意、日等13国举行了"网络风暴3"联合军事演习。

境下的威胁认知。2017 年，特朗普政府发布的《国家安全战略》（NSS）将中国、俄罗斯列为"修正主义国家"，以此企图通过打造国际联盟的方式遏制中俄及其他后发国家的发展脚步。美国认为，长期主导国际网络空间是不现实的，因此，特别重视与盟友的合作以共同应对网络安全威胁，借助其盟友在技术和情报等方面的优势，不断增强应对网络空间威胁的能力。美国将网络空间作为获取军事优势的新战场，将传统军事同盟引入了网络空间，与北约盟国和日本等国家举行多边和双边联合网络演习。①

当下，拜登政府依旧延续并完善网络安全威慑战略思想，意图通过拉拢国际伙伴构建网络威慑联盟，在网络空间划"红线"，在网络空间规则方面制定符合美国价值观所谓的"负责任行为"标准，主导国际网络空间的规则建设。2021 年，美国《临时国家安全战略指南》（*Interim National Security Strategic Guidance*）再次强调："美国将重新致力于网络问题上的国际参与，与盟友和合作伙伴一起努力维护现有的网络空间全球规范并塑造新的规范。"②

第二节　美国网络空间安全监管概述

为了保证网络空间安全战略得以实施，美国在联邦层面形成了"1+4+2"的政策执行框架，即白宫统领，国防部、国土安全部、国务院和国家情报总监办公室履行核心职能，财政部和司法部提供政策工具，按照各自职能范围独立或联合执行网络经济、网络外交、网络军事、网络情报和网络安全政策。③ 直至最后，通过强化政府的安全职能，改组信息管理机构，设立层层主管机构，加强网络监控力度，美国逐步形成一整套完备的信息安全防范体系。

---

① 北约合作网络防御卓越中心于 2021 年 4 月举行年度"锁定盾牌"演习，30 个国家的 2000 多名网络安全家参演；同年 12 月，北约举行年度"网络联盟"防御演习，有 1000 余名盟国和合作伙伴网络防护人员参演。

② The White House. Interim National Security Strategic Guidance［EB/OL］. White House, 2021-03-03.

③ 袁艺，夏成效，胡效军. 美国加强国家信息安全的主要做法［J］. 信息系统工程，2011（3）：17.

一、美国网络空间安全监管的组织机构

（一）国土安全部（DHS）

为保卫美国国土安全，使美国政府能够更加协调、有效地应对恐怖袭击威胁，2002 年小布什政府颁布《国土安全法案》（HSA），美国国土安全部正式成立，主要负责包括确保美国关键基础设施安全在内的国家安全工作。2003 年 6 月，国土安全部成立国家网络安全科，主要负责管理美国网络应急系统及险情处理程序，同时保护政府网站免遭黑客袭击。国土安全部中与网络安全相关的具体职位有上千个，具体负责保障网络安全的职能部门包括国家保护与计划管理局、科学技术局、公民和移民服务局等。此外，美国国土安全部开展的"可视化和数据分析卓越中心"项目，通过对大规模异构数据的研究，使应急救援人员能够解决人为或自然灾害、恐怖主义事件、网络威胁等方面的问题，有力地承担起了维护美国网络空间安全的相关责任。

（二）国防部（DOD）

2018 年，国防部发布《国家网络战略》（*National Cyber Strategy*，NCS），强调以进攻性的"防御前置"为基本特点，负责多级别的异常监测项目，旨在解决海量网络数据中的异常监测和鉴定问题。同时，特朗普政府网络战略聚焦经济繁荣和国家安全两大方向，赋予国防部诸多网络安全战略的实施权限及相应职责，导致国防部在美国网络空间安全战略中的地位越发突出。2021 年，国防部和各军种密集发布涉网络空间作战、信息优势、数字化、5G 等方面的指令性文件，试图通过打造通用网络武器平台提高部队数字化水平和网络空间作战能力。[①]

（三）国家安全局（NSA）

在行政划分上，国家安全局虽为美国国防部的下属机构，其实质上却系一个直属于美国总统的情报组织，是美国保密等级最高、雇员人数最多、经费开支最大的"超级情报机构"。作为美国所有情报部门的中枢，国家安全局为美国网络空间安全战略的实施提供了大量重要情报，为美国领导层根据网络安全局势变化做出准确判断提供了根本保证。

（四）司法部（MOJ）

作为维护政府法律利益、保障法律公平性的美国行政机构，美国司法部主要

---

① The United States Navy. U. S. Fleet Cyber Command/U. S. Tenth Fleet Strategic Plan 2020—2025 [R]. Maryland：The U. S. Tenth Fleet, 2018.

负责监督与保障《互联网免税法案》（*Internet Tax Freedom Act*）、《互联网非歧视法》（*Internet Nondiscrimination Act*）、《反垃圾邮件法案》（*Can-Span Act*）和《网络安全法》（*Cyber Security Law*）等互联网相关法规的施行。尤其是，联邦调查局内部设立了专门负责调查利用网络信息犯罪的部门，一旦发现某个网址有恶意传播病毒、儿童色情等内容，有侵犯知识产权、危害国家安全、组织犯罪活动和网络欺诈等犯罪行为的，在与司法部的合作下，通过法律途径能直接关闭该网站。

（五）联邦调查局（FBI）

隶属于美国司法部的联邦调查局主要负责调查国内的具体犯罪活动，打击国内的网络犯罪、维护国家安全和防范有组织的恐怖主义活动，在打击暴力犯罪、毒品犯罪、有组织犯罪、职务犯罪和间谍活动五大方面享有最高优先权。相较其他情报部门而言，中情局（CIA）主要是汇集、整合、分析来自国内外的情报数据和信息资源。

（六）以企业、社会团体为代表的其他相关社会组织

以微软和谷歌公司为代表的美国大型企业在日常经济活动中早已被打上了深刻的政治"烙印"。随着黑客技术对各国网络空间安全战略"双重意义"的日臻凸显，网络黑客俨然摇身变为各国政府的"座上宾"。从表面上看，这些黑客软件是一群热爱黑客技术而进行交流的地方，而其实质上已成为美国政府培育网络黑客的廉价工具。尤其是黑客组织利用交流网站介绍黑客攻击手段，为新人免费提供各种黑客工具软件，鼓励他们攻击目标国家的信息网络，这进一步恶化了国际信息网络安全环境。

二、美国网络空间安全监管的法律依据

迄今，美国没有统一完整的网络空间安全监管的综合立法，相关规定散见于不同法律。根据相关统计，美国有超过 50 部联邦法律直接或间接与网络安全有关，共同构建起保护美国网络空间安全的紧密大网，[①] 而不同时期的立法规定与不同执政者的网络空间安全战略态度息息相关。

21 世纪以前，全球互联的信息网络尚处于发展的初期阶段，技术尚未发展到一定水平，而网络安全问题与网络信息技术的发展息息相关，处于较低水平的网络信息技术尚不足以带来巨大的网络隐患，因此，这一阶段网络安全问题

---

① ERIC A F, TOHN W R, LIU E, et al. The 2013 Cybersecurity Executive Order: Overview and Considerations for Congress [R]. Washington, D. C.: Congressional Research Service, 2013.

并不突出，相应的网络安全立法成果有限。①

2010 年，为修订 2002 年《国土安全法案》（HSA）和其他相关法律来提高网络空间的安全性和通信基础设施在应对网络攻击时的弹性，该法案要求在总统行政办公室里建立一个网络空间政策办公室，开发一个提高网络空间的安全性和弹性的国家发展战略，监督、协调和整合与网络安全相关的联邦政府的政策和活动，确保所有联邦机构遵守适当的指导方针政策，确保联邦政府机构能够获得、接收并适当传播与网络安全相关的执法和恐怖主义情报的信息。

2012 年的《网络安全法案》对基础设施建设、公私协作和风险共享方面做出了翔实规定，但由于增加私营企业的政府控制和运营成本、担忧侵犯公民隐私权等原因未通过。②

2013 年，《网络安全及美国网络竞争法》出台，要求联邦政府与私营部门进行合作，增强网络安全在受到攻击时的处理能力，同时增强私营部门间的竞争力和在信息技术产业创造就业机会的能力，保护美国公民和企业的身份以及敏感信息的安全，提高公共和私人通信信息的安全性以及应对网络攻击时的弹性。同年，《网络信息共享和保护法》出台，主要规定了美国政府与信息技术公司和制造公司之间的网络流量共享，针对网络攻击进行调查并确保网络安全的相关问题。

2014 年，奥巴马正式签署《网络安全增强法案》（*Cyber Security Enhancement Act*，CSEA），旨在建立公私间持久自愿的合作伙伴关系，改进网络安全研发，普及公众安全教育。③

---

① 2010 年以前的美国网络安全立法可以分为三个阶段：（1）2000 年以前：1999 年《网络空间电子信息安全法》和 2000 年《政府信息安全改革法》；（2）小布什政府时期："9·11"事件促使美国将战略重心调整至打击恐怖主义，小布什政府密集出台多部信息网络安全法律，包括 2002 年制定的《联邦信息安全管理法案》《国土安全法》《网络安全增强法》和 2005 年《网络安全教育促进法》；（3）奥巴马政府时期前期：2009 年《网络安全法》要求联邦政府成立国家网络安全咨询办公室，并赋予其从互联网上断开重要基础设施、管理所有网络事物的权力。该部门还需要帮助美国政府制定网络空间安全战略，向政府部门提供咨询服务。

② 耿贵宁，张向宏. 美国《2012 网络安全法案》的解读与思考 [J]. 保密科学技术，2012（12）：27-33.

③ 《2014 年网络安全增强法案》的核心内容包括：（1）改进相关技术标准和程序，有效降低关键基础设施面临的互联网安全风险；（2）联邦的审计部门负责人每隔两年提交一次年度评估报告，说明为降低关键基础设施网络风险而采取的举措及其成效；（3）每四年更新一次联邦网络安全研究与发展战略计划，以应对持续变动的网络安全风险；（4）对教育人员以及相关从业人员的发展、联邦奖学金交换服务项目、网络安全意识培养等，均给出了具体的指导意见和规定 [李建伟. 美国网络安全监控战略与法制变迁及其启示 [J]. 北京航空航天大学学报（社会科学版），2020（5）：30.]。

2015 年《网络安全信息共享法案》（*Cybersecurity Information Sharing Act of 2015，CISA*）通过对私营企业和政府机构双方做出明确规定，构建了联邦政府与有关联邦实体和非实体之间关于网络威胁指示、防卫措施等信息的共享框架：一方面，私营企业可以基于网络安全目的共享、接收或使用网络威胁信息；另一方面，联邦政府机构对其接收的网络威胁信息可根据法定特殊目的进行披露、存留和使用。①

2020 年，特朗普政府公布《国家太空政策》（*National Space Policy of the United States of America*），强调加强太空系统网络安全的重要性，将防止太空系统遭受网络攻击作为重中之重。

2022 年 3 月，拜登政府正式引入《网络安全增强法案》（CSEA），旨在通过促进联邦信息安全现代化、完善关键设施网络安全事件报告制度、提升云计算安全和扩展网络安全管辖范围等措施来进一步提升美国的网络安全能力。②

三、美国网络空间安全监管的主要措施

（一）战略和政策制定

在美国信息安全战略的推进过程中，历任总统都亲自主抓，多次以总统令形式对外发布，确保政令的权威性。2003 年，小布什政府颁布《网络空间安全国家战略》，以保护关键基础设施、减少网络安全漏洞和降低网络攻击影响为总体战略目标。为此，政府主张建立风险响应系统，及时发现问题并做出响应，同时设立国家项目以控制潜在网络威胁。此外，设立国家项目以加强网络安全预警，保障政府机构网络安全，积极参与网络安全国际合作，拓宽网络犯罪打击渠道。在该战略中，作为主管网络安全事务的核心机构，国土安全部是部门间、政府间尤其是公私主体间、联邦政府同州政府间的沟通桥梁。国土安全部可制订相关国家计划，保障关键基础设施和重要资源，进行危机管理，提供技

---

① 这些目的包括：（1）网络安全目的；（2）识别网络安全威胁；（3）识别国外敌对势力或恐怖分子使用信息系统引发的网络安全威胁；（4）响应、减轻或防止因恐怖活动或使用大规模杀伤性武器而造成的损害；（5）响应、减轻或防止针对未成年人的严重威胁；（6）阻止、调查或起诉特定犯罪［方婷，李欲晓. 安全与隐私：美国网络安全信息共享的立法博弈分析［J］. 西安交通大学学报（社会科学版），2016（1）：70.］。

② 此外，拜登政府执政后，先后发布三道行政令与安全备忘录，强调供应链、工业控制系统等方面的网络安全。由此作为反太空武器能力的重要构成部分，美国开始打造太空系统网络安全能力。美国政府、军方与产业界共同努力，强化太空系统的网络安全。The White House. National Space Policy of the United States of America ［EB/OL］. White House，2020-12-09.

术支援、预警信息以及详细应对建议，并投入资金用于网络安全科技创新研发，发展关键技术，进一步扩大关键基础设施的外延，首次纳入邮政、农业、化工业等关乎国计民生的行业产业。

2009年，奥巴马政府通过部署的 data. gov、apps. gov 大数据构想策略而正式提出美国开放政府计划，意图通过完善的美国网络空间安全策略来建立全功能的实时政府。在开放政府计划为美国网络空间安全监管奠定基调的基础上，美国政府通过一系列开放数据政策的调整和新近上线的最佳实践指引文件，不断对政府大数据构想和网络空间安全监管进行优化升级。

2010年，奥巴马政府颁布《国家安全战略》，该战略第三部分"促进美国利益和安全"，要求从认识和行动层面采取实际行动来"确保网络安全"。①

2011年7月，美国国防部发布了《网络空间行动战略》，这一战略明确将网络空间与陆、海、空、太空并列为五大行动领域，将网络空间列为作战区域，提出了被动防御变为主动防御的网络战思想，推动了网络空间军事化的进程。②该战略提出了确立网络空间的军事地位、进行主动防御、保护关键设施、防护集体网络和加强技术创新五大倡议，使得非传统安全的网络空间安全打上了传统军事安全的深刻烙印。

2012年，奥巴马政府发布行政指令，要求国土安全部建立和推进保护关键基础设施和信息共享的计划，推进网络威胁信息的收集并及时传递给目标主体，同时大力推行数字政府战略，发布《数字政府：建立一个21世纪平台以更好地服务美国人民》和《开放数据政策——管理信息资产》，并陆续发布前述行政文件的配套数据政策作为补充和支撑。其中，最主要的补充政策包括《分配国家安全和应急通信功能》《提升关键基础设施网络安全》和《把开放和可机读作为政府信息新的默认模式》。为了确保国家安全和应急通信功能的获取和保持，成立了若干新机构并就有关功能实现在上述机构和现有政府机构间进行了职责

---

① 2010年《美国国家安全战略》提到的相关措施包括：（1）网络安全威胁是当前美国最严重危机之一，预防和应对恐怖分子、有组织犯罪集团利用黑客对美国网络安全进行攻击以及相关的网络威胁；（2）要求采取措施预防网络攻击，在攻击发生后快速处置，恢复秩序；（3）加大网络安全人才资金、技术支撑和政策扶持力度；（4）加强不同部门之间的合作关系；（5）重视数字基础设施保护的全球合作，努力制定各国认可的网络空间国际行为规范（The White House. National Security Strategy 2010 [R]. Washington D. C.: The White House，2010：27-29.）。

② 上海社会科学院信息研究所. 信息安全辞典 [M]. 上海：上海辞书出版社，2013：16.

分配和整合,① 要求通过联合项目办公室的项目形式以国防部、国土安全部为重点的职责分工,辅之以商务部的技术标准推行和联邦通信委员会的通信资源分配,并以财政预算贯穿始终的协同支持。②

2017 年,特朗普政府颁布《国家安全战略》,同时出台《增强联邦政府网络与关键性基础设施网络安全》,强调国防部的战略先锋地位,要求与联邦政府其他相关部门密切配合,协同发挥作用以强化国家总体网络安全水平。③

2021 年,拜登政府颁布"改善国家网络安全"行政命令,要求联邦政府改善整个国家的网络安全,包括提高网络安全标准、强制采用多因素身份验证与加密、使用安全云服务与零信任架构、改善软件供应链安全。2022 年,拜登总统签署"改善关键基础设施控制系统网络安全"国家安全备忘录,要求工业控制系统网络威胁的可视化,以便及时探测、发出警告,责令国家安全部门应切实遵守前述网络安全行政令,并规定了具体时间表与实施指南,以保护美国关键基础设施。④

第三节　美国网络空间安全治理趋势

一、美国网络空间安全治理特点

（一）安全与发展并重的治理目标

在网络空间安全治理领域,政府的角色与治理方式灵活,同时注重发展与安全,交叉运用发展政策和规制政策,扶持和监管并行不悖。美国从政府行政行为出发,充分考虑国家安全和隐私保护需求,将数据开放做主动公开、申请公开和被动公开区分。其将开放数据做结构化和非结构化的技术分类,强调数据做结构化处理以实现机读和数据格式的通用和重用性,非结构化数据（法律条文、个案裁判或类似于社交网站的时间轴数据）则通过各部门机构的网站挂载等形式发布。

① 赵志云,崔海默. 美国网络安全新近立法及对我国的启示 [J]. 学术交流,2017 (6)：136-141.

② 黄道丽,原浩. 开放数据与网络安全立法和政策的冲突与暗合：以美国政府行政令为视角 [J]. 信息安全与通信保密,2015 (6)：78-81.

③ The White House. National Security Strategy 2017 [R]. Washington D. C.：White House,2017：12, 31-33.

④ The White House. National Security Memorandum on Improving Cybersecurity for Critical Infrastructure Control Systems [EB/OL]. White House,2021-07-28.

在强化网络安全建设的同时，美国政府也提出网络经济政策，重点是促进就业、数字贸易和应对商业网络窃密。"美国优先"的核心是经济增长和国家安全，强调经济安全也是国家安全，经济安全的核心是贸易和就业，促进就业和经济增长也就成为特朗普政府网络经济的落脚点。其根本目的是通过强势贸易冲突的政策手段，打破现有多边国际经贸体制的约束，建立以美国为中心的全球经济贸易新架构。

（二）法规与技术结合的治理措施

1977 年，美国政府针对互联网犯罪颁布了《联邦计算机系统保护法案》，在世界范围内首次将计算机系统纳入法律的保护范畴。1986 年以后，美国政府陆续颁布《电子通信隐私法》《计算机安全法》和《信息技术管理改革法》。2000 年，美国政府制定了《政府信息安全改革法》，明确商务部、国防部、司法部、总务管理局、人事管理局等部门维护信息安全的具体职责，建立了联邦政府部门信息安全监督机制。此后，以"9·11"事件为分水岭，美国网络空间监管态度从松散管理向加强干预转变，相继颁布了《电子政府法》（2002 年）、《联邦信息安全管理法案》（2002 年）、《机密信息保护和统计效率法案》（2002年）及相关的指引、规则和行政法令。

（三）强调公私合作和信息共享的治理理念

为了弥补政府治理能力的不足，美国网络空间治理引入市场和社会机制。在全球化大潮的席卷之下，互联互通的信息系统已经发展成为支撑整个社会持续运转的基础设施，网络信息系统本身的机密性、完整性和可用性的安全要求与社会和企业的整体的国家安全需求密不可分。网络安全信息共享由"提高私主体监控自身系统的授权"和"公私部门信息情报的共享"两部分组成，其能够促使政府和企业及时获取和分析信息系统本身的安全漏洞，并及时掌握网络入侵、恶意攻击的技术细节和预警信息等网络威胁信息。

2003 年《网络空间安全国家战略》在"网络安全反应"方面采取 8 项主要行动计划，并指出"努力发展私营部门间的合作伙伴关系，共同致力于提高网络安全意识、培训人员、刺激市场力量、确认并减少脆弱性"，要求"建立应对全国性网络攻击事件的公共与私营部门合作体系，鼓励私营部门发展维护网络安全运行的能力，改善并提高公私部门在网络攻击、威胁及脆弱性方面的信息共享"[①]。

---

① The White House. The National Strategy to Secure Cyberspace［R］. Washington D. C.：The White House，2003.

因此，以 2015 年《网络安全信息共享法案》为代表的立法积极主张通过公共机构和私营部门的协作互补，以充分整合政府和企业在网络安全风险识别、风险评估、风险预防和风险控制方面的技术能力和资源优势，共同提高应对网络安全风险的能力。① 需要说明的是，国土安全部等公权力机关基于有效接收和分发网络安全威胁预警的目的，可以指定任意网络安全信息交换。而私权主体虽被明确授权可以在网络安全信息交换中获得网络安全威胁预警信息，但只能为了抵御或减轻网络安全威胁的目的而使用、持有或进一步披露。

尽管相关法案规定豁免私权主体监控所有的网络设施或者自愿披露网络威胁信息所产生的民事责任和刑事责任。但是，对运营关键基础设施的私权主体来说，这种豁免仍存在不信任和信息泄露的风险，也会被联邦机构作为不利于当事人的证据，可能会侵害个人的隐私权和公民自由，以及商业秘密、商业声誉等合法商业利益。对共享网络安全信息的私权主体予以民事责任和刑事责任的豁免，是否会侵害该私权主体行为相对人的利益也未可知，② 同时在共享范围、共享主体和共享程序等方面也可能过度干涉私营部门及个人隐私。③ 然而，由于社会利益和个人利益在本质上趋于一致，应实现网络安全与个人隐私之间的动态协调，而并非否认前述法案的正当性。④ 此外，全国州首席信息官协会（NASCIO）在其中发挥了十分重要的社会整合功能。

二、美国网络空间安全治理趋势

美国网络空间安全治理由点到面，从不具争议的技术层面开展扩张，充分利用其坚实的工业能力和技术优势，突破大数据的分析处理核心技术难点，兼顾基础数据安全的同时掌握整体信息网络安全治理态势，最终保证信息网络空间的行动自由和实际控制，进而将安全战略转化为现实世界的各种掌控能力和攻击能力。尽管每届美国政府在具体政策的制定和执行上不尽一致，但网络空

---

① 刘金瑞. 美国网络安全信息共享立法及对我国的启示 [J]. 财经法学，2017 (2)：22-30.

② 刘金瑞. 美国网络安全立法近期进展及对我国的启示 [J]. 暨南学报（哲学社会科学版），2014，36 (2)：74-84.

③ 2015 年 7 月 27 日，电子前沿基金会联合超过 68 个安全专家、科技公司和民间社会组织递交一封联合信，以敦促参议院尽快否决《网络安全信息共享法案》，其规定严重威胁隐私和公民自由，未能保护用户的个人信息，并允许私营企业与政府共享大量的个人数据，甚至包括对识别或应对网络安全威胁而言并不必要的个人数据（郭娟娟. 美国会通过网络安全法案多方指其侵犯隐私权 [N]. 环球时报，2015-10-28.）。

④ NOJEIM G T. Cybersecurity and Freedom on the Internet [J]. Journal of National Security Law & Policy，2010 (4)：121.

间安全治理趋势未曾改变，始终带有"国家利益"的基本属性，无法偏离"网络扩张"的战略轨迹，网络空间安全战略地位呈不断上升趋势。①

（一）由体系防御逐步转为积极攻击

美国网络空间安全战略的发展经历了由"被动防御"转向"主动进攻"、由"技术保障"转向"综合威慑"的过程，攻防态势的显著变化是新世纪美国政府网络空间安全战略演进的重要特征。20世纪末，美国政府的网络空间安全战略在防御与进攻态势上采取了"防御为主"的"适度安全"政策，如通过多层次、纵深的"深度防御"措施来确保信息系统及用户信息的安全，以保障电子商务的正常运行。② 但是，"9·11"事件后，美国安全问题思维方式发生了改变，网络空间安全战略重点由"单一防御"逐渐转向"网络反恐为主、攻防结合"的防御战略。③ 具体来说，小布什政府针对"网络恐怖主义"攻击采取了主动防御的政策，对恐怖组织及其支持国进行了"先发制人"的针对性网络进攻。④ 奥巴马政府则将美国网络空间安全战略由"攻防并重"转向"进攻为主"，在态度上更为主动，持续提升网络攻击武器研发力度并筹建美军网络司令部。特朗普政府将网络空间安全战略完全推向主动进攻，提出"以实力维护和平"的原则，撤销了实施攻击性网络行动附加的严格限制，导致使用攻击性网络武器的约束大大放宽。⑤

随着网络空间与国际体系关联紧密化，特朗普上任后面临着更为复杂的网络态势，网络空间安全战略主动进攻的强硬态度越发明显。⑥ 比如，为了提升网络主动防御能力，《国防部网络战略》采用了"防御前置"的术语，即在攻击

---

① 刘勃然，魏秀明. 美国网络信息安全战略：发展历程、演进特征与实质 [J]. 辽宁大学学报（哲学社会科学版），2019（3）：159-167.

② Clinton W J. Protecting America's Critical Infrastructures：PDD 63 [EB/OL]. White House, 1998-05-22.

③ 刘彬，胡建伟. 美国网络空间安全战略发展演变分析 [J]. 网络安全技术与应用，2022 （5）：165-166.

④ 比如，伊拉克战争是美英联军向伊拉克发动首轮空袭前美军的第一轮网络攻击。

⑤ 美国网络空间安全战略旨在通过加强军事能力建设强化对潜在对手的威慑，强化"先发制人""前置防御"的综合性网络威慑，并赋予国防部与情报部门采取进攻性网络行动的更多授权。比如，要求"提升联合部队网络空间行动力，确保在对抗性的网络环境中完成各项任务"，国防部"必须改变过去的低调、曝光、破坏、阻止并挫败威胁美国利益的网络活动"，并明确指出"战争期间，美国网络部队将会配合海陆空及太空力量共同作战"。Department of Defense. Cyber Strategy Summary [EB/OL]. Department of Defense，2018-09-18.

⑥ 汪晓风."美国优先"与特朗普政府网络战略的重构 [J]. 复旦学报（社会科学版），2019（4）：179-188.

源头部署防御设施，或提前摧毁攻击者使用的工具、平台和路径。① 这意味着，对于危害美国网络空间安全的国外目标或恶意行为，都可以采取持续作战的策略进行预先攻击或主动惩罚。

美国网络空间安全战略奉行网络威慑战略，打压他国信息技术和产业进步，进而将美国政府的网络价值观和规则观推向全球，从自身利益出发塑造网络空间国际治理体系。由于积极践行"网络威慑"战略，美国政府不断加大对进攻性网络力量建设的投入，通过将网络作战力量融入其他军种的联合作战行动之中从而推进网络力量的实战化，使得网络空间的和平稳定面临更多挑战，冲击了原本脆弱的网络空间稳定状态。

延伸阅读

美国网络霸权和中美贸易冲突

近年来，美国将中国作为新兴网络竞争方，在民粹主义情绪煽动下，特朗普政府冷战思维渐起，《美国国家安全战略》已经公然将中国定义为"修正主义大国"和"战略竞争对手"，提出要在各领域打压中国竞争势头，美国对华战略发生重大转向。

美国网络空间安全战略明确把中国列为主要竞争对手和网络威胁主要来源地，指责中国利用"网络空间对美及其盟友持续发起具有长期战略风险的行动""中国参与网络经济间谍活动和数万亿美元的网络窃取知识产权行为""侵蚀美国企业和经济"，情绪化论调跃然纸上。

自特朗普上台以来，美国政府以"国家安全"为由启动多轮对华贸易调查，将对华贸易制裁的重点从钢铁、铝、光伏等传统产业逐渐转向高新技术产业，不惜出重手打压中兴、华为等中国 IT 企业，阻止中资机构对美国新兴技术产业的投资及经营活动，以期在高端制造业和高科技领域打垮中国竞争的潜力，合谋抹黑中国网络技术的安全性，将网络安全视为重要的贸易壁垒工具，试图为美国"科技生态系统与网络空间发展"布局。

（二）大力发展网络安全产业

从信息网络的发展层面来看，私营部门、社会团体和个人不断获得网络赋

---

① 特朗普政府通过行政手段为网络军事行动赋权和"松绑"，并在《国防部网络战略》中提出了"前置防御"的作战理念，不仅赋予美军在其身处的世界任何地方展开网络行动的权力，而且要求美军在各种威胁发生之前采取行动排除安全隐患。

能，削弱或转移了政府对社会的影响和控制，政府部门也积极探索利用数据和网络技术，提升管控网络空间和治理公共事务的能力。因此，美国政府选择适应大数据和人工智能技术的发展规律，并未单独通过政府层面进行网络空间安全战略的推进，而是积极发挥私营主体的市场作用，公私协作地实施相关政策法规。

（三）细化和落实网络空间安全战略

美国网络空间安全战略在技术研发与创新、网络安全产业、网络防御等领域打破旧思路，通过战略的细化和落实不断寻找新的突破口，使其政策更好地顺应技术发展和新的安全需求。详细而言，为更好地引领网络安全与信息化潮流，美国网络空间安全战略全方位统筹规划网络空间的诸多问题，并有针对性地提出因应之策，其涵盖技术创新、数字经济发展、网络能力建设、打击网络犯罪、网络人才培养等多个方面，为美国未来网络空间发展提供了一个全面的行动指南。

根据美国网络空间安全战略的授权，国土安全部承担政府网络安全的主要职责，不仅可以基于网络安全目的访问除国防部和情报部门外的各联邦机构的信息系统并直接采取行动，同时也要求关注七大领域的关键基础设施网络安全状况，并细化相关措施来推动发展充满活力与弹性的数字经济。

（四）打造网络空间安全人才梯队

在网络空间安全教育领域，对美国历史影响较为深远的人才培养举措当属"国家网络空间安全教育计划"（National Initiative for Cybersecurity Education，NICE）。NICE 计划由美国国家标准与技术研究所（NIST）牵头，国土安全部、国防部、教育部等多部门共同领导，2017 年正式形成《NICE 网络安全人才队伍框架》，旨在通过建立动态可持续的网络安全计划，指导各级政府开展网络安全实践，从而加强整个国家层面的安全态势感知能力。2018 年，特朗普政府深刻认识到美国网络安全人才存在较大缺口的紧迫性，在原计划的基础上创新设立"网络安全学徒制"，通过培养半工半读人员，拓展网络安全人才队伍来源。

2019 年，美国国防部发布《数字现代化战略》，指定了人工智能、云计算等需要优先发展的技术领域，并提出了以技术创新谋求优势、提高效率和能力、维护网络安全、培养数字人才四大目标任务。2020 年版《NICE 战略》更新发布，进一步准备、发展和维持一支可保卫和促进国家安全和经济发展的网络安全人才队伍。[①]

---

① NICE. NICE Framework History［EB/OL］. NIST，2020-11-27.

（五）强化自身主导的国际网络秩序

美国作为网络信息技术的发源地，一直主导全球数字经济发展进程，其凭借强大的信息技术能力、丰富的网络专业人才以及全面的网络资源，在推动全球网络空间发展方面具有绝对的领导地位。但是，美国对多边机制的不信任和工具化态度更是令全球治理进程受到阻滞，而并非选择可以促进全球网络空间安全发展的良性国际合作模式。

奥巴马政府支持"多利益攸关方"治理模式，提出建立网络空间"志同道合"的国际合作伙伴关系，① 这种实际是以价值观和国家体制为界分的倡议反映出其重视维持自身在全球网络空间治理的主导权，并致力于必须在外空、网络空间、海洋等全球公域领导并参与多边论坛的安排，通过外交和联盟关系推动建立在国际法基础上的网络空间负责任国家行为框架。② 此外，美国还不断加强在联合国、G20 等多边机制中的参与度和话语权，以此掌握在网络空间国际治理中的主动权，在国际网络空间对后发国家形成围堵之势。

在这一过程中，美国政府视网络空间国际治理机制为落实美国网络空间安全战略的工具，并抵制不能为美国带来实质利益的治理主张和治理机制。③ 在根本上，美国政府对联合国等多边组织的网络治理规则没有兴趣，而是倾向于通过双边关系来达成新的网络安全合作协议，甚至试图通过国内立法加强此类合作，④ 从而迟滞了全球网络空间治理进程。

拜登政府正在推进西方技术联盟，这将成为美国新政府的一项主要任务，"民主国家联盟"和"供应链联盟"将成为美国网络空间国际战略中的重要驱动力。2022 年 3 月 3 日，拜登政府提出《临时国家安全战略指南》，主张与经济理念相似的民主国家共同保卫关键的供应链和技术链的基础设施。换言之，拜登政府主要试图通过与盟国的合作来确保产业链安全和"确保网络空间的规则

---

① The White House. International Strategy for Cyberspace：Prosperity，Security，and Openness in a Networked World ［R］. Washington D. C.：The White House，2011.

② The White House. National Cyber Strategy of the United States of America ［R］. Washington D. C.：The White House，2018.

③ 例如，2017 年 6 月，联合国信息安全政府专家组（UNGGE）因为美国代表坚持在共识文件中加入可通过经济制裁、军事行动等手段回应网络攻击的文字表述而宣告失败。2018 年 11 月，美国代表团拒绝在互联网治理论坛达成的《网络空间信任和安全巴黎倡议》上签字。

④ 比如，《2017 年美国—以色列网络安全提升法案》及《2017 年乌克兰网络安全合作法案》。

由民主国家来制定"。①

实际上，美国虽然在网络空间安全的问题上积极开展国际合作，高喊出跨大西洋联盟回归的口号，但将自身利益置于盟友利益之上是美国的战略本性，美国对国际机制"无用则弃"的态度从未改变。② 但是，世界潮流的趋向表明，尽管大国竞争全面深化，但良性国际合作仍是大势所趋，美国逆势而行的信息网络安全战略效果，还有待于实践检验。③

总的来说，美国网络安全立法偏向网络关键基础设施保护、注重网络安全公私合作以及促进网络安全信息共享。在未来，我国网络安全立法应当根据信息科技发展和网络安全形势变化，适时更新《国家网络空间安全战略》，推动《网络安全法》《关键信息基础设施安全保护条例》等法律和行政法规的具体落实，增强对境外网络攻击的应急处置能力，建立网络安全信息共享制度，鼓励网络安全领域公私合作，并继续加强网络安全国际对话，掌握国际规则制定的主动权。

延伸阅读

美国利用"联盟"试图主导国际网络空间秩序

（1）"五眼联盟"（Five Eyes Alliance，FVEY），由美国、英国、加拿大、澳大利亚和新西兰五个英语国家所组成的情报共享联盟。2020 年 6 月 29 日，时任中国外交部发言人的赵立坚主持例行记者会时强调，"五眼联盟"情报合作长期违反国际法和国际关系基本准则，对外国政府、企业和人员实施大规模、有组织、无差别的网络窃听、监听、监控，这早已是世人皆知的事实。

（2）"九眼联盟"。九眼联盟只是五眼联盟的扩展，允许其他国家之间的合作，以在成员之间收集和共享大量数据。尽管这些成员与"五眼"成员的合作程度不高，但他们确实从访问数据和资源共享中受益。

（3）"十四眼联盟"。十四眼联盟，包括"九眼联盟"的成员，以及德国、

---

① 王天禅. 美国拜登政府网络空间国际战略动向及其影响［J］. 中国信息安全，2021（3）：72-74.

② SMITH M E. Transatlantic Security Relations since the European Security Strategy：What Role for the EU in Its Pursuit of Strategic Autonomy？［J］. Journal of European Integration，2018，40（5）：605-620.

③ 门洪华，胡文杰. 中欧网络安全合作：进程、评估与走向［J］. 同济大学学报（社会科学版），2022（4）：21-35.

比利时、意大利、瑞典和西班牙。同"九眼联盟"一样，"十四眼联盟"旨在扩大成员国的监视收集和共享范围。这些国家与"五眼"成员的关系甚至比"九眼"成员的"亲密"程度更小，但他们仍可以从通常无法获得的资源和情报中受益。

（4）"未来互联网联盟"（The Alliance for the Future of the Internet）。2021年12月，拜登政府计划在民主峰会推出"未来互联网联盟"，旨在建立以美国为标准的"开放、安全、可靠"的互联网秩序。2021年12月9日，中国外交部发言人汪文斌表示，这是美国分裂互联网、谋求技术垄断和网络霸权、打压别国科技发展的又一例证，表示中方反对将科技合作政治化，以意识形态划线，搞排他性安排等做法。

第二章

欧盟网络空间安全

近年来，网络空间大国博弈加剧，全球数据主权竞争越发激烈，网络攻击与网络犯罪等网络威胁严重阻碍网络空间安全发展。根据"欧洲晴雨表"（Eurobarometer）于 2020 年 1 月发布的一项有关网络安全的民意调查结果，76% 的受访者认为自身很可能成为网络犯罪的受害者，分别有 67% 和 66% 的受访者对网络金融诈骗和恶意软件攻击表示非常担忧。[①] 加之数字经济日益成为全球经济增长的主要动力，在这样的背景之下，欧盟作为全球最大的区域经济性组织，必须调整其网络空间战略，以维护自身网络空间主权。[②]

第一节　欧盟网络空间治理的发展脉络

一、欧盟网络安全治理战略的提出

20 世纪 90 年代初，计算机技术逐步发展，互联网的应用开始普遍起来。与此同时，网络空间的安全事件也日渐引起欧盟的关注。1994 年的《班格曼报告》（*Bangemann Report*）提出了欧洲在全球信息社会中的定位和策略，为欧盟信息社会发展指明了方向。[③] 1996 年《网络空间独立宣言》（*A Declaration of the Independence of Cyberspace*），呼吁政府离开网络空间，认为网络空间没有主权，

---

① Eurobarometer. Europeans' Attitudes Towards Cyber Security ［EB/OL］. Publications. Office of the European Union, 2022-01-06.

② 吴军超. 欧盟网络安全治理探析 ［J］. 郑州大学学报（哲学社会科学版），2021, 54（1）：24-29.

③ Jacques BERLEUR, Jean-Marc GALAND. ICT Policies of the European Union: From an Information Society to Europe. Trends and Visions ［M］//BERLEUR J, AVGEROU C. Perspectives and Policies on ICT in Society. Boston: Springer, 2006.

网络空间也不存在于任何国家的边界之内，政府对网络的管制是徒劳的。① 而这种去政府、去权威的自由主义理念，似乎与现实背道而驰，网络的跨国性和去中心性模糊了国家主权边界，挑战了传统的以主权国家为中心的国际机制，给现实世界带来混乱，使得各国不得不强化网络空间治理。2000 年 12 月，欧盟实施《电子欧洲行动计划》（E-Europe Action Plan），强调要加强信息基础设施安全，保护互联网用户隐私，促进电子商务、电子政务、电子医疗等在线公共服务项目的安全运转。② 2006 年 5 月，欧盟出台《欧洲信息社会安全战略：对话、合作伙伴和授权》，这是欧盟推出的第一部综合性信息安全战略文件。欧盟在其中强调，要加强内部成员国间的协商与对话，使欧盟在信息技术的服务与创新中取得优势。该战略将网络空间信息安全提升到欧洲整体社会形态的高度。

二、欧盟网络安全治理战略的发展

2010 年以后，全球范围内的网络安全形势呈现出复杂化趋势，为预防和应对网络中断与网络袭击，平衡所有成员国网络安全保护水平，建设欧洲数字单一市场，发展数字经济，欧盟于 2013 年 2 月出台《欧盟网络安全战略：公开、可靠和安全的网络空间》（Cybersecurity Strategy of the EU：An Open，Safe and Secure Cyberspace）。该战略提出五项优先工作：提升网络的抗打击能力，大幅减少网络犯罪，在欧盟公共防务的框架下制定网络防御政策和发展防御能力，发展网络安全方面的工业和技术，为欧盟制定国际网络空间政策。③ 网络安全战略要求各成员国以战略为纲，建立预防和处理网络安全风险和事故的相应战略和专门机构，与欧盟委员会共享风险预警信息。战略对于建立一个"公开、自由和安全"的欧盟网络空间、凝聚欧盟共同价值、提升欧盟在全球网络空间的话语权具有重大意义。2016 年，欧盟进一步出台《欧盟外交与安全政策的全球战略》（Common Security and Defence Policy，CSDP），网络安全成为欧盟安全大战略中的关键环节，与国防、反恐及能源安全并列成为欧盟安全领域的重点。④

---

① BARLOW J P. A Declaration of the Independence of Cyberspace ［EB/OL］. Electronic Frontier Famdation，1996-02-08.

② 吴军超. 欧盟网络安全治理探析 ［J］. 郑州大学学报（哲学社会科学版），2021，54（1）：24-29.

③ European Union. Cybersecurity Strategy of the EU：An Open，Safe and Secure Cyberspace ［EB/OL］. European Data Protection Supervisor，2013-06-14.

④ European Union. Common Security and Defence Policy ［EB/OL］. European Parliament，2021-08-12.

三、欧盟网络安全治理战略的完善

2020 年 12 月 16 日，欧盟委员会（European Commission，EC）发布了新的《欧盟数字十年的网络安全战略》（*The EU's Cybersecurity Strategy for the Digital Decade*）。新版战略包含法规、投资和政策工具方面的相关建议，在韧性、技术主权和领导力方面提高欧盟网络空间国际治理的能力。[1] 新版战略延续了旧版战略的基本宗旨与制度框架，与旧版战略的不同之处体现在新的立法工具为各成员国提供制度协调、能力建设支持等框架工具与对网络安全项目活动的资助。新版战略是欧盟在网络空间领域的行动纲领，也是欧洲一体化进程中的重要面向。

第二节　欧盟数据空间治理的制度依据

一、欧盟的网络空间治理法规

2008 年，金融危机席卷全球，世界经济陷入低迷，为尽快摆脱金融危机对欧盟成员国经济的影响，欧盟委员会于 2010 年制定了战略文件《欧洲 2020 战略》（*Europe 2020 Strategy*），提出七大计划，其中计划之一就是"数字欧洲议程"，旨在建立统一的数字市场，以数字经济引领经济复苏。[2] 随着网络安全形势的日益严峻，欧盟加快了制定网络空间安全战略的脚步。欧盟的网络空间安全治理以 2013 年出台的《欧盟网络安全战略》为标志，形成了战略、监管、技术、规则和文化等多重框架体系。《欧盟网络安全战略》提出五项原则以指导欧盟及其成员国的网络安全战略：保护公众网络空间基本权利、保护公众网络空间言论自由、保护公众个人数据隐私、确保公民互联网访问的权利、承担维护网络空间安全的责任。[3] 战略将网络空间的利益相关方分为三个层次，即欧盟层次、国家层次和国际层次，厘清了各方的权利与责任，使各利益相关方能够在

---

① European Commission. The EU's Cybersecurity Strategy for the Digital Decade［EB/OL］. Shaping Europe's Digital Future，2020-12-06.

② European Commission. Europe 2020 Strategy［EB/OL］. Publications Office of the European Union，2022-08-10.

③ European Union . Cyber Security Strategy of the E U：An Open，Safe and Secure Cyberspace［EB/OL］. European Data Protection Supervisor，2013-06-14.

各自的定位下有序参与网络空间活动、维护网络空间安全。① 同时《欧盟网络安全战略》注重实现网络弹性，大幅减少网络犯罪，发展网络防御政策和能力，开发网络安全的工业和技术资源，建立一致的国际网络空间政策。②

2011 年，欧洲刑警组织发表《借助互联网实施有组织犯罪的战略分析》（*Strategic Analysis of Internet Facilitated Organized Crime*）。报告指出网络犯罪日益猖獗，网络世界充斥着数以万计的计算机病毒和恶意代码，每天会致使约 14 万台电脑瘫痪。③ 为专门打击有组织的网络非法活动，2013 年 1 月 11 日，欧洲网络犯罪中心（European Cybercrime Centre，EC3）在荷兰海牙成立，这是欧洲刑警组织的子组织。该组织针对欧盟网络犯罪的执法对策，重点关注三种类型的网络犯罪：依赖网络的犯罪，网上儿童性虐待，网上支付和网上金融服务。2017 年，欧盟理事会将上述三个领域作为欧洲刑警组织在 2018—2021 年欧盟政策周期下优先打击的犯罪，并建议以相应方式打击网络犯罪。首先，针对网络依赖型犯罪，欧盟理事会建议扰乱那些针对信息系统的网络攻击，特别是那些为了犯罪而建立的网络商业模式；其次，针对网上儿童性虐待，欧盟理事会建议打击儿童性虐待和儿童性剥削，以及制作、传播与儿童性虐待相关的网络信息；最后，针对网上金融犯罪，欧盟理事会建议主要打击进行诈骗和伪造非现金支付手段（包括大规模信用卡诈骗）的犯罪分子。④

为提升欧盟的网络防御能力，欧盟理事会于 2014 年 11 月通过了"欧洲防御政策框架"。框架提出五个优先事项：支持成员国发展与欧洲安全与国防政策（CSDP）相关的网络防御能力，加强对欧盟实体使用的 CSDP 通信网络的保护，促进与更广泛的欧盟网络政策、相关欧盟机构和机关以及私营部门的军民合作和协同作用，改善培训、教育和锻炼机会，加强与相关国际伙伴的合作。⑤ 2018 年 11 月，欧盟理事会对该框架进行了更新。更新的框架特别呼吁采取限制性措施应对和威慑网络攻击，并在原先的优先事项基础上提出六个优先事项，包括鼓励通过共同的安全防御政策进一步保护信息网络系统和互联网，并促进军民

① European Union . Cyber Security Strategy of the E U：An Open，Safe and Secure Cyberspace ［EB/OL］. European Data Protection Supervisor，2013-06-14.

② European Union . Cyber Security Strategy of the E U：An Open，Safe and Secure Cyberspace ［EB/OL］. European Data Protection Supervisor，2013-06-14.

③ Europol Strategic Analysis of Internet Facilitated Organized Crime ［EB/OL］. Europol Public Information，2011-01-07.

④ Europol. EU Policy Cycle – EMPACT ［EB/OL］. Europol Europa，2022-01-20.

⑤ European Council. The EU Cyber Defence Policy Framework ［EB/OL］. Eu Cyber Direct，2014-11.

合作，以及与重要国际组织，如联合国和北大西洋公约组织的国际合作。①

2016 年 7 月 6 日，欧洲议会全体会议通过了《欧盟网络与信息系统安全指令》（*The EC Directive on Security of Network and Information Systems*，NIS）。指令是以提升欧盟成员国网络安全能力为宗旨的指导性法规，要求欧盟各成员国贯彻指令精神建立自己的网络空间安全法律体系。指令面向关键国家基础设施，将组织机构分为基础服务运营商与数字服务运营商，并要求各成员国在此基础上建立统一的网络服务与高水平的信息系统，以整合数字资源，共同维护网络空间安全。②

2016 年，欧洲议会在原先的《关于个人数据处理保护与自由流动指令》基础上制定并通过了《通用数据保护条例》（*General Data Protection Regulation*，GDPR），于 2018 年 5 月 25 日生效。③ 条例一出台就引起了全世界的广泛关注，其对于大数据时代对个人信息的收集和使用问题的规定，是迄今世界范围内最严格、处罚最严厉的法规，可见欧盟对于数据安全的重视程度。同年 11 月 21 日，欧洲议会和欧盟理事会发布《机构个人数据处理第 2018/1725 号条例》。该条例是为配合《通用数据保护条例》（GDPR）所构建的个人数据保护框架，确保其有效实施而制定的。条例在个人数据跨境保护等方面做出规制行为的拓展，进一步明确了个人数据保护的责任制度。

2017 年，欧盟委员会在原有行动的基础上，提出一项关于网络安全的法规。法规中首次为网络空间安全领域的诸多关键概念提供了定义："网络安全"是指保护信息网络系统、信息网络系统用户和利益相关方免受网络威胁的所有必要活动；"网络威胁"是指任何可能对信息网络系统、信息网络系统用户和利益相关方造成不利影响的潜在情况或事件；"欧洲网络安全认证计划"是指在欧盟层面定义的一整套规则、技术要求、标准和程序，适用于该特定计划范围内的信息和通信技术产品及服务的认证。2018 年 12 月，欧洲议会、欧盟理事会与欧盟委员会就该项网络安全法案达成政治协议，并于 2019 年 3 月 12 日通过，赋予其欧盟法规的效力。④ 2019 年 6 月 27 日，欧洲议会和欧盟理事会第 2019/881 号条

---

① European Council. The EU Cyber Defence Policy Framework［EB/OL］. Eu Cyber Direct，2018-11.

② European Parliament. The EC Directive on Security of Network and Information Systems［EB/OL］. EPRS，2021-03-09.

③ European Parliament. General Data Protection Regulation［EB/OL］. Intersoft Consulting，2020-06-24.

④ 中国科学院科学传播局. 欧盟就网络安全法案达成协议［EB/OL］. 中科院网信工作网，2019-01-03.

例《关于欧洲网络与信息安全局信息和通信技术的网络安全》，即《网络安全法案》（*EU Cybersecurity Act*）正式实施。该条例主要有两个目的：一是加强欧盟网络安全局（ENISA）作为网络安全事务专业知识和建议中心的作用，促进成员国之间的业务合作，并加强其技术和人力能力及技能的建设，以应对网络威胁。二是通过建立欧盟范围内的网络安全认证框架，实施统一的网络安全认证方法，并表明认证计划是增加数字产品信任和安全的关键。①

2020 年 2 月 19 日，欧盟委员会于布鲁塞尔发布了三份战略文件《塑造欧洲的数字未来》（*Shaping Europe's Digital Future*）、《人工智能白皮书》（*The White Paper on Artificial Intelligence*）和《欧洲数据战略》（*A European Strategy for Data*）。《塑造欧洲的数字未来》表明了欧盟在数字时代希望引领全球数字经济发展，增强欧洲网络空间领导力的野心。战略提出以技术为主导实现欧洲的数字化转型，要在数字化的帮助之下，在数字经济的带动之下，实现社会的开放、公平与可持续发展。②《人工智能白皮书》是欧盟在人工智能领域争夺主导权的战略性文件，其目标是确保欧盟在人工智能领域的技术优势，发展安全、可信赖的人工智能技术，为每一个欧洲公民服务。《欧洲数据战略》目标在于更好地利用数据造福社会，其中包括提升生产效率、构建自由竞争的市场、改善公民的健康状况，同时加强环境保护、提升治理的透明度并为公民提供更加便利的公共服务。③ 欧盟期待通过该战略全面推动和促进欧盟数据经济的发展，从而增加并扩大欧盟单一市场中数据以及数字化产品的服务需求和应用规模。④ 2020年 6 月 30 日，欧洲数据保护监管局（EDPS）发布了《欧洲数据保护监管局战略计划（2020—2024）——塑造更安全的数字未来》（*EDPS Strategy 2020 - 2024：Shaping a Safer Digital Future*），承袭了开放、公平、可持续的发展目标，包括愿景、行动和团结三个方面，旨在塑造欧洲的数字团结。⑤

2020 年 12 月 15 日，欧盟委员会公布了《数字服务法案》（DSA）和《数字

① European Council. EU Cybersecurity Act［EB/OL］. Shaping Europe's Digital Future，2019-03-19.

② European Commission. Shaping Europe's Digital Future［EB/OL］. European Union，2020-02-19.

③ European Commission. A European Strategy for Data［EB/OL］. European Parliament，2022-06-07.

④ European Commission. A European Strategy for Data［EB/OL］. European Parliament，2022-06-07.

⑤ EDPS. EDPS Strategy 2020—2024：Shaping a Safer Digital Future［EB/OL］. European Data Protection Supervisor，2020-06-30.

市场法案》（DMA），旨在规制数字服务提供者，为公众提供一个透明且安全的在线网络服务环境。DSA 主要侧重于规制网络上非法内容的传播，其一，明确了数字服务提供者的责任，包括算法问责机制和在用户要求时迅速删除在线非法内容；其二，明确了用户在网络空间的基本权利，特别是对未成年人在接受在线平台服务时的权利。① DMA 侧重于规制大型互联网企业的行为，明确了大型互联网平台参与数字服务的责任，以稳定数字经济的发展。②

2016 年制定的《欧盟网络与信息系统安全指令》（NIS）在一定程度上提升了欧盟的网络安全能力，并为欧盟各成员国构建起一个相互沟通的渠道。但是近年来网络竞争激烈，外部环境复杂，为适应新的时代特点，欧盟对 NIS 进行了更新。2021 年 10 月发布《关于网络和信息系统安全的修订指令》（NIS2）替代了原有的《欧盟网络与信息系统安全指令》（NIS）。更新后的指令规定了能源、运输、金融、健康和数字服务提供公司需要遵守的风险管理措施和风险报告义务，为欧盟成员国之间相互沟通、合力抗击网络非法内容提供了制度保障。

为配合欧盟在顶层设计及企业一级的监管法案，保证进入欧盟市场的无线设备安全，欧盟委员会于 2021 年 10 月出台了《无线设备指令》（RED）。该指令将取代原有的《无线电与电信关于无线电和电信终端设备的指令 1999/5/EC》（*Radio and Telecommunications Terminal Equipment*，R&TTE），原符合 R&TTE 指令的产品将不再允许在欧盟市场上流通。与旧指令相比，新指令剔除掉了关于有限设备的规定，追求欧盟设备市场的安全与高效，督促制造商保护消费者个人信息安全与隐私安全，为制造商提出了更高标准的要求。

2022 年 9 月 15 日，欧盟委员会出台了《网络弹性法案》（*Cyber Resilience Act*，CRA）。该法案与《网络安全法》、GDPR 和 NIS2 等法案协同作用，为欧盟各国提供了统一的网络安全治理框架。法案规定了数字元素产品经济运营者的一般义务、经济运营者的具体义务、进口商的具体义务、经销商的具体义务以及对其进行监督的主管机关和相应的处罚措施。③ CRA 是欧盟范围内第一个为数字元素产品经营者引入共同网络安全规则的法案，为世界提供了数字产品的欧盟标准，将有效提高欧盟数字产品在全球的竞争力。

尽管所有的立法运动都是为了解决欧洲的网络安全问题，但欧洲似乎仍然面临着巨大的挑战。2017 年，一系列高调的网络攻击袭击了欧洲，以政府和关

---

① European Commission. Digital Services Act［EB/OL］. EPRS, 2022-10-27.

② European Commission. Digital Markets Act［EB/OL］. EPRS, 2022-10-12.

③ European Commission. Cyber Resilience Act［EB/OL］. Shaping Europe's Digital Future, 2022-09-15.

键基础设施为目标勒索赎金。复杂的网络攻击在发生前没有任何预兆，如果软件供应商以前存在不知道的特定漏洞，那么这种攻击则称为零日漏洞利用。一部名为《零日》（Gibney，2016）的纪录片解释了国家支持的计算机恶意软件 Stuxnet 是如何在没有任何预警迹象的情况下，将伊朗核设施定为目标的。这表明，在没有防卫的情况下进行这种攻击的知识对罪犯来说是非常宝贵的。备受瞩目的网络攻击的本质往往是跨国的，不可预测的。

为了应对大规模网络攻击，并配合《欧盟网络安全法》（*EU Cybersecurity Act*）的立法发展，2017 年，欧盟理事会同意制定一个名为"网络外交工具箱"（Cyber Diplomacy Toolkit，CDT）的框架，用于欧盟联合外交回应。拟议的欧盟网络外交工具箱引入了多项措施来应对恶意网络活动，包括关键举措，如"共享态势感知"和"限制性措施"。一些研究人员对这种机制提出了担忧，有人认为这种机制"从一开始就功能失调，实际上可能产生适得其反的结果"，因为不同成员国在集体归因和归因评估方面的能力不平等。研究数据还显示，制裁可能无法有效遏制网络攻击，因为在 2018 年，尽管伊朗、朝鲜和俄罗斯的 59 名个人和 28 家公司的网络犯罪活动受到了美国财政部外国资产控制办公室的制裁，但这些活动并没有减少。同时，还有人担心，根据不准确的归属评估实施制裁，可能违反国际法。

2018 年 1 月，欧盟委员会发起了一项关于数字教育行动计划的通信。该行动计划重申了教育和培训系统对提高利用创新和数字技术的能力的重要性，它不仅呼吁欧盟成员国广泛合作，发展相关的数字技能和能力，还呼吁通过更好的数据分析和预测来改善教育系统。2018 年 7 月，欧洲改革中心（Centre for European Reform，CER）提出了对欧盟缺乏应对重大网络攻击和起诉攻击者的法律能力的现实担忧。在该报告中，它敦促欧盟与其他国家合作，特别是改善对跨境数字证据的访问以应对攻击。它还呼吁欧盟与其他国家和技术公司合作，更好地了解网络威胁，并支持成员国在网络安全方面进行更多投资，实施网络外交工具箱，从而更有效地打击网络攻击。①

2018 年 9 月，欧盟委员会还提出建立欧洲网络安全工业、技术和研究能力中心及国家协调中心网络的法规。显然，该中心的目的是提供补充性努力，支持 ENISA 的能力建设工作（但与 ENISA 侧重点不同），并促进网络安全技术的开发和部署。与此同时，ENISA 将担任新中心理事会的常驻观察员。虽然拟议

---

① MORTERA-MARTINEZ C. Game Over? Europe's Cyber Problem ［EB/OL］. Center for European Reform，2018-07-09.

的条例规定了他们的关系和职能，但他们的一些职责似乎仍然可能重叠。这需要进一步澄清，特别是利益相关方、数据主体或任何其他权利持有人需要了解他们应向哪个机构报告任何网络违规或攻击事件。报告结构应清晰明了，因为权利持有人可能无法界定网络攻击的性质和不同当局的具体责任，从而不知道应该向哪个当局求助。在欧盟的各个部门中，为网络攻击或违规紧急事件的事件通知建立单一联系点可能会有所帮助。

此外，在欧盟总体网络安全立法发展的运动中，也强调了更容易受到网络攻击的具体领域和部门，如金融部门的网络安全，并已经提出及审查了相应的措施，以解决对数字金融市场安全的持续网络威胁。

二、欧盟的网络空间治理政策现状

2015 年 5 月 6 日，欧盟委员会公布了"单一数字市场"（Digital Single Market）战略，以期使数字服务、数字产品、数字服务从业者和资本在数字市场上自由流动，充分激发市场活力。战略提出"数字化单一市场"需要三大支柱：一是打破跨境在线活动壁垒、取消线上和线下的关键性差异，使得欧洲全境的消费者和企业能够更好地使用在线产品和服务；二是追求高速、安全和值得信赖的基础设施和内容服务，并以创新、投资和公平竞争的监管条件为支撑，为欧洲数字网络和服务的蓬勃发展创造更好的市场环境；三是在信息通信基础设施、云计算和大数据技术、研发和创新方面进行投资，提升产业竞争力、提供更好的公共服务、提升包容性和相关技能，使欧洲数字经济的潜力实现最大化的发展。① 为助力三大支柱的实现，欧盟共提出十六项具体措施，重点包括平台管理、电子商务、地域屏蔽、版权、电信规则、数据隐私、平台责任、网络安全、数据流动等方面的规制。② 该战略致力于欧盟为激发全球数字经济领导力，确保欧盟在全球数字经济的领先地位，助力欧洲企业赢得与美国数字企业和中国数字企业等强劲对手的竞争，以抓住数字经济的先机。

欧盟议会于 2019 年 4 月 17 日发布消息，作为欧盟发展"单一数字市场"的一部分行动计划，设立"数字欧洲"计划（Digital Europe Programme）。该项目投入 92 亿欧元用于资助数据经济发展，其中 27 亿欧元用于投资超级计算，25 欧元用于投资人工智能，20 亿欧元用于投资网络安全，13 亿欧元用于投资数字

---

① European Commission. Digital Single Market［EB/OL］. European Commission，2019－03－22.
② European Commission. Digital Single Market［EB/OL］. European Commission，2019－03－22.

技术的推广，7亿欧元用于发展数字技能。① 2020年12月4日，欧盟委员会再一次就数字欧洲计划达成75.9亿欧元的协议，旨在助力欧洲实现技术主权。该计划旨在自2021年至2027年，为欧洲数字化转型提供支持，确保民众和企业获得高质量公共服务，提高欧洲在全球数字经济中的竞争力并实现技术主权。② 该计划与其后出台的《数字服务法案》和《数字市场法案》协同配合，助力法律规定更好地执行，为构建安全、民主、数字化的欧洲提供经济上的强力支持，加速欧洲经济复苏。

2021年3月，欧盟委员会宣布设立"地平线欧洲"计划（Horizon Europe）。该计划的前身是"地平线2020"计划，为欧盟2021—2027年预算周期内全新的前沿科研创新项目提供资金支撑。欧盟研究与创新总预算投资约1000亿欧元，其中"地平线欧洲"计划就占976亿欧元的预算。具体预算分配分为四个板块：一是对于开放科学的研究投资预算258亿欧元，其中支持前沿科研人员项目的投资预算166亿欧元，用于资助博士、博士后计划和人员流动的玛丽·斯克沃多夫斯卡-居里行动的投资预算68亿欧元，对于基础研究项目的投资预算24亿欧元；二是对于应对全球挑战提升产业竞争力的投资预算527亿欧元，其中77亿欧元投资于卫生健康领域，28亿欧元投资于建设包容、安全的社会，150亿欧元投资于数字产业，150亿欧元投资于气候、能源与交通领域，100亿欧元投资于粮食和自然资源领域，其余资金用于机动储备和损耗；三是对于开放创新活动的投资预算135亿欧元，其中105亿欧元用于新设立的欧盟创新理事会，5亿欧元用于欧盟创新生态系统建设、30亿欧元投资于欧洲创新与技术研究院（EIT）；四是用于加强欧洲研究区的预算投资21亿欧元，其中"共享卓越"计划预算投资17亿欧元，"改革和加强欧洲研究与创新系统"计划预算投资4亿欧元，其余资金用于机动储备和损耗。③ 该计划以开放科学为原则，为欧盟数据领域的管理规制、数据技术的开放发展和同其他区域的科技交流提供了强有力的资金支持，与欧盟其他战略计划一同为欧洲数字市场的建立和数字经济的发展注入强心剂。

---

① European Union. Digital Europe Programme ［EB/OL］. European Commission, 2019－04－17.

② European Union. Digital Europe Programme ［EB/OL］. European Commission, 2019－04－17.

③ European Commission. Horizon Europe ［EB/OL］. Die Europäische Kommission, 2022－07－17.

第三节　欧盟数据空间治理的特征

一、技术优势的先行地位

根据联合国发布的《2019 年数字经济报告》（*Digital Economy Report*，*2019*）显示，"中国和美国占有全球区块链技术相关专利的 75%、全球物联网支出的 50% 和全球公共云计算市场的 75% 以上"[①]。此外，中国和美国等公司拥有 5G 领域绝大多数的技术专利，可以说这两个国家在全球信息技术领域的优势非常显著。许多欧盟国家被认为是该行业的主要参与者，但由于信息技术的全球性浪潮，它们在全球信息技术领域竞争中的优势并不明显。为加强技术创新，保持技术优势，欧盟委员会 2020 年发布了新欧盟数据战略，在其中并未隐藏其想要在数据时代取得领先优势的意图。尽管欧洲已成为数据经济领域的领先者，但欧盟仍将努力增强其网络空间治理规则在全球范围内的影响力。

2020 年，欧盟委员会发布《塑造欧洲的数字未来》，进一步对欧洲技术主权所涵盖的数据空间治理技术、价值观和行为准则三方面的自主权进行阐释，即"欧盟技术主权的出发点，是确保我们的数据基础设施、网络和通信的完整性和恢复力，使欧洲发展和部署自己的关键能力，从而减少欧洲对全球其他地区关键技术的依赖，这些关键能力将能够加强欧洲在数字时代定义自身规则和价值观的能力"[②]。这表明，当欧盟了解到其与中国和美国之间数字技术的重大差异时，欧盟通常会制定超越中国和美国的战略，而欧盟数字战略的内在逻辑是寻求能够增强技术实力、凝聚欧洲价值观的行动策略。

二、欧洲价值观的数字化转型

欧盟委员会在 2020 年初发布的《塑造欧洲的数字未来》文件中提出，将在未来五年进行维护"欧洲价值观"的数字化转型，这种欧洲价值观在数字技术治理领域体现为三大支柱战略：一是数字技术应服务于人，二是公平竞争的欧

[①] 彭芩萱，李白杨，李光辉. 全球数据主权博弈背景下欧盟构建数据空间治理规则体系的现状与特点［J］. 信息资源管理学报，2021，11（2）：78-84.

[②] European Commision. Sharping Europe's Digital Future［R］. Luxembourg：Publications Office of the European Union，2020：1-8.

洲单一市场，三是开放、民主和可持续的社会。① 同时期欧盟委员会发布的《人工智能白皮书：通往卓越和信任的欧洲路径》（*White Paper on Artificial Intelligence—A European Approach to Excellence and Trust*）也强调，面对 AI 带来的机遇与挑战，欧盟需要秉持欧洲价值观，以自己独有的方式行动起来，推动 AI 的发展和部署。②

欧盟在数据空间治理规则构建中所秉承的欧洲价值观主要包括以下内容：第一，以人为本理念。欧洲通过《保护人权与基本自由公约》（*European Convention on Human Right*，ECHR）、《欧洲社会宪章》（*European Social Charter*）、《通用数据保护条例》（GDPR）及欧盟委员会 2020 年初发布的《人工智能白皮书：通往卓越和信任的欧洲路径》等一系列涉及人权保护的欧盟指令，确立了包括数据保护、隐私权保护、非歧视原则、消费者保护、产品安全和责任规则等内容的法律框架。第二，绿色发展理念。数据开放的背后是对资源利用最直观的表现，在资源利用明晰的情况下，更有利于公平竞争机会的产生。第三，开放民主理念。尊重公众对于数字的获取与使用权利，将社会置于公众的监督之下，使各项信息能充分反映民意，并能提出更为精准的政策建议，同时，进一步将欧洲价值观的保护落到实处，实现社会的可持续发展。③

三、网络空间治理的集体安全框架

由于网络风险和网络犯罪的跨国界属性，欧盟各国政府也难以独自应对网络安全问题。因此，欧盟特别强调网络空间的集体安全意识，网络安全主管机构、执法机关、防务部门及其他利益攸关方既要在国家层面，也要在欧盟层面承担必要的责任，通过互动协作的多层级治理模式来确保欧盟的网络空间安全。④

欧盟委员会、欧盟理事会、欧洲议会是网络安全治理的政策制定和决策机构，负责欧盟层面立法及战略推进。欧洲网络与信息安全局（ENISA）、欧盟计算机应急响应小组（CERT-EU）和欧洲网络犯罪中心（EC3）是网络安全专职

---

① European Commission. Shaping Europe's Digital Future [EB/OL]. Shaping Europe's Digital Future，2020-02-19.

② 彭芩萱，李白杨，李光辉．全球数据主权博弈背景下欧盟构建数据空间治理规则体系的现状与特点 [J]．信息资源管理学报，2021，11（2）：78-84.

③ 彭芩萱，李白杨，李光辉．全球数据主权博弈背景下欧盟构建数据空间治理规则体系的现状与特点 [J]．信息资源管理学报，2021，11（2）：78-84.

④ GHRISTOU G. The Collective Securitization of Cyberspace in the European Union [J]. West European Politics，2019，42（2）：278-301.

机构，具体落实欧盟网络安全治理相关的政策措施，欧洲对外行动署（EEAS）负责网络外交事务以及军事领域的跨国网络安全事务，欧洲数据保护专员公署（EDPS）负责在法律和实践方面加强欧盟数据保护和隐私标准，欧洲防务局（EDA）在共同安全和防务政策框架下负责开发网络防御技术，提升欧盟网络防御能力，欧洲警察学院（CEPOL）在网络安全和防御、网络警察队伍建设等方面为各成员国提供教育、训练、演习以及安全评估等支持。[①]

在国家层面，欧盟电信、司法部和国防部正在执行各自的网络安全战略方案。国家网络犯罪小组、网络安全办公室和数据办公室等专门机构负责执行国家网络安全法律法规，打击网络罪犯，监督国家网络安全的发展，承担国家网络安全的基本责任。在欧洲网络信息中心（ENIC）、网络犯罪中心（EC3）和欧洲国防部，管理委员会由各国代表组成，以确保网络安全领域的信息交流和战略合作，在收到网络安全威胁时发出警报并采取共同行动。[②]

在企业层面，网络安全公司、基本服务运营商、数字服务提供商等私营部门及相关研究机构是公共部门重要的合作对象。这些私营部门各有自己的利益诉求，需要通过国家治理和超国家治理来调和利益，实现从"被监管者"到"政策参与者"的角色转变。[③] 2016 年 7 月，欧盟委员会和欧洲网络安全组织联合启动了一个公私伙伴关系方案，即"网络安全公私合作伙伴关系"计划，旨在通过在欧盟安全管理中引入多个利益攸关方来提高社会所有部分的共同利益，同时也有助于提高网络安全管理的合法性和透明度。

四、人才培养的制度与行动

1957 年的《罗马条约》（*Treaty of Rome*）阐明了欧盟关于职业教育与培训政策的十条基本原则。[④] 在网络安全领域，欧盟先后公布实施了《网络学习行动计划》（*Digital Education Action Plan*）（2005 年）、《21 世纪数字技能：提升竞争力、增长和就业》（2007 年）、《欧洲新技能议程》（2016 年）、《数字教育行

---

① 吴军超. 欧盟网络安全治理探析 [J]. 郑州大学学报（哲学社会科学版），2021，54（1）：24-29.

② 吴军超. 欧盟网络安全治理探析 [J]. 郑州大学学报（哲学社会科学版），2021，54（1）：24-29.

③ CARRAPICO H, FARRAND B. Dialogue, Partnership and Empowerment for Network and Information Security: The Changing Role of the Private Sector from Objects of Regulation to Regulation Shapers [J]. Crime, Law and Social Change, 2017, 67: 245-263.

④ 陶晓玲. 欧盟领跑数字人才培养 [EB/OL]. 中国海洋发展研究中心，2019-05-21.

动计划》（2018 年）等系列文件以努力提高劳动力技能，培养、吸引和保留优秀的网络安全人才。最新修订的《数字教育行动计划》将提高个人，尤其是儿童和年轻人，以及组织特别是中小企业的网络安全意识。同时，它还鼓励妇女参与科学、技术、工程和数学（STEM）教育和信息通信技术工作，提高数字技能和再培养能力。为保证制度的顺利实施，欧盟在 2021—2027 年度金融框架中，为数字欧洲计划下的网络安全研究提供资金，特别侧重于对中小企业的支持，加上成员国和行业投资，总额可达到 2 亿欧元。① 此外，欧盟通过培训网络安全人才，进一步加强了其在欧盟一级的网络安全和网络保护能力。为此，欧盟鼓励和支持多方参与，要求欧洲航天局、欧洲防务局和欧洲安全与防卫研究所（欧安组织）等有关机构采取合作措施，培养网络安全专家。欧盟还与国际刑警组织、欧洲知识产权办公室、安全理事会、成员国和私营部门合作，开发工具和制定准则，以便更好地了解网络安全，提高欧盟企业和个人应对安全问题的能力。②

五、提升网络空间治理的国际影响力

欧盟致力于谋求在全球网络空间投射力量及塑造全球网络安全格局的权力。欧盟与美国、中国等国家密切合作，特别是在执行《网络安全法》、打击恐怖主义、制定标准和交流信息方面。③ 2010 年 11 月，欧盟和美国建立了一个网络安全对话与合作的重要平台，2016 年 7 月成立了中欧数字经济和网络安全专家工作组。欧盟正与联合国等其他机构合作制定全球网络安全标准、国际法在网络空间的适用性以及网络安全标准的制定。欧盟积极利用联合国信息安全问题政府专家组、网上犯罪问题政府专家组、信息社会世界首脑会议和因特网治理论坛等机制和平台，宣传因特网治理的价值观和概念。欧盟与亚洲及太平洋经济合作组织、非洲联盟和东盟等国际组织的合作与交流，促进了国际司法领域打击网络犯罪方面的合作。与此同时，欧盟积极维持与邻国的网络安全合作，遏制网络犯罪和网络恐怖主义等威胁。④

---

① European Commission, High Representative of the Union for Foreign Affairs and Security Policy. Joint Communication：The EU's Cybersecurity Strategy for the Digital Decade ［EB/OL］. Shaping Europe's Digital Future，2020-12-16.

② 余建川. 欧盟网络安全建设的新近发展及对我国的启示：基于《欧盟数字十年网络安全战略》的分析 ［J］. 情报杂志，2022，41（3）：87-94.

③ CAVELTY M D. A Resilient Europe for an Open, Safe and Secure Cyberspace ［R］. Stockholm：The Swedish Institute of International Affairs，2013.

④ 吴军超. 欧盟网络安全治理探析 ［J］. 郑州大学学报（哲学社会科学版），2021，54（1）：24-29.

第三章

俄罗斯网络空间安全

第一节　俄罗斯网络空间安全战略概述

在世界多极化趋势下，通过科技革命增强综合国力是"大势所趋"。以信息技术为核心的科技革命，推动网络空间的进一步发展，网络空间领域开始成为继海、陆、天、太空之后的第五个主权域空间。网络空间安全是国家安全的重要组成部分，"信息战"、虚假信息、网络犯罪等对网络空间安全产生了严重威胁，因此实现总体国家安全观在网络空间安全领域的落地迫在眉睫。俄罗斯对网络空间安全问题高度重视，不仅对俄罗斯网络空间安全做好顶层战略体系建设，还不断完善网络空间安全的国家文本，并根据国际与国内的形势进行动态调整与修正。2021年7月2日第400号俄罗斯联邦总统令通过了《俄罗斯联邦国家安全战略》①，该战略明确提出现阶段俄罗斯国家利益之一在于维护安全的信息空间，国家战略优先事项之一也是维护国家的信息安全。2021年4月12日，俄罗斯第213号联邦总统令正式批准了《俄罗斯联邦在国际信息安全领域的国策纲要》。② 该纲要是俄罗斯新时期对于信息安全领域发展的进一步理解，旨在对当代新型信息安全下俄罗斯的治理重点制定新的符合俄罗斯利益需求的战略规划。

一、当下俄罗斯网络空间安全战略体系

现今俄罗斯网络空间安全战略在《俄罗斯联邦国家安全战略》的指导下，由2016年出台的《俄罗斯联邦信息安全学说》和2017年出台的《2017—2030年俄罗斯联邦信息社会发展战略纲要》构成，上述文件分别从基本纲要和具体

---

① 普京. 第400号俄罗斯联邦总统令 [EB/OL]. 俄罗斯总统网，2021-07-02.
② 普京. 第213号俄罗斯联邦总统令 [EB/OL]. 俄罗斯总统网，2021-04-12.

社会规划两方面阐述了俄罗斯网络空间安全中的治理重点，构成当代俄罗斯网络空间安全战略的重要组成部分。

2016 年 12 月 5 日，第 646 号俄罗斯联邦总统令通过了《俄罗斯联邦信息安全学说》，① 新版的学说取代了 2000 年版的《俄罗斯联邦信息安全学说》，并对 2015 年 12 月 31 日出台的《俄罗斯联邦国家安全战略》进行了延续与发展。新版学说标志着俄罗斯已经形成了成熟的网络空间信息安全战略，它在整合已有的信息安全思想基础上，对未来俄罗斯信息安全的发展提出了新问题，也指明了新方向。② 2016 年版《俄罗斯联邦信息安全学说》相比于 2000 年版的旧学说来讲，在信息安全领域的国家利益方面更加强调在和平时期及在战时，信息基础设施稳定、不间断地运行，尤其是关键信息基础设施及统一电信网络的稳定。同时，更加强调国际信息安全体系的建设，以保障俄罗斯在信息空间的主权。此外，新学说对于当下俄罗斯联邦信息安全现状及其面临的主要威胁进行了分析，指出在信贷及货币领域、国防领域、社会安全领域、经济领域、科学技术及教育领域、战略伙伴关系领域下面临的具体威胁，并针对上述领域提出有针对性的战略方针，目的在于保障俄罗斯信息安全的同时，切实提升俄罗斯的信息安全水平。③

2013 年 7 月 24 日，第 1753 号俄罗斯联邦总统令通过了《至 2020 年国际信息安全领域俄罗斯联邦国家政策纲要》，该文件实际是对 2011 年美国《网络空间国际行动战略》的回应，并肯定了信息安全在确保俄罗斯在国际舞台的影响力中起着关键作用。④ 该纲要主要从国际信息安全领域中俄罗斯联邦国家政策的宗旨与目标、优先发展方向、实施机制三个方面进行了阐述，旨在加强双边、多边、区域和全球国际信息安全体系的建设，保障国家在信息和通信技术领域的技术主权，克服发达国家与发展中国家之间的信息不平等。⑤

---

① 普京. 第 646 号俄罗斯联邦总统令 [EB/OL]. 俄罗斯总统网，2016-12-05.

② 米铁男. 俄罗斯联邦网络安全法律与政策研究 [M]. 北京：北京邮电大学出版社，2021：61-62.

③ 米铁男. 俄罗斯联邦网络安全法律与政策研究 [M]. 北京：北京邮电大学出版社，2021：91.

④ Горелов Р А. Зауголков И А. Отечественная политика в обеспечении международной информационной безопасности [J]. Вестник Тамбовского университета（Серия：Естественные и технические науки），2014，19（2）：640-641.

⑤ 普京. 至 2020 年国际信息安全领域俄罗斯联邦国家政策纲要 [EB/OL]. 俄罗斯 GA-RANT 网，2013-07-24.

二、俄罗斯联邦网络空间战略的新发展

（一）《俄罗斯联邦国家安全战略》

2021 年 7 月 2 日发布第 400 号俄罗斯联邦总统令《俄罗斯联邦国家安全战略》，该法案出台后，2015 年 12 月 31 日，第 683 号总统令《俄罗斯联邦国家安全战略》即告废止。① 俄罗斯国家安全战略的发展预示着俄罗斯的战略目标由"恢复实力"到"维持大国地位"，再到"领导力"的三重转向来推动国家战略方向不断适应战略形势的发展。② 2021 年版的《俄罗斯联邦国家安全战略》与 2015 年版的《俄罗斯联邦国家安全战略》相比，主要变化在于 2021 年版的安全战略认为俄罗斯已经具备"大国地位"，开始着重维护国家的信息安全，将信息安全作为国家安全战略重点，并从加强俄罗斯联邦信息空间主权角度去落实，以便之后推动世界各国在国际安全领域达成共识，巩固俄罗斯在信息安全领域的"领导力"，这为之后俄罗斯联邦国家信息空间安全立法提供了方向指引。

值得注意的是，2021 年版的安全战略无论是在表述"国家利益"，抑或是阐述"国家战略优先事项"时，均将"信息安全"提至经济安全与经济发展之前，可见俄罗斯对于信息安全的重视。在信息安全中，2021 年版的安全战略强调俄罗斯公民、社会和国家在安全方面受到威胁的可能性一直在增加。在信息安全领域，俄罗斯威胁主要来自针对俄罗斯实行的网络攻击，跨国公司利用垄断地位实施的信息操纵，外国试图阻碍俄罗斯推进国际信息安全建设等。战略明确指出确保国家信息安全的目标在于加强俄罗斯信息空间主权建设，并为维护信息安全的政策制定与实施提出了详细的 16 点要求，包括形成可靠信息流通的安全环境，开发用于预测、识别和预防俄罗斯联邦信息安全威胁的系统，提高俄罗斯联邦统一电信网络、主权互联网，信息和通信基础设施的安全性及稳定性等。③

（二）《俄罗斯联邦在国际信息安全领域的国策纲要》

2021 年 3 月底，俄罗斯联邦安全理事会（Совет безопасности Российской Федерации）在普京主持的会议后，批准了《俄罗斯联邦在国际信息安全领域的国策纲要》草案，理事会秘书尼古拉·帕特鲁舍夫（Николай Патрушев）表示，俄罗斯联邦旨在为各国的"数字主权"加强国际合作。2021 年 4 月 12 日，

---

① 　путин. 第 400 号俄罗斯联邦总统令［EB/OL］. 俄罗斯总统网，2021-07-02.

② 　章时雨. 俄罗斯信息安全战略态势变化分析［J］. 信息安全与通信保密，2021（10）：30-38.

③ 　章时雨. 俄罗斯信息安全战略态势变化分析［J］. 信息安全与通信保密，2021（10）：30-38.

普京签署第 213 号总统令，正式批准了《俄罗斯联邦在国际信息安全领域的国策纲要》。① 该纲要以《俄罗斯联邦宪法》、俄罗斯联邦参与的与国际信息安全领域合作相关的国际条约以及其他俄罗斯联邦的联邦法律为基础，是对《俄罗斯联邦国家安全战略》《俄罗斯联邦信息安全学说》及其他战略性文件规定的进一步具体化，同时也是对《至 2020 年国际信息安全领域俄罗斯联邦国家政策纲要》的进一步承继与发展，是俄罗斯新时期对于信息安全领域发展的进一步理解。

2021 年纲要基于俄罗斯官方对国际信息安全的本质看法，在明确国际信息安全方面的主要威胁基础上，提出在国际信息安全领域的国家政策，并指出该政策实施的宗旨、目标以及主要方向。该纲要的出台，旨在于国际舞台上宣传俄罗斯在建立国际信息安全体系方面的举措，促进国际法律机制的建立，以解决全球信息空间的国家间冲突。

第二节　俄罗斯网络空间安全监管概述

一、立法监管

俄罗斯形成了以《俄罗斯联邦宪法》为立法依据，《信息、信息技术和信息保护法》为立法基础，《大众传媒法》《个人数据法》《电子商务法》等具体法律规范为立法支撑的较为完善的信息安全立法监管体系。② 总体说来，俄罗斯的信息安全立法监管呈本体法与关联法结合、一般法与特别法并行、制度规范与技术规范并重的特点。③

（一）以《俄罗斯联邦宪法》为立法依据

《俄罗斯联邦宪法》载有信息空间安全法律框架的基本规则，即信息关系主体法律地位的关键要素、信息安全原则以及确保信息空间安全的国家机构的宪法地位等。④《俄罗斯联邦宪法》第 29 条规定了公民的言论自由权、信息自由

---

① 普京. 第 213 号俄罗斯联邦总统令［EB/OL］. 俄罗斯总统网，2021-04-12.
② 马海群，范丽萍. 俄罗斯联邦信息安全立法体系及对我国的启示［J］. 俄罗斯中亚东欧研究，2011（3）：19.
③ 米铁男. 俄罗斯联邦网络安全法律与政策研究［M］. 北京：北京邮电大学出版社，2021：44-49.
④ 孙祁，尤里娅·哈里托诺娃. 数据主权背景下俄罗斯数据跨境流动的立法特点及趋势［J］. 俄罗斯研究，2022（2）：89-107.

权，其中第 4 款规定："每一个公民都享有合法搜集、获取、传递、制造和传播信息的权利。构成国家秘密的信息清单由联邦法律规定。"第 44 条规定了公民的文化教育权及知识产权。《俄罗斯联邦宪法》关于公民信息的一系列原则性规定构成了俄罗斯信息安全立法的基础。

（二）以《信息、信息技术和信息保护法》为立法基础

2006 年，俄罗斯出台了《信息、信息技术和信息保护法》，该法被视为网络立法中的基本法，通常认为该法案是对 1995 年《信息、信息化和信息保护法》的替代性承继。《信息、信息技术和信息保护法》所规定的内容较其他具体性法律更为宏观，该法案以联邦法的形式正式厘定了有关信息、信息技术、信息系统、信息所有者、电子信息等 22 种相关概念，并对相关信息主体、信息识别技术、信息使用限制、信息保护等方面进行了较为详尽且全面的规定。俄罗斯针对《信息、信息技术和信息保护法》，自 2006 年颁行以来，至具体时间截止，共进行了 57 次修改，其中值得关注的是 2012 年 7 月 28 日第 139 号联邦法修正案、2014 年 5 月 5 日第 97 号联邦法修正案和 2020 年 12 月 30 日第 530 号联邦法修正案引起社会广泛讨论。

2012 年 7 月 28 日，第 139 号联邦法修正案对于《信息、信息技术和信息保护法》进行修正，该修正案被视为《网络黑名单法》。① 根据法案，俄罗斯联邦通信、信息技术和传媒监督局（俄语为 Роскомнадзор）有权将属于"儿童色情""毒品宣传""呼吁和指导自杀"等类别的信息进行统一登记。根据该文件规定，互联网运营商在发现属于上述三类内容的网络信息时应立即报告给监督局，该监督局将警告网站所有者，并要求其在 24 小时内从网站上删除相应信息。若网站所有者未能对该信息做出回应，则由托管商决定是否删除被禁内容。若托管商未采取适当措施，监督局将把该网列入黑名单，禁止其在俄罗斯境内提供网络服务。但《网络黑名单法》的通过引起了社会广泛的讨论与质疑。2013 年，即在其运行的第一年，监督局就已经收到了超过 70000 份公民要求将某一特定互联网网址列入黑名单的请求。监督局表示，经初步审查只有其中的 1/4 被送到专门机构进行专家评估，最后有超过 14500 条网络信息被列入黑名单。根据监督局的说法，其中大概有 55% 与毒品宣传有关，30% 与儿童色情有关，15% 与自杀信息有关。监督局称，在法律生效的第一年里，没有一个著名

---

① Российский парламент. 第 139 号联邦法律［EB/OL］. 俄罗斯总统网，2012-07-28.

的和受欢迎的资源被封锁，该机构无意侵犯善意的互联网用户的权益。①

2014年5月5日，第97号联邦法修正案对于《信息、信息技术和信息保护法》进行修正②，该修正案被称为《知名博主新规则法》。根据该法规定，自2014年8月1日起，每日访问量超过3000人的博主，有义务按照俄罗斯联邦法的要求，遵守大众传播法的程序规定，禁止使用网址进行违法犯罪活动，不得传播国家秘密及受法律保护的信息，不得传播恐怖主义、极端主义，不得宣扬色情、暴力邪教的信息。博主应发布其姓氏、名字及正确的电子邮箱地址，不得匿名。在网址发布的信息应保证准确性，并及时删除虚假信息。根据该法案，实际将这些博主也等同为大众媒体，同样需由俄罗斯联邦通信、信息技术和传媒监督局进行监督并登记。但由于该法案引起社会的强烈反响，2017年7月29日，第276号联邦法宣布关于规范博客活动的法案无效。③

2020年12月30日，第530号联邦法修正案对于《信息、信息技术和信息保护法》进行修正，④ 该修正案确立的义务规则与"避风港"原则有些相似，但更强调网络平台自身的主动监督义务。该法案修正内容自2021年2月1日起实施，根据法案规定，社交网络所有者应自觉遵守俄罗斯联邦法律，不得实施犯罪行为，不得泄露国家秘密及受法律保护的信息，不得传播恐怖主义、极端主义，不得宣扬色情、暴力邪教的信息，不得传播旨在以性别、年龄、种族、民族、语言、宗教、职业、居住工作地点或政治信仰为由诽谤公民的信息，应遵守俄罗斯联邦关于选举的法律规定，尊重公民和组织的权利和合法利益。同时法案要求社交网络的所有者应对"儿童色情""毒品宣传""呼吁和指导自杀""践踏国家尊严及社会道德""呼吁大规模暴乱、极端主义活动"等类别的信息实施监督。一旦发现以上信息，社交网络的所有者有义务立即采取措施限制网址的访问。因在社交网络上未遵守以上要求而遭受损失的公民，有权通过司法途径寻求保护。

（三）以其他具体法律规范为立法支撑

俄罗斯在网络空间安全领域的法律规范内容涉及网络空间安全的版权保护、个人信息保护、电子商务、网络舆论、未成年人保护、政府信息公开等各个领域，包括《俄罗斯联邦反盗版法案》《个人数据法》《电商运营部信息系统中的

---

① 俄塔斯社. 监督局一年收到了超70000份将网址列入"黑名单"的请求［EB/OL］. 俄罗斯联邦通信、信息技术和传媒监督局官网，2013-11-01.

② Российский парламент. 第97号联邦法律［EB/OL］. 俄罗斯总统网，2014-05-05.

③ Российский парламент. 第276号联邦法律［EB/OL］. 俄罗斯总统网，2017-07-29.

④ Российский парламент. 第530号联邦法律［EB/OL］. 俄罗斯总统网，2020-12-30.

个人数据保护规定》《电子商务法》《电子数字签名法》《大众传媒法》《个人数据法》《通信法》《保护儿童免于遭受危害其健康和发展的信息侵害法》《政府信息公开法》等法律规范，为俄罗斯保障本国网络空间安全提供了法律依据和制度基础。①

二、执法监管

（一）俄罗斯联邦数字发展、通信与大众传媒部

2008 年 5 月 12 日，在联邦信息技术与通信部的基础上，俄罗斯成立了联邦通信与传媒部，该部门被赋予执行已被废止的联邦文化和大众传播部的职能。自 2018 年 6 月 2 日，该部门更名为联邦数字发展、通信与大众传媒部，负责制定和执行信息技术领域的国家政策和法律法规，是俄罗斯网络空间监管的核心部门。作为一个重要的监管部门，其权限包括部门立法权及执法权。一方面，它负责制定与执行电信和大众传媒（包括互联网）领域的政策和法规；另一方面，它具有执行权，有权根据法律法规规定履行对通信及信息内容进行相应的监管等职责。②

2008 年 12 月，根据第 1715 号总统令，在联邦通信与传媒部下设联邦通信、信息技术和传媒监督局，该监督局是在网络监管领域中具体、独立地实施相应监管的重要部门。值得注意的是，根据《大众传媒法》《信息、信息技术和信息保护法》《个人数据法》《保护儿童免于遭受危害其健康和发展的信息侵害法》等法律法规的规定，联邦通信、信息技术和传媒监督局有义务对网络内容进行审查，且其审查范围十分广泛，包括数据本地化存储、儿童色情信息、毒品宣传信息、呼吁和指导自杀信息、虚假信息等内容，影响力颇大。

2021 年 3 月 1 日，联邦通信、信息技术和传播监督局对推特采取限制措施，要求该社交网络删除自 2017 年以来发现的超过 4.1 万份违禁材料，其中 3.1 万份材料含有儿童色情、宣传毒品、呼吁自杀的内容。经调查，推特删除了 91% 以上的违禁信息。③

（二）俄罗斯联邦内务部

俄罗斯联邦内务部是联邦执行机构，负责制定和执行内务领域的国家政策

---

① 牛丽红. 俄罗斯网络空间安全战略探析［M］. 北京：知识产权出版社，2021：89.

② 李彦. 俄罗斯互联网监管：立法、机构设置及启示［J］. 重庆邮电大学学报（社会科学版），2019，31（6）：59-72.

③ 俄罗斯联邦通信、信息技术和传媒监督局. 关于部分取消推特流量减缓的措施［EB/OL］. 俄罗斯联邦通信、信息技术和传媒监督局官网，2021-05-17.

与法律法规，其下设置的信息技术、通信和信息保护局及特种技术监督局是负责网络空间安全的主要机构。

信息技术、通信和信息保护局（俄语为 ДИТСиЗИ МВД России）是俄罗斯联邦内务部的独立分支机构，该分支机构的职能包括制定和实施在信息和电信技术、自动化信息系统、系统和通信手段等领域的规范性法律法规，确保电磁无线电电子手段的兼容性，实施信息对抗，信息资源的形成和维护，部门间进行信息交互。①

特种技术监督局（俄语为 УправлениеКМВД России，以下简称 K 局）是俄罗斯专门从事网络犯罪侦查的机关，其职责主要是对网络犯罪的侦查、预防、制止和解决。具体规制对象包括：计算机信息领域中非法访问受法律保护的计算机信息，创建、使用和传播恶意的计算机软件，违反计算机信息的存储、处理或传输手段的操作规则，在计算机信息领域的诈骗行为；利用信息和电信网络（包括互联网）实施的、针对未成年人健康和违反公共道德的制作及传播带有未成年人色情图像的材料或物品，利用未成年人制作色情材料或物品的犯罪行为；运用秘密获取信息的特殊技术手段非法交易；非法利用版权及与版权相关权利的犯罪。②

K 局在打击网络犯罪，维护网络空间安全的工作成果显著。据特种技术监督局官方新闻，在 2022 年 10 月 4 日，K 局阻止了向公民勒索财产的互联网非法活动。经查，犯罪分子建立了网址平台，其订阅数达 90 万名用户。该网址平台被用于有目的地发布包含关于商人、国企高管的虚假和诽谤类信息，并以删除诽谤内容为由勒索受害者使用匿名支付的方式支付大量资金。经侦查，K 局以《俄罗斯联邦刑法典》第 163 条第 3 部分的规定（勒索）提起刑事诉讼。③ 2020年 8 月 26 日，K 局拘留了一名利用互联网实行欺诈行为的犯罪嫌疑人。经调查发现，犯罪嫌疑人在大型网络交易平台上故意刊登虚假的物品销售广告，并利用盗取的账户和号码与客户沟通。在客户支付货款后，犯罪嫌疑人邮寄价值不符的假包裹实施欺诈行为。经过审查，该犯罪嫌疑人已经实施超 200 起欺诈活动，造成的损失金额超 300 万卢布，最终 K 局对犯罪嫌疑人以《俄罗斯联邦刑法典》第 159 条第 2 部分的规定（诈骗）提起刑事诉讼。④

---

① 内容来自俄罗斯联邦内务部官网对信息技术、通信和信息保护局的介绍。
② 内容来自俄罗斯联邦内务部官网对特种技术监督局的介绍。
③ 俄罗斯联邦特种技术监督局．俄罗斯内务部阻止了互联网勒索行为［EB/OL］．俄罗斯联邦特种技术监督局官网，2022-10-04．
④ 俄罗斯联邦特种技术监督局．俄罗斯内务部拘留一名涉嫌网络诈骗的男子［EB/OL］．俄罗斯联邦特种技术监督局官网，2020-08-26．

除打击网络犯罪外，K 局也十分重视网络空间个人权益的维护。除了提醒公民上网须知外，还十分重视未成年人在网络空间的合法权益，并通过在网址颁布儿童上网守则、家长上网须知等行为守则规范与维护未成年人健康上网的权益，防患于未然。

第三节　俄罗斯网络空间安全治理特点

一、重点加强关键信息基础设施的保护与建设

俄罗斯高度重视关键信息基础设施建设，并将其作为优先事项之一。为保障关键信息基础设施，俄罗斯通过出台关键信息基础设施保障的国家战略，并出台有针对性的具体法律法规，以强化关键信息基础设施安全保障。

俄罗斯以国家战略高度保障关键信息基础设施的发展与建设。2016 年，俄罗斯出台《俄罗斯联邦信息安全学说》，将关键信息基础设施及统一电信网络的稳定作为关乎信息安全领域的国家利益高度去保护与建设。2021 年，俄罗斯出台《俄罗斯联邦国家安全战略》，将关键信息基础设施的保护与建设作为保障国家信息主权安全及国家安全的目标，并指出关键信息基础设施更易受到国外的影响，应提高运行的安全性与稳定性，防止国外对其运行的控制。

俄罗斯以发布关键信息基础设施保障领域的具体法律法规形式，将国家战略予以落实。2017 年 7 月 26 日，俄罗斯通过了第 187 号《俄罗斯联邦关键信息基础设施安全法》（2018 年 1 月 1 日生效）[1]，旨在确保俄罗斯关键信息基础设施在受计算机攻击时仍可以正常持续运作，该法围绕关键信息基础设施的安全、主体、客体、对象进行了全面且细致的保障，并根据社会意义、政治意义、经济意义、生态意义以及对国防及国家安全和法律秩序的意义将关键信息基础设施分为三个等级，从三级至一级重要程度依次增加。同时，该法还建立起关键信息基础设施的登记制度、安全评估制度及国家监管制度。[2]

违反国家针对关键信息基础设施的保护要求，轻则需承担行政责任，重则需承担刑事责任。2021 年 5 月 26 日，通过第 141 号修正案，该修正案对《俄罗斯联邦行政违法法典》修正，并规定了违反关键信息基础设施安全领域要求的

---

[1]　Российский парламент. 第 187 号联邦法律［EB/OL］. 俄罗斯总统网，2017-07-26.

[2]　牛丽红. 俄罗斯网络空间安全战略探析［M］. 北京：知识产权出版社，2021：96-101.

行政责任。①《俄罗斯联邦刑法典》第 28 章规定了计算机信息领域的犯罪，其中第 274.1 条规定了非法干扰俄罗斯联邦的关键信息基础设施罪。② 该罪对于破坏俄罗斯关键信息基础设施的犯罪行为及造成的损害后果规定了不同的量刑标准，其中对于建立、传播和使用明知对俄罗斯联邦关键信息基础设施产生非法影响的计算机程序或其他计算机信息，包括以使该基础设施中的信息受到毁坏、闭锁、变异、复制或使上述信息保护手段失效为目的的行为，规定了五年以下的强制劳动，并处或不并处两年以下的限制自由，或处两年以上五年以下的剥夺自由，并处数额为 50 万卢布以上 100 万卢布以下或被判刑人一年以上三年以下的工资或其他收入的罚金。③

二、重视未成年人的保护

对于未成年人的保护，俄罗斯立法者尤为重视，不仅颁布了专门的《保护儿童免于遭受危害其健康和发展的信息侵害法》，而且在《大众传媒法》《网络黑名单法》《儿童权利保障基本法》《信息、信息技术和信息保护法》等法律中也皆有涉及网络空间领域未成年人的保护制度。

《保护儿童免于遭受危害其健康和发展的信息侵害法》④ 的亮点在于依据未成年人的年龄将信息产品进行分类保护，同时对信息产品的流通及审查提出相应的要求，并严格规定了侵犯儿童权益的责任。该联邦法首先明确了有害儿童健康及发展的信息分类，将其分为禁止在儿童中传播的信息、限制在特定年龄段儿童中传播的信息两种，并采取穷尽式列举的方式明确两种信息分类中所包含的具体信息内容。信息产品则根据年龄阶段，通过对相应内容的评估，将其分为五个等级，分别为适合 6 岁以下儿童的信息产品、适合 6~12 岁儿童的信息产品、适合 12~16 岁儿童的信息产品、适合 16 岁以上儿童的信息产品和禁止向儿童提供的信息产品。对于上述信息产品，除了某些特定情况外，都需有相应的信息产品标志，适合 6 岁以下儿童的信息产品应以数字 "0" 和符号 "+" 的形式；适合 6~12 岁儿童的信息产品应以数字 "6" 和符号 "+" 的形式及（或）以 "为 6 岁以上儿童提供" 的文字警告形式；适合 12~16 岁儿童的信息

---

① Российский парламент. 第 141 号联邦法律 [EB/OL]. 俄罗斯总统网，2021-05-26.
② Российский парламент. 第 63 号联邦法律《俄罗斯联邦刑法典》[EB/OL]. 俄罗斯总统网，1996-06-13.
③ 黄道秀. 俄罗斯联邦刑法典 [M]. 北京：中国民主法制出版社，2020：202.
④ Российский парламент. 第 436 号联邦法律《保护儿童免受遭受危害其健康和发展的信息侵害法》[EB/OL]. 俄罗斯总统网，2010-12-29.

产品应以数字"12"和符号"+"的形式及（或）以"为12岁以上儿童提供"的文字警告形式；适合16岁以上儿童的信息产品应以数字"16"和符号"+"的形式及（或）以"为16岁以上儿童提供"的文字警告形式。

《大众传媒法》①中对于未成年人信息保护的条款也比较典型。根据2000年8月5日第110号联邦法修正案对本部分的最新修改，未经未成年人及其法定监护人的同意，编辑部不得在传播的报告和材料中传播直接或间接表明未成年人犯罪或涉嫌行政违法或反社会行为的身份信息。根据2013年第50号联邦法修正案对本部分的最新修改，编辑部无权在传播的信息和资料中披露本法第4条第6款规定的信息，除非传播这些信息的目的是保护遭受违法行为（不作为）的未成年人的权利和合法利益。在以下三种情况中，未成年人信息可以在大众媒体及信息电信网络中传播：经年满14岁、因违法行为（不作为）而被判决的未成年人及其法定监护人同意；经未满14岁、因违法行为（不作为）而被判决的未成年人及其法定监护人同意；若取得年满14岁、因违法行为（不作为）而被判决的未成年人及其法定监护人同意，或该未成年人的法律监护人涉嫌或被指控实施了这些违法行为，则不需要取得同意。本法第4条第6款指出的信息，包括被性侵的未成年人信息，适用本条第4款第1至3项的规定，只能是出于侦破案件、确定犯罪嫌疑人、查询失踪未成年人等目的，并且符合俄罗斯联邦刑事诉讼法典第161条（关于不得泄露审前调查的材料的规定）和第241条（关于公开性原则的规定）的要求。②

应该指出的是，俄罗斯联邦对于未成年人的保护力度较大，侵犯未成年人权益的违法行为一经做出就应面临着相应惩罚。如《保护儿童免于遭受危害其健康和发展的信息侵害法》对有害的传播行为进行惩处，《大众传媒法》对于传播未成年人信息的行为进行惩处，以上都不以造成当事人财产或人身损害为前提，而是着重对违法行为的打击，体现了违法行为的预防。

三、重视个人数据的保护

在美俄关系持续走低的背景下，俄罗斯将信息安全与国家地缘政治空间安全相关联，形成了独特的网络信息空间观，即持续强化国家的信息主权，发展

---

① Российский парламент. 第2124-1号联邦法律《大众传媒法》［EB/OL］. 俄罗斯总统网，1991-12-27.
② 米铁男. 俄罗斯联邦网络安全法律与政策研究［M］. 北京：北京邮电大学出版社，2021：36-37.

独立的网络通信技术，收紧对网络的整体控制，以坚决对抗美国等不友好国家的外来信息技术对俄罗斯政权稳定的攻击。① 俄罗斯在强化国家信息主权的同时，对于个人数据的保护也十分重视，尤其是对跨境数据的保护。俄罗斯通过对个人数据保护相关立法，在网络空间实现了对个人信息较好的保护。

2006 年 7 月 27 日，俄罗斯通过了第 152 号联邦法《俄罗斯联邦个人数据法》②，旨在保护个人数据处理的权利和自由。该法规定，个人数据的处理范围是限定的，尤其对于种族、国籍、政治观点、宗教信仰、健康状况、亲密生活有关的个人数据是被禁止处理的。根据《俄罗斯联邦个人数据法》第 9 条，对于个人数据的处理，需经数据主体的同意，且此种同意需为严格形式上的书面同意。为保证个人数据主体对其数据处理的同意是具体且明确的，该法要求"书面同意"应包括以下信息：个人数据主体的基本信息、个人数据主体委托代表的信息、经个人数据主体统一的经营者的基本信息、经营者委托代表的基本信息、处理个人数据的目的、个人数据清单、同意进行的个人数据处理行动清单、同意个人数据处理的有效期及撤销方式以及个人数据主体的签名这九项内容。对于形式上的严格要求，体现了俄罗斯对于个人数据保护的法律家长主义关怀。

在数据跨境流动方面，俄罗斯要求严格的数据本地化存储机制。数据本地化存储虽在一定程度上限制了俄罗斯数据的自由跨境流动，但对个人信息实施了严格保护。2014 年，第 242 号联邦法《明确俄罗斯联邦某些立法法案中关于信息和信息网络中的个人数据处理修正案》出台，该修正案被认为是俄罗斯的"数据本地化法案"。该法案规定，用于收集、记录、整理、积累、存储、澄清（更新、修改）、提取俄罗斯联邦公民个人数据的信息数据库，应存放在俄罗斯联邦境内。③ 在收集个人数据时，数据控制者（运营商）必须确保使用位于俄罗斯联邦的数据库对俄罗斯联邦公民的个人数据进行记录、整理、积累、存储、澄清（更新、更改）、提取。④

2021 年至 2022 年间，俄罗斯在个人数据保护方面，对《俄罗斯联邦消费者权益保护法》《俄罗斯联邦行政法典》《俄罗斯联邦刑法典》进行了修正。2022

---

① 孙祁，尤利娅·哈里托诺娃. 数据主权背景下俄罗斯数据跨境流动的立法特点及趋势 [J]. 俄罗斯研究，2022（2）：89-107.

② Российский парламент. 第 152 号联邦法律《俄罗斯联邦个人数据法》［EB/OL］. 俄罗斯总统网，2006-07-27.

③ Российский парламент. 第 242 号联邦法律《明确俄罗斯联邦某些立法法案中关于信息和信息网络中的个人数据处理修正案》［EB/OL］. 俄罗斯总统网，2014-07-21.

④ Российский парламент. 第 152 号联邦法律《俄罗斯联邦个人数据法》［EB/OL］. 俄罗斯总统网，2006-07-27.

年5月1日，第135号修正案对《俄罗斯联邦消费者权益保护法》做出修正，将禁止卖家以不合理手段收集消费者的个人数据。① 2021年2月24日通过的第13号修正案对《俄罗斯联邦行政法典》第13.11条进行了修正，对个人数据领域的各类违法行为罚款直接提高了1倍。② 2021年6月11日通过的第206号修正案对《俄罗斯联邦行政法典》第17.13条进行了修正，对非法披露、传播受保护的个人数据的违法行为罚款直接提高了10倍。③

四、重视虚假信息的治理

2018年3月25日，在俄罗斯西伯利亚南部城市克麦罗沃的一家购物中心发生火灾，造成64人死亡。在官方公布这一数字后，网络用户对于这一数字的真实性产生怀疑，关于火灾受害者人数的虚假信息在网络空间大规模传播，引发人们的恐慌。其中有宣称官方数字是"谎言"的虚假信息在网络空间流传，甚至强调实际死亡人数是官方通报人数的2倍、3倍、10倍，并指责政府隐瞒真实的受害人数。最激进的虚假信息版本则将矛头直指政府，并称政府是火灾的真实组织者。谣言的爆发引发媒体讨论、停尸房检查、社会大规模抗议。随着执法部门的调查，虚假信息被确定来自乌克兰。④ 这次事件直接导致了规制虚假信息的法案出台。

2019年3月18日，俄罗斯通过了第31号关于《信息、信息技术和信息保护法》的修正案，根据该法案，虚假信息被定义为"以可靠信息为幌子，传播虚假的具有公共意义的信息，对公民的生命和（或）健康、财产造成威胁，对公共秩序和（或）公共安全构成大规模破坏的威胁，或对交通、能源、工业、通信等社会基础设施的运作造成干扰的威胁"⑤。在发现虚假信息后，俄罗斯联邦通信、信息技术和传播监督局有义务通知其编辑部立即删除，若没有及时删除，则将通知电信运营商采取措施限制对该网址的访问。若该网址被限制访问后采取措施删除虚假信息，则需在其删除后通知通信、信息技术和传播监督局，在监督局检查通

---

① Российский парламент. 第135号联邦法律《俄罗斯联邦消费者权益保护法》［EB/OL］. 俄罗斯总统网，2022-05-01.

② Российский парламент. 自3月27日起对个人数据泄露的处罚将增加［EB/OL］. 俄罗斯GARANT网，2021-03-03.

③ 普京. 普京将泄露个人数据的罚款提高10倍［EB/OL］. 今日俄罗斯，2021-06-11.

④ Зырянова М О. Способы противодействия распространению фейковой информации［J］. Общество: социология, психология, педагогика, 2020, 6（74）: 80-83.

⑤ Российский парламент. 第31号联邦法律关于《信息、信息技术和信息保护法》的修正案［EB/OL］. 俄罗斯总统网，2019-03-18.

知的准确性后，再次通知电信运营商恢复对该网址的访问权限。① 同年 3 月 18 日，俄罗斯通过了第 27 号关于《俄罗斯联邦行政犯罪法》的修正案，修正案对在大众媒体及信息电信网络中宣传虚假信息的行为规定了行政处罚，但根据传播虚假信息导致后果的严重程度不同，罚款也有所不同。② 对于首次传播虚假信息的违法行为，将对公民处以 3 万~10 万卢布的罚款，公务人员处以 6 万~20 万卢布的罚款，法人处以 20 万~50 万卢布的罚款；对于反复传播虚假信息的违法行为，将对公民处以 10 万~30 万卢布的罚款，公务人员处以 30 万~60 万卢布的罚款，法人处以 50 万~100 万卢布的罚款；若传播虚假信息造成"公民死亡、对公民健康和（或）财产造成损害，对公共秩序和（或）公共安全造成大规模破坏，或对交通、能源、工业、通信等社会基础设施的运作造成破坏"的严重后果，将对公民处以 30 万~40 万卢布的罚款，公务人员处以 60 万~90 万卢布的罚款，法人处以 100 万~150 万卢布的罚款。③ 国家建设和立法委员会主席帕维尔·克拉申尼科夫（Павел Крашенинников）强调，这些罚款的主要目的在于预防，这也是为什么在法律修正案定稿时增加了罚款的原因。④

　　随着社会网络化程度的进一步加深，虚假信息在俄罗斯网络空间层出不穷，俄罗斯网络安全风险等级也随着俄乌危机持续飙升。⑤ 对此，俄罗斯加大了对网络空间虚假信息的整治力。2020 年 4 月 1 日，第 100 号联邦法修正案对《俄罗斯联邦刑法典》进行了修正，增加第 207.1、207.2 条，规定了公开传播虚假信息的刑事责任。⑥ 2021 年 7 月通过《俄罗斯互联网社交广告法》，规定每日用户超过 10 万的俄罗斯境内互联网资源所有者必须免费发布由政府指定的社交广告运营商提供的社交广告。2021 年 10 月，俄罗斯部分大型 IT 公司⑦联合媒体签署合作备忘录，以行业自律的形式打击互联网的虚假信息，营造良好、安全的

---

① Александра Архипова. Анна Кирзюк. Можно ли победить фейкньюс законом［EB/OL］. Ведомости，2019-03-10.

② Мищенко С А. Фейковые новости в российских интернет-СМИ：правовое регулирование ［J］. Историческая и социально-образовательная мысль，2020，12（2）：85-92.

③ Мищенко С А. Фейковые новости в российских интернет-СМИ：правовое регулирование ［J］. Историческая и социально-образовательная мысль，2020，12（2）：85-92.

④ Государственная дума. Что такое фейковые новости и как за них будут наказывать？［EB/OL］. Государственная дума федерального собрания РФ，2019-03-07.

⑤ 孙祁，尤利娅·哈里托诺娃. 数据主权背景下俄罗斯数据跨境流动的立法特点及趋势 ［J］. 俄罗斯研究，2022（2）：89-107.

⑥ Российский парламент. 第 100 号关于《俄罗斯刑法典》的修正案［EB/OL］. 俄罗斯总统网，2020-04-01.

⑦ 这些 IT 公司包括塔斯社、Yandex、Mail. ru 集团、今日俄罗斯等。

信息环境。① 2022 年 3 月 25 日，第 63 号修正案对《俄罗斯联邦刑法典》进行了修正，增加第 207.3 条，规定了公开传播有关俄罗斯联邦武装部队、俄罗斯联邦国家机构行使权力的虚假信息罪。

第四节　俄罗斯网络空间安全治理趋势

一、治理监管措施趋严

在俄罗斯网络空间安全治理监管方面，一直是以国家政府力量为主，社会力量为辅。在政府执法权限配置方面，俄罗斯采取的是多元监管和集中监管相结合的双重模式。所谓多元监管，是指根据不同的监管对象配置不同的监管部门。所谓的集中监管，就是指俄罗斯通信、信息技术与传媒监督局，该局监管网络空间的所有领域，并负责对所有监管网站的情况进行统一登记。② 除了上述具有相应执法权限的司法机构、行政机构外，俄罗斯对于网络空间安全监管的主体还包括社会及公民的监管，他们的监管同样在网络空间治理中发挥着重要作用，但仍需与政府监管机构对接才能发挥监管的实效。

目前，随着俄罗斯在乌克兰危机等问题上与西方国家的裂痕加剧，美国和其他国家逐渐开始利用国家力量配合外交竞争。俄罗斯《生意人报》称，自 2022 年 2 月以来，俄罗斯遭受了一波严重的网络攻击，是去年同期的 15 倍。③ 俄罗斯国家计算机事件协调中心副主任穆拉绍夫（Николай Мурашов）表示，俄罗斯联邦在乌克兰境内开展特别军事行动以来，俄罗斯的信息空间正遭受着前所未有的网络攻击。据他介绍，国家检测、预防和消除计算机攻击后果的系统平均每天记录 200 多起复杂的计算机攻击，且这些从不同国家发起的袭击显然是经过协调的。④ 2022 年 6 月 8 日，俄罗斯外交部国际信息安全局局长克鲁

① Антон Новодережкин. Крупнейшие российские IT-компании и СМИ подписали в ТАСС меморандум о борьбе с фейками［EB/OL］. ТАСС，2021-10-07.
② 米铁男．俄罗斯联邦网络安全法律与政策研究［M］．北京：北京邮电大学出版社，2021：50.
③ Лолита Белова. Информация под защитой отечества［EB/OL］. Коммерсантъ，2022-08-25.
④ Денис Савосин. Стало известно о беспрецедентных кибератаках на Россию［EB/OL］. Лента. Ру，2022-07-06.

茨基赫（Андрей Крутских）表示，截至 2022 年 5 月，来自美国、土耳其、格鲁吉亚和欧盟国家的 65000 多名黑客组织经常参与对俄罗斯关键信息基础设施的网络攻击。① 在此背景下，俄罗斯政府对于网络空间安全的治理与监管力度将进一步加强。可以预知的是，俄罗斯在未来将进一步强化严格的网络监管法律体系，持续加强对内监管力度，使网络活动切实符合俄罗斯的国家利益、社会利益及公民的个人利益。

二、不断强化互联网主权

自 2015 年春举办断网演习以来，俄罗斯网络空间治理呈现出极端化趋势，尝试通过在特定条件下对网络的强制中断来测试俄罗斯互联网受到外界威胁时的稳定性。2018 年，美国出台《国家网络战略》，放宽使用数字武器"进攻性行动"的操作权限，直接刺激俄罗斯自主互联网的建设。2019 年 5 月 1 日通过的第 90 号联邦法修正案，被认为是俄罗斯的"主权互联网法案"。该法案指出，将在俄罗斯建立国家域名系统，以确保在俄罗斯联邦境内持续地、安全地使用域名。② 该法案一方面以加强国内网络空间主权的方式应对外来威胁，另一方面也反映出俄罗斯政府试图以强化控制民众的方式保障国内网络空间的安全。

俄罗斯加强互联网主权的实践从未停歇，并趋于进一步加强。2021 年 7 月 2 日，普京签署第 400 号总统令《俄罗斯联邦国家安全战略》，新的国家安全战略明确指出，确保国家信息安全的目标在于加强俄罗斯信息空间主权建设，并为之后维护信息安全的政策制定与实施提出了详细的 16 点要求。③ 2021 年，俄罗斯联邦数字发展、通信和大众部提议，自 2023 年 1 月 1 日起，俄罗斯要求政府各级机构在关键信息基础设施中优先使用国产软件、电信设备和无线电电子产品。2022 年 3 月 30 日，第 166 号总统令规定，自 2022 年 3 月 31 日起，购买用于俄罗斯联邦关键信息基础设施的外国软件须经批准，自 2025 年 1 月 1 日起，将禁止在俄罗斯联邦关键信息基础设施上使用外国软件。④ 该措施是保障数据主权、维护关键信息基础设施的进一步实践。2022 年 4 月 26 日，在"球体"国际航行论坛上，德米特里·罗戈津（Дмитрий Рогозин）宣布，卫星互联网"球体"项目已获政府批准并获得联邦资金。据俄罗斯航天局负责人称，目前项目的发展

---

① Александр Казаков. МИД сообщил о 22 ведущих кибератаки на РФ группировках ［EB/OL］. Известия, 2022-06-09

② Российский парламент. 第 90 号联邦法修正案 ［EB/OL］. 俄罗斯总统网, 2019-05-01.

③ путин. 第 400 号俄罗斯联邦总统令 ［EB/OL］. 俄罗斯总统网, 2021-07-02.

④ путин. 第 166 号俄罗斯联邦总统令 ［EB/OL］. 俄罗斯总统网, 2022-03-30.

已可以满足各地区在互联网方面的需求，并在未来进入国际市场。现在剩下的就是在卫星数量和技术水平上追赶 SpaceX。① "球体"项目是普京在 2018 年首次提出的，预计在 2030 年计划投放 600 颗卫星，对其投资达 4000 亿卢布。② "球体"项目通过将俄罗斯互联网深入布局外太空，以实现俄罗斯居民随时随地、不受限制地接入互联网，可以说是其互联网主权政策在外太空领域的极致延伸。

三、积极参与国际合作，提高国际话语权

俄罗斯在网络空间安全治理方面一直致力于国际合作的参与。从当前合作态势及发展看，国际形势决定了俄罗斯在该领域的国际合作表现出以传统合作伙伴为主、同时弱化地缘政治色彩的特征。基于俄罗斯当前的网络技术水平，将保持防御型姿态，进一步扩展其在网络安全领域的合作范围，逐步提升自身技术实力，增强网络影响力，通过向网络强国迈进实现俄罗斯的国家利益。

2021 年 1 月，俄罗斯与伊朗签署《信息网络安全领域合作协议》，旨在交换技术、培训专家以及协调两国在网络领域的行动。俄罗斯外交部长谢尔盖·拉夫罗夫（Сергей Лавров）指出，该文件为"在网络空间中存在的问题日益重要及其对国际关系的影响越来越大的背景下"协调行动提供了机会。③ 2021 年 3 月 26 日，俄罗斯总统普京召开安理会会议，会议议程包括审议《俄罗斯联邦在国际信息安全领域的国策纲要》。在会议中，普京多次强调确保俄罗斯信息安全的重要性，同时指出俄罗斯需要一个长期的、稳定的行动战略，以维护信息领域的国家利益。④ 2021 年 4 月 12 日，普京签署第 213 号总统令，正式批准了《俄罗斯联邦在国际信息安全领域的国策纲要》。该纲要基于俄罗斯官方对国际信息安全本质看法，在明确国际信息安全方面的主要威胁基础上，提出在国际信息安全领域的国家政策，并指出该政策实施的宗旨、目标以及主要方向。可以说该纲要是在考虑俄罗斯联邦国家利益的基础上，旨在建立一套国际安全体系的协调措施。同时促进建立国际法律机制，以防止（解决）全球信息空间的国家

---

① ТехноИнфо. Битва за спутниковый интернет: "Сфера" vs Starlink ［EB/OL］. Дзен, 2022–03–15.

② Проект SFERA Live. Роскосмос запускает проект "СФЕРА". Головные исполнители уже приступили к работе ［EB/OL］. Дзен, 2021–04–30.

③ Анна Светлова. Россия и Иран подписали соглашение о сотрудничестве в области информационной безопасности ［EB/OL］. ТАСС, 2021–01–26.

④ путин. Путин проводит заседание Совета Безопасности ［EB/OL］. Российской газеты, 2021–03–26.

间冲突，并在国际信息安全领域的国家政策方面组织机构间合作。2021 年 5 月，联合国大会决议通过设立专家委员会以拟定"打击为犯罪目的使用信息和通信技术"。这一由俄罗斯发起、金砖国家共同提出的提案受到一些美欧国家的反对，提案的成功通过与其背后俄罗斯的大力推动，能够表明通过联合国框架下进行国际信息空间治理的坚定态度。① 2021 年 12 月，俄罗斯和印度尼西亚同意在保障信息安全领域开展合作，并签署了政府间协议，以维护国际和平、安全与稳定。根据协议，双方确定了合作领域，一方面将在国际信息安全领域制定和实施必要的联合措施，另一方面将建立一个预防、监测和联合应对该领域出现的新威胁的系统，同时两国同意就有关非法使用信息和通信技术、计算机事件、恶意软件、计算机攻击和其他非法使用信息通信技术的方法交换数据。②

中国是俄罗斯的重要合作伙伴。2021 年《俄罗斯联邦国家安全战略》明确指出，要发展与中国的全面伙伴关系与战略互动关系，深化多领域合作。可以预知在未来俄罗斯将与中国强化合作，以互联网主权为基础，共同推进信息安全领域的深入合作。

延伸阅读

俄罗斯联邦国家安全战略

2022 年 7 月 2 日，俄罗斯总统普京签署命令，批准出台俄新版《国家安全战略》。《国家安全战略》是俄罗斯国家安全领域最高战略指导文件，根据国内外安全形势的变化定期更新修订。新版国家安全战略包含"总则""现代世界中的俄罗斯：趋势和机遇""国家利益和国家战略性优先事项""保障国家安全""战略实施的组织框架与机制"五大部分，主要分析了当前全球和俄罗斯的发展态势及安全环境，提出了俄罗斯现阶段 8 项国家利益和 9 个国家战略性优先事项，并明确了各优先事项框架下的形势、目标与任务。新战略呈现以下突出特点：（1）做出世界进入变革期的总体判断；（2）扩大了"安全威胁"的涵盖范围；（3）"去西方化"和与美西方对抗色彩鲜明；（4）外交政策转向东方聚焦亚太；（5）强调保护信息主权。

---

① 章时雨. 俄罗斯信息安全战略态势变化分析［J］. 信息安全与通信保密，2021（10）：30-38.

② Совет Безопасности Российской Федерации. РФ и Индонезия договорились о сотрудничестве в обеспечении информационной безопасности［EB/OL］. TACC，2021-12-14.

第四章

澳大利亚网络空间安全

澳大利亚作为南太平洋主要国家，地理空间上远离主要大国，冷战后致力于发展和巩固与美国的安全关系。2021年以来，在日益不稳定的全球网络安全格局中，大规模针对性网络行动大幅增加，攻击复杂性持续上升，网络安全已成为国家安全的重要因素。为推动发展数字经济、应对网络大国竞争，遏制日益严峻的网络安全威胁和网络犯罪，加之大国的网络冲击，澳大利亚在重视传统安全的同时，正在加大对网络安全领域的投入，并积极出台相关政策维护网络安全、打击网络犯罪。同时，作为美国主导"五眼联盟"的"得力干将"，澳大利亚一方面承担机制职责，另一方面也积极利用相关机制打击网络攻击、干预和犯罪，应对潜在的恐怖主义威胁。澳大利亚属联邦制国家，联邦和各州（地方）层面均有立法权，也均对网络安全领域予以关注。在政策领域，澳大利亚联邦政府于2020年发布的最新版《网络安全战略》也在积极发挥作用。

第一节 澳大利亚网络空间安全战略概述

一、澳大利亚网络安全威胁

澳大利亚在重视传统安全的同时，正在加大对网络安全领域的投入。澳大利亚前总理斯科特·莫里森（Scott John Morrison）十分重视网络安全，称"网络安全是有助于增强国家韧性的三个领域之一"，为保证网络安全，需要增强政府保护关键基础设施和打击网络犯罪的能力。这既是保护澳大利亚网络安全的需要，也是在数字时代把澳大利亚打造成"领先的数字经济和社会"的需要。为此，澳大利亚政府对网络安全威胁予以重点关注和梳理，并据此打造涵盖法律、战略、行政、社会等领域的全方位网络安全体系。2013年，澳大利亚首个

《国家安全战略》中提出，澳大利亚面临的主要安全风险包括间谍活动和外国干涉、恶意网络活动、严重的有组织犯罪、恐怖主义和暴力极端主义等，其中恶意网络活动被列为主要风险之一。近年随着网络技术在民用和公共领域的普及，《国家安全战略》报告中提及的借助网络开展的间谍活动和外国干涉、网络犯罪和恐怖主义等问题也日益受到重视。

（一）间谍活动和外国干涉

网络空间在物理空间上的独立性和特殊性非但没有使其成为孤立的区域，反而成为更广泛地缘政治战场的延伸。根据澳大利亚安全情报组织发布的年度报告，促成全球化快速推进的宽带网络等技术正在成为间谍活动和政治干预的手段，正以前所未有的形式为网络入侵和攻击提供载体。澳大利亚认为，近年澳大利亚面临的间谍活动和外国干涉的威胁"前所未有"，网络技术则起到了加速作用。澳大利亚政府十分担心来自外国黑客发动的攻击，其安全情报组织的报告中提出，要为潜在的威胁做准备，担心其对手可能在电信和能源等领域的关键基础设施中预置恶意代码。

（二）网络基础设施威胁

网络基础设施属网络基础层或物理层。在关键基础设施普遍联网的情况下，网络基础设施的破坏对整个网络空间的影响是毁灭性的，通过在关键基础设施中预置恶意代码等，国家电信、能源等基础设施可能遭到重大破坏。2018年9月，澳大利亚《电信部门安全改革》法案实施，澳大利亚政府的目的是打造针对整个行业的监管框架，更好地管理电信网络和设施面临的国家安全风险。这些监管措施在保证基础设施安全的同时，也大大增加了澳大利亚相关项目的建设成本，对于经贸领域合作也有影响。

（三）运用网络发展恐怖主义

在恐怖主义成为全球公敌的情势下，澳大利亚也十分担心受到本土恐怖主义的威胁。2014年以来，澳大利亚提升了本国面临的恐怖主义威胁的级别，实行国家恐怖主义威胁五级预警制度，分别为"确定会"（Certain）、"预计会"（Expected）、"很可能会"（Probable）、"可能会"（Possible）、"预计不会"（Not expected）。澳大利亚把当前恐怖主义发生的可能性认定为"很可能会"。2019年3月，新西兰清真寺发生的枪击恐怖袭击事件引起了澳大利亚政府对恐怖主义的重视。恐袭事件发生后，澳大利亚政府联合业界人士成立"打击网上恐怖主义和极端暴力材料工作组"，旨在就打击上传和传播相关材料提供切实有效的措施以及为政府提供建议。

（四）社会层面的网络安全问题

从数量上看，根据澳大利亚网络安全中心发布的年度网络威胁报告,①2020—2021 年该机构共收到 67500 份网络犯罪报告，相比上一年度增加了近13%，相当于平均每 8 分钟便会收到一份网络安全犯罪报告。这些网络犯罪带来的损失超过 330 亿美元，大约 1/4 的网络安全事件影响到教育、卫生、通信等关键基础公共服务组织，与勒索软件相关的记录有近 500 份。网络诈骗、网上购物和网上银行诈骗是主要犯罪类型。从程度上说，网络安全事件的平均严重程度也有所增加，近一半的分类为"严重"级。数量和程度两个维度的数据表明，澳大利亚国内网络安全形势较为严峻。

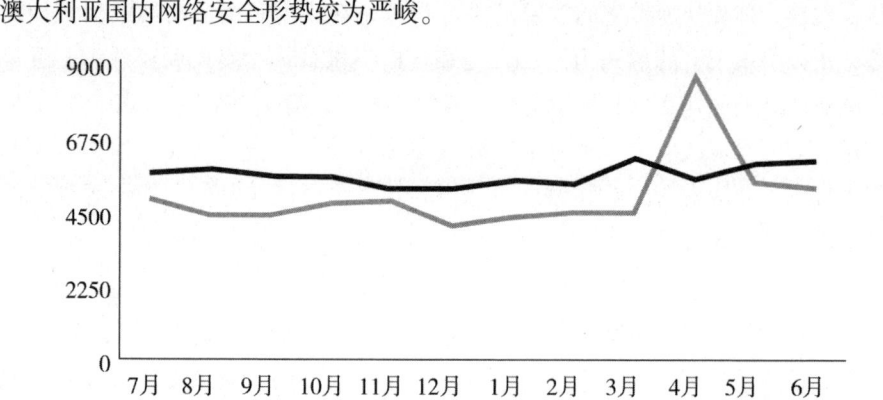

图 1　2019—2020 年度与 2020—2021 年度网络犯罪报告对比

二、澳大利亚网络安全治理与监管措施

面对日益严重的网络威胁，澳大利亚政府通过立法、行政、司法、发布战略、加强多主体合作等多种措施来应对。

（一）完善立法、行政与司法体系

鉴于网络空间情势变化快的特点，澳大利亚从实践需要出发，积极更新法律，通过法律手段强制企业等网络空间行为主体履行安全义务。2019 年，新西兰暴恐事件发生后，澳大利亚政府迅速推动将"分享令人反感的暴力材料"列入刑法修正案。在该法案的限制下，社交媒体平台有义务删除涉及恐怖活动、谋杀等暴力事件的相关内容。在应对网络暴力问题领域，澳大利亚于 2021 年 6

---

① 参考 2020 年 6 月至 2021 年 7 月的"ASCS Annual Cyber Threat Report"（ASCA 年度网络威胁报告）。

月通过《反网络暴力法案》，规定不法分子需在一定时间内删除包括色情在内的内容，否则将面临巨额罚款。为便于调查相关问题，澳大利亚政府于 2021 年 12 月 1 日成立了众议院社交媒体和在线安全特别委员会。为保障重要网络基础设施不被攻击和操控，澳大利亚于 2018 年通过《关键基础设施安全法案》，并于 2022 年通过《网络安全修正案（关键基础设施保护）法案》对其进行了修改完善。为更好监督网络服务提供者，澳大利亚于 2021 年通过新版《在线安全法案》，扩大了电子安全专员干预网络服务提供商业务的权限。以立法为根据和依据，澳大利亚不断强化行政和司法机关权力，以便加大对网络平台的干预力度。

（二）制定网络安全战略

澳大利亚在 2000 年国防白皮书《国防 2000：我们的未来国防军》中提及网络攻击也是国家安全问题，在 2009 年国防白皮书《2030 年的军力：在亚太世纪保卫澳大利亚》中提到网络战。2009 年 11 月，澳大利亚发布第一部《网络安全战略》，明确了国家网络工作的重点。2016 年 4 月，澳大利亚发布《网络安全战略：助推创新、发展与繁荣》报告，对 2009 年《网络安全战略》进行更新，战略中明确加大对国家网络安全建设的投资。2020 年 8 月，莫里森政府发布新版《网络安全战略》报告，涵盖更多领域，投入更多资金用于网络安全建设。

（三）加强政府与企业的合作

企业在澳大利亚网络安全体系中起着重要作用。企业的重要性体现在三个方面：其一，企业是数字经济创新和发展的主体，随着数字经济的全面铺开，越来越多的澳企业完成或正在完成数字化转型；其二，企业是网络攻击的对象，企业与政府、非政府组织、个人，共同作为网络攻击的目标；其三，企业也是应对网络安全威胁的重要力量，企业作为网络技术和网络服务的提供者，既具有对抗网络威胁的技术实力，也具有阻断违法行为的能力，还能够沟通个人与政府。为增强网络防御能力，澳大利亚成立了联合网络安全中心、网络安全增长中心等连接政府、企业、科研机构等主体的机构，便于协调各方资源，维护网络安全。

网络安全增长中心成立于 2017 年，由澳大利亚联邦政府拨款资助。作为澳大利亚产业增长中心计划和网络安全战略两个国家计划的组成部分，该中心的职能定位是推动澳大利亚网络安全的研发和创新。具体包括三个方面：一是加强合作和商业化，通过投入资金和扩大宣传等方式增强学术界和企业界的联系；二是提升技能和能力，通过与职业教育、培训部门和行业合作，提升澳大利亚网络安全相关劳动力的技能；三是对外推介澳大利亚企业，通过与贸易部门和行业商会合作，推荐澳大利亚企业网络相关的能力并促进合作。

（四）加强国际合作

由于网络空间开放性、互联性的特点，网络安全仅靠一国"各扫门前雪"无法实现，因此，各网络大国均注重加强网络安全领域的国际合作。在国际合作方面，澳大利亚为应对网络威胁，在一些安全合作机制框架下谋求更紧密的合作。作为美国在战略上的追随者，澳大利亚在"五眼联盟"中扮演愈加积极的角色，强化"五眼联盟"合作。[①] 以应对网络威胁的重要手段——情报合作为例，澳大利亚一方面通过推动国内立法和强化安全机构等方式增强国内情报能力，另一方面还借助与美国、英国、加拿大、新西兰"五眼"国家合作获取外部情报支持。

第二节　澳大利亚网络安全主要制度措施

一、澳大利亚网络安全领域最新立法

近年，澳大利亚越发重视网络领域立法。2021 年以后更是频繁推出网络安全相关法案和修正案，仅联邦层面就有两部新法、多个修正案出台。本部分着重对澳大利亚联邦政府 2022 年网络安全领域的最新立法《数据可用性和透明度法案》和最新出台的修订案《安全立法修正案（关键基础设施保护）法案》进行详细说明。

表 1　澳大利亚 2021—2022 年联邦网络安全主要立法

年度	法案	修正案
2021 年	《在线安全法》 Online Safety Act 2021	《在线安全（过渡条款和相应修订）法案》 Online Safety (Transitional Provisions and Consequential Amendments) Act 2021
		《电信修正案（新发展中的基础设施）法案》 Telecommunications Amendment (Infrastructure in New Developments) Act 2021
		《电信立法修正案（国际生产订单）法案》 Telecommunications Legislation Amendments (International Production Orders) Act 2021
		《外国情报立法修正案》 Foreign Intelligence Legislation Amendment Act 2021

---

① 王彦飞，凌胜利. 澳大利亚强化"五眼联盟"合作分析 [J]. 情报杂志，2021，40（8）：17-23.

续表

年度	法案	修正案
2022 年		《数据可用性和透明度法案》 *Data Availability and Transparency Act 2022*
		《数据可用性和透明度（相应修订）法案》 *Data Availability and Transparency（Consequential Amendments）Act 2022*
		《安全立法修正案（关键基础设施保护）法案》 *Security legislation Amendment（Critical Infrastructure Protection）Act 2022*

（一）2022 年《数据可用性和透明度法案》

《数据可用性和透明度法案》于 2022 年 3 月 30 日先后获得参、众两院的批准，3 月 31 日由澳大利亚议会颁布，旨在使政府机构之间以及大学之间更容易实现数据共享。《数据可用性和透明度法案》于 2020 年提交至联邦议会，为各机构共享数据、为政策和研发提供信息等提供了可选途径。2020 年法案文本中包括"向外国、非澳大利亚组织以及私人公司开放公共数据"的条款，遭到了澳大利亚工党的反对。2022 年，最终通过的法案文本删除了争议条款，适用范围仅限于政府机构和大学之间。法案基本消除了澳大利亚州和联邦政府与大学之间为特定目的并经数据专员批准而共享数据的一些障碍。① 从内容上看，《数据可用性和透明度法案》（以下简称为《法案》）分为总则、授权、数据方案实体的责任、国家数据专员和国家数据咨询委员会、监管和执法、其他事项六章。

第一章：总则。总则部分主要规定了本法案的目的、适用范围和法案涉及主要概念的定义和内容。在适用范围上，《数据可用性和透明度法案》在总则第一部分明确了本法案的域外效力，规定在符合澳大利亚国际义务的情况下，《数据可用性和透明度法案》也适用于在澳大利亚以外发生的相关事项。第二部分，对认可机构、认可实体、认可用户、ADSP、APP 实体、安全评估、授权人员、生物特征数据、复杂数据集成服务、数据保管人、数据共享计划、去识别化数据服务等专有概念，以及附带犯罪、联邦机构、联邦法院、法庭命令、主要罪行等一般概念进行了定义和解释。其中本法案中的实体包括联邦机构、州或地区机构，联邦、州或领地，澳大利亚大学三类。明确了方案的制定目的，便于

---

① 陶蔓茜，范荣荣，杨彦超，等．全球视野［J］．互联网天地，2023（4）：59-60．

数据在这三类实体之间的安全传输和使用。

第二章：授权。本章是此法案的重点内容，根据法案所规定的数据共享计划，联邦机构有权与认可用户共享其公共部门数据，并且认可用户有权以受控方式收集和使用数据。数据直接与经过认可的用户共享，也可以通过以此目的而认可的中介，即认可的数据服务提供商（ADSP）共享。本章还规定，数据共享并非绝对，如果共享会违反法律或协议的规定，某些数据共享会被禁止。数据共享活动必须符合数据共享原则和本法要求的注册数据共享协议，同时个人信息的共享受到隐私保护的严格限制。对于未经授权或违法共享数据、收集或使用数据的行为，本章同时规定了刑事和民事处罚。本章第三部分规定了数据共享的目的和原则，提出数据共享的目的是提供政府服务、告知政府政策和计划，以及研究和开发；数据共享的原则包括项目原则、人本原则、设置原则、数据（保护）原则和输出原则等。

第三章：数据方案实体的责任。本章主要规定数据方案主体的责任，即按照本法要求作为数据拥有者进行数据分享的责任以及未履行本章规定的责任所适用的处罚。根据本章规定，数据拥有者（数据方案实体）在接到数据分享请求时应在合理期限内考虑该请求，拒绝请求的应当在本法规定时间内书面通知数据请求方（授权用户）。此外，数据方案实体还负有需要向数据专员提供数据分享协议的登记、协助数据专员处理年度报告的责任。本章在第三部分规定了数据方案实体防止数据泄露的责任以及数据泄露事项发生时及时采取措施防止较少数据泄露并通知数据专员的责任。

第四章：国家数据专员和国家数据咨询委员会。国家数据专员具有咨询、指导、监管、教育等方面的职能。数据专员是数据分享计划的监管者，并为此提供建议和指导。数据专员还具有规范和执行数据分享计划的职能，包括处理数据方案实体之间的投诉、与该分享计划的管理或运营有关的其他投诉并要求提供信息以及评估、监测和调查数据计划实体的权力。数据专员还具有就处理公共部门数据提供教育和支持的职能。数据专员的监管职能包括认可数据服务提供商（ADSP）和联邦、州或领地以外的用户。国家数据咨询委员会根据本章第三部分设立，职能是就本法第六十一条规定的与公共部门数据的使用和以受控方式提供对数据的访问有关的事项向数据专员提供建议。委员会委员由信息专员、统计员、科学家等构成，委员会规模为5~8名委员，有义务向部长或专员说明利益和情况。

第五章：监管和执法。本章规定了数据共享过程中的执行问题，包括：部长和数据专员对实体的认证，数据方案实体间互相监督，数据专员的评估、监

督和调查权，数据专员的执法权，等等。部长和数据专员可以根据认证框架对实体进行认证，施加和改变认证条件，暂停或取消认证。如果数据方案实体违反本法或数据共享协议，另一个实体可以向专员投诉，从而开启专员对违规使用或持有数据的调查。综合来看，数据专员的执法权包括：（1）向数据方案实体提出建议；（2）在特定情况下发出指示；（3）如数据方案实体违反民事处罚规定，则发出侵权通知或向法院申请罚款；（4）接受与本法任何方面有关的可执行承诺；（5）如果数据方案实体违法或正在违反或提议违反民事处罚规定，则向法院申请禁令。

第六章：其他事项。本章阐述了数据分享计划管理方面的问题，包括本法下位法的制定问题：为了施行数据分享计划，数据专员可以制定数据代码和指南类的立法性法律文件，部长可以制定相关规则（Rules），总督可以制定相关条例（Regulations）；数据专员还可订立提供数据分享信息的登记册、承认外部争议解决方案等非立法性法律文件以及管辖权、收费、年度报告、生效期限等其他事项。

（二）2022 年《安全立法修正案（关键基础设施保护）法案》

澳大利亚《安全立法修正案》（以下简称《修正案》）于 2022 年 4 月 2 日生效，目的在于对关键基础设施立法进行完善修改，涉及对 2007 年《澳大利亚支票法案》（以下简称《支票法案》）、1995 年《刑法》和 2018 年《关键基础设施安全法案》中有关网络基础设施保护相关条款的修正和完善。《修正案》对 2007 年《澳大利亚支票法案》进行了两项内容的修改，在《澳大利亚支票法案》第 8（1）（b）段增加对个人进行背景调查的内容，并明确了《澳大利亚支票法案》中关键基础设施风险管理计划的含义与其他法案的协调统一。《修正案》对 1995 年《刑法》的修改仅涉及法条的删减。

《修正案》重点在于对 2018 年《关键基础设施安全法案》的修改。涵盖以下几项内容：第一，定义问题。《修正案》对“关键基础设施资产的关键组成部分”“关键教育资产”“关键能源市场运营商资产”“关键电信资产”“关键基础设施资产的关键工作者”“数据存储或处理服务”等概念进行了补充或完善，并明确了系统信息定期报告通知、软件通知、脆弱性评估以及脆弱性评估报告等概念的范围和含义。第二，关键基础设施风险管理计划。对管理计划的目的、适用范围，关键基础设施资产负责实体审查、更新风险管理计划的责任，提交管理计划年度报告的责任等进行了规定。第三，与关键基础设施风险管理计划未涵盖资产相关的报告义务，规定报告的主体、时间、形式等。第四，强化网络安全义务。规定网络强化路径包括：相关实体的法定事件响应计划义务、网

络安全演习、漏洞评估、系统信息报告、网络安全负责人员指定等。

1. 法定事件响应计划

规定了基础设施法定事件响应计划的适用范围：系统和网络安全事件；关键基础设施相关实体对事件响应计划的定期审查义务，响应计划更新义务，提供响应计划副本的义务；不履行法定事件响应计划义务应受到的民事处罚。

2. 网络安全演习

《修正案》在规定网络安全演习内容和目的的基础上，明确部长可以要求关键基础设备相关主体就系统或网络安全事件开展网络安全演习，并要求相关实体提交网络安全演习的内部与外部评估报告，并对评估报告的目的做出解释。

3. 漏洞评估

《修正案》规定部长可以要求国家重要系统相关实体在规定的时间内对于系统问题和各类网络安全事件进行脆弱性评估。为保证脆弱性评估的顺利进行，相关实体应当给予评估人员计算机访问权限等必要的协助和便利。如相关实体没有按照本法案要求进行或配合进行脆弱性评估，则可以依照本法案对其进行处罚。

4. 系统信息报告

《修正案》规定，部长在有理由认为国家系统相关实体有编写系统信息报告能力的情况下，可以要求该实体按照明确的形式和规定的信息技术要求定期编写系统信息报告，以及相关实体在未履行报告编写任务时应承担的法律责任。如国家系统相关实体没有能力向监管机关提供定期系统信息报告，部长可书面通知该相关实体在规定的期限内在其运行的计算机上安装指定的计算机程序，以保障基础设施安全。

二、网络安全战略及其实施

澳大利亚政府于 2009 年、2016 年、2020 年先后发布《网络安全战略》报告，将应对网络攻击提升至国家战略高度。2016 年《网络安全战略》*Australia's cyber security strategy*（2016）中提到，到 2020 年，澳大利亚网络安全的 5 个行动主题之一是建立强大的网络防御能力，以阻止和应对网络安全威胁并更好地预测风险。2020 年《网络安全战略》*Australia's cyber security strategy*（2020）制定了更加全面的维护网络安全的计划，包括保护关键基础设施、加强网络防御和打击网络犯罪等，政府投入 2.3 亿美元的资金支持 2016 年的网络安全战略，并计划在 2020 年以后的 10 年投入 16.7 亿美元的资金支持这一新的战略。2020 年《网络安全战略》既是澳大利亚政府发布的第三个网络安全战略，也是 2017

年12月20日澳大利亚内政部成立后发布的第一份网络安全领域战略。针对澳大利亚面对的网络安全威胁问题，2020年《网络安全战略》强调要打击网络犯罪、推进"网络身份"计划；针对应对网络大国竞争需要的问题，强调要扩大澳大利亚的区域影响力。

（一）2020年战略主要内容①

1. 战略愿景（Vision）

新版战略指出，澳大利亚政府所期望的是"为澳大利亚人、澳大利亚企业和所依赖的基本服务，创建一个更加安全的在线世界"。为达此目标，政府、企业和社区都要有所行动。

（1）政府行动。政府主要采取的行动包括：保护关键基础设施、保护基础服务设施，打击包括暗网在内的网络犯罪，保护澳大利亚政府的数据和网络，分享犯罪信息，加强网络安全合作伙伴关系，支持企业网络安全达到标准，增强网络安全能力。

（2）企业行动。企业主要采取的行动包括：提高关键基础设施基线安全，提升中小企业网络安全水平，提供安全可靠的产品和服务，培养具备网络安全能力的技术人才，采取措施阻止大规模恶意活动。

（3）社区行动。社区主要采取的行动包括：在网络安全方面获取指导和信息，做出正确的信息产品购买决策，报告网络犯罪，在需要时获得帮助和支持。

通过以上三方行动，《网络安全战略》旨在形成政府、企业、社区之间的信息互通，共同打击网络犯罪，创造安全的网络环境。

2. 战略重点（Highlights）

《网络安全战略》指出，澳大利亚将在未来十年投资16.7亿美元，着力于10项重点内容：一是保护和捍卫所有澳大利亚人所依赖的关键基础设施和网络系统，明确所有者和运营者的网络安全义务；二是寻求调查和阻止包括暗网在内网络犯罪的新方法；三是加强政府网络和数据的保护；四是加强各方协作，构建网络技能提升渠道；五是增强态势感知能力，促进威胁信息共享；六是通过联合网络安全中心计划与业界建立更牢固的伙伴关系；七是为中小型企业提供网络防御建议；八是为企业和消费者提供保护物联网设备的指南；九是针对中小型企业和家庭建立"7×24"网络安全服务咨询热线；十是提高社区对网络安全威胁态势的感知能力。

---

① 张钰，杜芳. 澳大利亚打击网络犯罪"新战略"［J］. 现代世界警察，2022（8）：46-50.

3. 目前的响应行动（Response）

《网络安全战略》阐述了政府、企业和社区目前正在进行并将持续推进的响应行动。

（1）政府响应行动。在《网络安全战略》发布前，澳大利亚政府已于2020年6月30日宣布投资13.5亿美元开展"网络增强态势感知和响应系统"项目，以识别网络威胁，扰乱外国网络犯罪，建立政府与工业界的伙伴关系，保护澳大利亚人的在线安全；与企业合作，通过实施事件响应程序，为网络事件做好应急准备；承担更多国际责任，建立国际合作伙伴关系，帮助建设邻国的网络能力，采取强有力行动阻止网络犯罪。

（2）企业响应行动。关键基础设施运营商负有安全义务，增强关键基础设施安全监管框架，确保关键基础设施和系统安全；实施威胁拦截技术，研究和开发大规模检测和组织威胁的新功能。产品和服务提供商保证其产品和服务的安全。

（3）社区响应行动。确保所有人都知道在线安全的重要性；确保有关网络安全信息能够覆盖更多人；建立网络安全咨询热线；对网络犯罪受害者及时提供支持和帮助。

4. 未来的行动计划（Action plan）

《网络安全战略》将政府、企业和社区的"三方联动"贯穿始终，通过"综合施策"来实现新版战略的目标。

（1）政府行动计划。一是拟出台《保护国家关键基础设施和系统》等法律框架文件来保护国家关键基础设施和系统；二是通过投资强化联邦、州、地区政府与私营部门的合作，完善网络事件响应流程；三是通过投资提高执法部门打击网络犯罪的能力，提高网络执法水平；四是通过集中管理和运营加强网络防御；五是改进威胁信息共享机制；六是维护现行国际法和网络空间负责任国家行为规范；七是加强网络安全合作伙伴关系；八是明确澳大利亚企业的网络安全义务；九是通过投资提升数据科研能力，确保技术领先。

（2）企业行动计划。一是确保关键基础设施的基线安全；二是提升中小企业网络安全水平；三是通过发布物联网安全自愿行为准则创建安全的物联网；四是培养技术人才；五是支持企业使用威胁阻断技术自动拦截威胁。

（3）社区行动计划。一是获取网络安全指南和信息；二是在需要和必要时及时获得帮助和支持；三是政府为消费者提供安全信息参考，使用多种方式保证消费者做出明智的购买决定；四是保证公众在线安全，鼓励公众举报网络犯罪。

（二）全球背景下的网络安全战略

作为 2016 年《网络安全战略》的延续，2020 年《网络安全战略》继续贯彻了"一目标两中心"的总体行动方向——加强人才建设的工作目标和澳大利亚网络安全中心（ACSC）、联合网络中心（JCSC）的工作框架，但投资力度空间加大，由 2016 年版的 2.3 亿美元涨至新版的 16.7 亿美元。同时在提高网络情报能力、积极应对新冠疫情影响方面采取了更加倾斜的措施。

随着澳大利亚政府对网络安全重视程度的进一步加深，2020 年《网络安全战略》只是未来一系列政策和投入的开端。2022 年 4 月，澳大利亚政府宣布将制定数据安全框架，预计在未来 10 年内投入超 60 亿美元以进一步发展国家网络安全。随着网络攻击事件明显增多，澳大利亚在 2020 年《网络安全战略》的基础上不断扩大网络安全相关投资，延伸安全管理覆盖面，加强对网络安全领域人才的培养，但相关措施的实际效果还有待时间的检验。①

第三节　澳大利亚网络安全保护实践

一、澳大利亚网络安全体系和机构建设

澳大利亚网络安全相关政府部门很多，共同构成澳大利亚政府网络安全体系。这些网络安全政府部门按照职能可以分为三类：一是统筹协调机构，二是情报共同体，三是其他相关职能部门。②

（一）统筹协调机构

澳大利亚政府的统筹机构负责网络安全相关的协调工作，主要包括总理内阁部、国家安全委员会和国家情报办公室。第一，总理内阁部。该机构本身发挥着为制定和实施政府政策提供建议的作用，在网络安全领域则是主管数据和数字部长会议。数字部长会议定期举行，会议建立的背景是数据和技术正在发挥越来越重要的作用，建立的目的是推动跨政府在数据和数字化转型方面的合作，会议探讨从公民生活到政府服务在内的诸多议题。会议的参加人员包括澳

---

① Zicheng. 网安大国系列——澳大利亚：来自大洋孤岛的隐忧［EB/OL］. 黑客技术，2022-09-16.

② 王彦飞. 澳大利亚网络空间安全体系建设论析［J］. 信息安全与通信保密，2022（6）：43-53.

大利亚各州和领地的负责人，以及新西兰的部长级代表，旨在国内政府部门之间建立沟通机制，同时加强澳新之间的数字合作。第二，国家安全委员会。负责审议对澳大利亚具有战略重要性的重大对外政策和国家安全问题、边境保护政策以及与澳大利亚运营和活动相关的机密情报事项。委员会成员包括澳大利亚总理、财政部部长、国防部部长、外交部部长等。第三，国家情报办公室。根据澳大利亚 2018 年 11 月通过的《国家情报办公室法》，情报办公室的主要职能是整合和评估各种渠道的情报，对国内经济和国际政治等重要议题形成意见，供总理、部长等国家安全委员会的成员进行评估和分析。情报办公室作为协调各类情报机构的重心机构，解决了情报部门分散化的弊端。

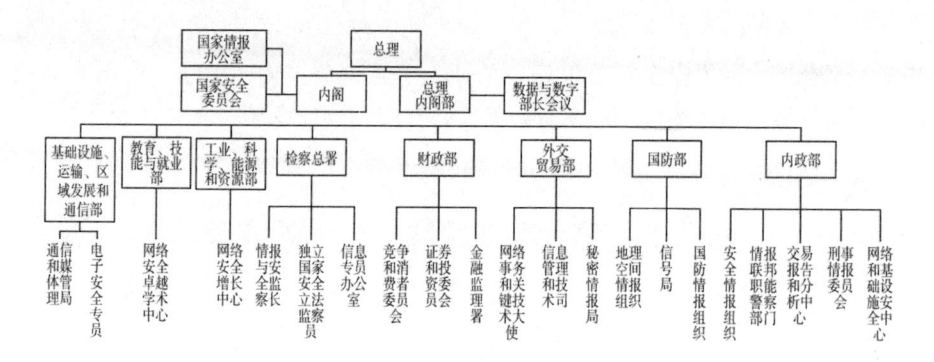

图 2　澳大利亚网络安全相关主要政府部门

（二）情报共同体

澳大利亚行政部门领导负责的情报机构主要担负收集和分析情报的职能。2016 年 11 月，澳大利亚总理宣布对情报机构进行独立审查，2017 年 7 月发布《独立情报审查报告》。此次审查活动和审查报告为澳大利亚政府改革情报机构的结构和监督框架提供了诸多建议，此后，澳大利亚国家情报共同体正式形成。共同体涉及的政府部门包括国家情报办公室、澳大利亚信号局、地理空间情报组织、外交贸易部、安全情报组织、国防情报组织、澳大利亚刑事情报委员会、澳大利亚联邦警察情报职能部门、澳大利亚交易报告和分析中心等。这些情报部门多隶属外交贸易部、国防部和内政部管辖。外交贸易部的相关部门和职务设置包括秘密情报局、网络事务和关键技术大使、信息管理和技术司。国防部的相关部门设置包括地理空间情报组织、国防情报组织和澳大利亚信号局。内政部与网络安全相关的机构包括安全情报组织、联邦警察情报职能部门、交易报告和分析中心、刑事情报委员会、网络和基础设施安全中心 5 个机构。

（三）其他相关职能部门

网络安全相关职能部门主要包括基础设施、运输、区域发展和通信部，教育、技术与就业部，检察总署和财政部4个部门，对各自领域内的网络安全问题进行领导和监管。第一，基础设施、运输、区域发展和通信部。其下设通信和媒体管理局与电子安全专员。通信和媒体管理局负责对通信和媒体进行监管，对从业机构实施执法并且给消费者建议，以提高澳大利亚通信基础设施、服务和内容的经济和社会效益；电子安全专员专司公民上网安全，帮助遭遇网络欺凌的民众采取应对措施、帮助其维权。第二，教育、技术与就业部。其下设的网络安全卓越学术中心是根据2016年《网络安全战略》设立的，旨在应对网络安全的科研机构。该学术中心旨在为企业和政府应对网络安全挑战培养高技能人才，增强澳大利亚网络安全能力。第三，检察总署。检察总署下设的情报与安全监察长、独立国家安全立法监察员和信息专员办公室都涉及网络安全议题。情报与安全监察长管辖澳大利亚安全情报组织等6个情报机构，澳大利亚2021年《监视立法修正案（识别和破坏）法案》进一步扩大了情报与安全监察长的管辖范围。独立国家立法监察员根据《国家安全立法独立监察法案》任命，负责评估国家安全和反恐法律的运行效果，并考量其是否保障了人权。信息专员办公室负责调查和处理隐私泄露事件，以维护隐私权、促进数据和信息的访问与共享。第四，财政部。财政部下设的网络安全相关机构包括澳大利亚竞争和消费者委员会、证券和投资委员会以及金融监理署。竞争和消费者委员会通过执行2010年《竞争和消费者法案》及其附加法来促进公平交易、监管国家基础设施。证券和投资委员会通过发布调查活动衡量澳大利亚上市企业的网络安全意识、能力和防御情况。金融监理署通过发布强制性信息安全法规，旨在减少网络攻击等网络安全事件对信息资产的影响。

二、澳大利亚网络空间安全国际合作

（一）澳大利亚"片面"网络安全国际合作

鉴于澳大利亚作为美国在印太地区"桥头堡"和"五眼联盟"重要行动者的地位，澳大利亚在网络安全领域寻求广泛合作的同时更深受美国影响，在美国建立的"跨太平洋伙伴关系"和"四方机制"等印太合作关系中，都能看到澳大利亚的身影。澳大利亚充分利用"五眼联盟"体系，从预警、分析、干预网络威胁方面积极推动和强化联盟间合作。2020年11月，澳美两国签署《网络训练能力项目安排》。根据该安排，澳大利亚可以使用美国的"持久性网络训练

环境"（PCTE）①开展网络演习训练，美国则将根据澳方的意见对该网络训练环境进行改进和完善。2021年9月，美国、英国、澳大利亚三国联合成立"安全合作联盟"（AUKUS），将网络能力、人工智能和量子计算确立为三国的优先合作方向。

冷战时期，美国借助"五眼联盟"建立了对全球的监控网络，澳大利亚在其中扮演着重要角色，成为美国监控全球的落脚点之一，承担着重要的情报搜集功能。冷战后至今，"五眼联盟"应对的威胁重点领域由聚焦转向多元化。美国自2001年"9·11"事件后恐怖主义威胁严重，互联网的兴起也带来诸多网络安全问题，加之西方国家执意将中国、俄罗斯等大国视为"威胁"，"五眼联盟"开始转向应对这些新兴的安全威胁。澳大利亚出于国内外的安全压力，逐渐成为"五眼联盟"合作的积极参与者。澳大利亚一方面在承担"五眼联盟"机制下的合作义务方面十分活跃，主要体现在配合美国开展情报收集工作、在涉华敏感议题上声援美国等；另一方面积极利用该机制应对自身面临的非传统安全威胁，体现为应对恐怖主义和网络安全等问题。

（二）"五眼联盟"框架下的网络安全合作

近年来澳大利亚在"五眼联盟"中越发活跃，在多个方面强化其中的合作，为维护自身安全、提升影响力。

第一，对冲所谓"中国威胁"。自2016年中澳关系恶化以来，澳大利亚运用"五眼联盟"在华为问题等议题上蛮横地对华施加外交压力，为此，澳大利亚政府加大了对网络安全的相关投入。2019年12月，政府投资在澳大利亚安全情报组织内部建立了"外国干涉威胁评估中心"，以防范中国。

第二，应对网络攻击、干预和网络犯罪。一是以俄罗斯、中国、朝鲜等国家为重点关注对象，防范网络攻击和干预；二是加大投入预防，针对公民个人的网络诈骗、儿童性剥削等网络犯罪问题，澳大利亚在网络安全领域增加投入在2016年和2020年两版《网络安全战略》中都有体现；三是出台多部情报工作相关法律，这也是"五眼联盟"合作的成果。

第三，打击恐怖主义。澳大利亚国土远离大国，受传统安全威胁的可能性较低。但在应对恐怖主义等非传统安全问题上，澳大利亚希望借助"五眼联盟"的情报合作予以应对。

---

① "持有性网络训练环境"是美国陆军为网络司令部开发的一款网络训练工具，受训人员可以从全球任何地点登录该网络训练环境的在线客户端，从而共同参加网络演习和训练活动。

第四节 澳大利亚网络空间安全体系的特点与对华政策趋势

一、澳大利亚网络空间安全体系的特点[①]

当前，网络空间成为国家间合作和竞争的新领域。随着网络空间战略意义和经济意义的凸显，当前世界美欧中俄主要大国和集团纷纷将权力触角伸向网络空间，于国内和国际两个层面争相颁布网络立法、制定网络战略。澳大利亚政府认为，在个别大国已采取进攻型网络安全策略之际，澳大利亚不可一味奉行防御型网络安全政策，而应当迅速采取措施来应对网络空间地缘政治格局的新变化，提高应对网络空间大国竞争的能力。

（一）国内网络安全体系建设和国际合作并重

澳大利亚在打造国内网络安全体系的同时，也非常重视外部网络环境，认为外部网络空间的安全有助于保障自身网络安全。一个安全稳定的外部网络环境无法通过澳大利亚一个国家来实现，而要依靠澳大利亚与其盟国之间的合作。从外部合作来说，美国是传统网络强国和"五眼联盟"的领导者，澳大利亚积极迎合美国的战略需求和安全合作需要。美俄网络空间的争夺日趋激烈，全球网络空间局部冲突不断。2022 年 2 月开始的俄乌冲突使得全球网络空间局部冲突上升到国家级网络攻击。与此同时，澳大利亚通过声援和践行"五眼联盟"职责、加大网络安全投入、加强网络安全装备研发等方式积极开展国际合作。

（二）网络空间的经济安全与政治安全并重

在如今的数字时代，网络空间安全关涉到政治、经济、社会等各领域的安全问题。在应对网络空间威胁、保护网络空间安全方面，澳大利亚无论是在机构设置、法律框架，还是在应对威胁的投入、措施上都较为全面。在政治安全与国家安全层面，澳大利亚政府加强情报机构的能力，统筹协调各类机构，一方面防范恐怖主义的网络传播，打击网络间谍和网络干预，保障关键基础设施安全；另一方面主动增强搜集情报能力，以积极应对网络安全问题。在经济安全与社会安全层面，敦促各行政机关结合机构运行特点进行网络安全监管，保障经济和金融主体信息安全免受网络威胁，也注重个人面临的网络诈骗等犯罪

---

① 王彦飞. 澳大利亚网络空间安全体系建设论析 [J]. 信息安全与通信保密，2022（6）：43-53.

侵害。

（三）维护网络空间安全的多方主体责任并重

澳大利亚在维护网络空间安全等主体责任上受到美国"多利益攸关方"影响，强调网络安全是所有组织及个人的共同责任。对于企业主体，澳大利亚在官方文件中明确企业有责任保护其网络和基础设施不受未经授权的干涉或访问；对于社交媒体平台，政府通过立法手段监管平台和拥护网络行为，督促平台发挥其监管职责；对于网络用户个人，澳大利亚政府通过发布安全手册、开展网络安全培训等方式提高个人防范意识。在明确各方主体网络安全责任的同时，澳大利亚政府也积极开展与企业在网络空间的技术合作。在 2009 年和 2016 年的两版网络安全战略中，澳大利亚政府已提出加强公民的网络安全风险意识，确保公民个人信息、隐私和网络金融的安全。2020 年的新版战略中则强调"澳大利亚人的在线安全是一项共同的责任"，为达此目标，政府需要和企业、社区加强合作，确保所有人都可以发挥作用。

二、澳大利益网络领域对华政策及其趋势

（一）澳大利亚采取强硬对华政策

近年来，印太地区新兴市场国家正在崛起，战略地位不断提高。尤其中国综合实力和网络实力的不断提高，正在重塑印太地区地缘政治格局，并在一定程度上冲击现有的国际政治秩序和霸权体系，给澳大利亚带来了极大的挑战和压力。中国"一带一路"倡议对南太平洋地区的影响增强以及中国领先的 5G 技术切实使澳大利亚感受到地区秩序和地缘政治平衡被打破。由于将对华崛起和外交上的积极作为视为对其安全和利益的潜在威胁，澳大利亚安全焦虑日益增加，加之美国等西方国家对中国崛起的疑虑和阻遏，澳大利亚对华态度日益强硬，这种强硬在网络领域颇为明显。

2016 年后，中国在南太平洋影响力的扩大和在印太地区影响力的增强使澳大利亚感到不安。加之与美国的安全关系所导致的"选边站队"，澳大利亚于2017 年、2018 年开始调整对华政策。2017 年，澳大利亚国会阻止了中澳双边印度条约的生效和关于澳大利亚参与"一带一路"倡议的谅解备忘录。2018 年 6月，在参议院和众议院的两党支持下，澳大利亚联邦议会通过了《国家安全立法修正案（间谍和外国干涉）法》，澳大利亚对华强硬政策达到了一个高峰。虽然时任总理的特恩布尔在 2018 年 8 月的一次对华政策讲话中表达了和解信号，但同月，由于安全方面的考虑，澳大利亚禁止华为和中兴参与在当地推出 5G 技

术，使得澳大利亚成为第一个事实上禁止中国公司进入本国 5G 网络的国家。①
澳大利亚战略政策研究所的反华智库推出虚假报告，为新疆棉事件推波助澜。

（二）冒险主义与机会主义的并存与博弈

从政治和安全层面来说，澳大利亚完全追随美国，在美国主导的区域和
"小圈子"合作机制中上蹿下跳，以制衡和打压中国。但从经济和贸易层面来
说，中澳贸易对澳大利亚经济有重要的作用。澳大利亚作为资源大国，主要向
中国出口铁矿石、煤炭和天然气。中国还是澳大利亚最大的国际游客来源国和
海外留学生来源国。随着中国的经济发展，对澳大利亚资源的需求增大，加之
澳大利亚近期经济迟滞，中国市场对澳大利亚经济的重要性凸显。也正因如此，
无论是 2018 年澳大利亚禁用中国 5G 技术前的"缓和"表态，还是澳大利亚对
中国敌意动作的保留态度，都反映出澳大利亚对华政策冒险主义和机会主义并
存的特征。②

当面临安全和经济的"左右为难"局面时，澳大利亚对华经济依赖将约束
其在网络安全等领域的对华政策，其对华态度必然会有所收敛。就澳大利亚网
络安全合作来说，澳大利亚强化"五眼联盟"合作、出台反间谍法等许多举措
都直接指向中国，给中国带来了较大的安全和外交压力。但澳大利亚国内对华
政策也存在不同声音，澳大利亚国内对"鹰派"的批评是制约澳大利亚运用
"五眼联盟"等机制对华施压的因素，中澳经贸关系恶化也会使澳大利亚面临严
峻的经济压力。

加之在未来合作共赢目的下中美关系改善的可能，澳大利亚在网络安全领
域也将弱化对华施压的论调，聚焦于情报和共同应对网络安全问题、共同打击
网络犯罪等层面。

---

① KOLLNER P. Australia and New Zealand recalibrate their China policies: convergence and di-
vergence [J]. The Pacific Review, 2021, 34 (3): 405-436.

② 陈弘. 首鼠两端的澳大利亚对华政策 [EB/OL]. 科学猫, 2022-10-02.

第五章

亚非拉网络空间安全

随着互联网用户的急剧增长，亚非拉地区正成为推广区块链、Web 3.0、元宇宙等网络空间新概念的主力军。与此同时，为应对网络空间安全风险，2021年9月以来，亚非拉地区密集出台一系列涉及网络空间治理的重要文件，如发布网络安全战略、制定数字经济发展指南、提出数据治理方案等。亚非拉地区越来越成为影响网络安全国际治理格局的重要力量，网络空间安全也已成为世界主要大国或地区与亚非拉地区展开对话合作的核心议题。

第一节　亚非拉网络空间安全战略概述

综合不同地区政府间组织提出的网络空间战略和规划，亚非拉地区网络空间合作需求和机遇主要表现在以下领域：网络基础设施建设、电子商务、中小微企业数字化运用、金融数字化、数据管理、智慧城市建设、劳动者技术技能培训、网络空间安全和信息安全等。其中，亚洲、非洲、拉丁美洲等地在数字化转型战略方面蕴藏着重要机遇和合作需求。加强区域层面网络合作是一个重要趋势，也意味着在基础设施、数字经济、新兴科技等方面，全球和区域市场将更加开放。

一、网络空间安全范围扩大

根据东盟 2015 年发布的《2025 年东盟经济共同体蓝图》，信息通信技术是东盟经济和社会转型的主要驱动力。东盟把缩小地区数字差异和普及数字红利作为区域优先议程。近几年来，越南政府一直在努力推进网络技术改造，其中包括 2022 年 3 月 31 日发布的第 411/QD-TTg 号发展计划，并批准了《展望 2025

至 2030 国家经济战略和数字社会计划》。① 2022 年 5 月，越南区块链协会正式
成立，这是越南第一个专门从事区块链技术研究、致力于推进越南数字化的官
方法律实体。② 2022 年 7 月 1 日，印度国家网络安全协调员拉杰什·潘特
（Rajesh Pant）在以"保护印度网络空间免受新兴威胁"为题的论坛中表示，总
理办公室（PMO）目前正在审查期待已久的《国家网络安全战略》，总理纳伦
德拉·莫迪（Narendra Modi）听取了简报。该战略旨在建立及时报告网络漏洞、
网络攻击及其解决方案的机构能力，确保安全、可靠、有弹性、充满活力和值
得信赖的网络空间。③ 2022 年 9 月 8 日，由美国主导的"印太经济框架"
（IPEF）首次部长级会议在美国洛杉矶举行，日本、韩国、印度、东南亚各国等
14 个国家参加了会议，正式协商并制定了"包括数字经济在内的贸易""半导
体等重要物资的供应链""基础设施和减碳及清洁能源""税收和反腐"四大领
域的规则。马来西亚通信和多媒体部（MCMM）于 2021 年 10 月 12 日宣布正在
准备《网络安全法》的建议。④ 2022 年 8 月 26 日，马来西亚内阁同意修订现有
的 1998 年《通信和多媒体法案》（第 588 号法案）和 1998 年《马来西亚通信和
多媒体委员会法案》（第 589 号法案），以提供更强有力的法律条款来应对网络
安全威胁。⑤

　　在拉美地区，乌拉圭数据保护局（URCDP）在 2021 年 9 月 16 日宣布通过
第 23/021 号决议，对乌拉圭的国际数据传输制度进行了重大变革。特别是，该
决议将美国排除在被认为适当的领土名单之外，此外还建议使用其他机制将个
人数据转移到国外，例如，合同条款、相关方的同意和其他证明转移合理性的
因素等。⑥ 厄瓜多尔共和国国民议会 2021 年 10 月 19 日宣布引入《网络安全法
（草案）》，涉及数字安全、网络安全、网络防御和人工智能等内容。⑦

　　在非洲地区，为了配合《2020—2030 年非洲数字化转型战略》（*Digital Trans-*

---

① HUONG GIANG. Gov't Approves Digital Economy Development Strategy［EB/OL］. Báo Viet
Nam Net，2022-04-02.

② 赵通社. 越南区块链协会正式亮相［EB/OL］. VIENAMPLUS，2022-05-17.

③ 参见印度未来基金会，网址为：https：//www.indiafuturefoundation.com/past-events/。

④ MCMM. Malaysia：Government Discusses Introduction of Cybersecurity Law［EB/OL］. Data
Guidance，2021-10-13.

⑤ KUALA LUMPUR. Communications and Multimedia Ministry Says Govt Looking into Reviewing
MCMC Act 1998［EB/OL］. MCMC，2022-06-08.

⑥ Unidad Reguladoray de Control de Datos Personales. Resolución N° 23/021［EB/OL］. GUB.
UY，2021-06-08.

⑦ Ecuador. Draft Law on Cybersecurity Introduced［EB/OL］. Data Guidance，2021-10-20.

formation Strategy for Africa 2020-2030）的实施及非洲大陆自由贸易区（African Continental Free Trade Area，AfCFTA）的运作，非洲联盟委员会制定了《非盟数据政策框架》（以下简称《框架》）。该《框架》于 2022 年 2 月获得非盟执行理事会（AU Executive Council）的认可，并在 2022 年 7 月 28 日正式发布。《框架》认为，各国要从新兴的全球数据经济中受益，就需要转变数据监管方式。《框架》在分析数据保护方面的政策趋势后，确立了"引导数据创造价值"和"促进数据在非盟创造价值"两项重要的指导原则，并为此提出了一些建议。如为非个人数据创建数据可转移权利，以使云服务的客户更容易在供应商之间切换，鼓励数据共享和互操作性以及提高国家以负责任的方式管理公民数据的合法性和公众信任度等。在此背景下，非洲初创科技企业和电子商务产业将迎来新的发展机遇。

二、网络空间治理国际化进程加快

作为东盟—美国合作的重要领域，网络安全一直是双方战略伙伴关系行动计划中的关键议题。随着美国印太战略的不断缔造，双方在这一领域的合作也有新的发展。2021 年 10 月 8 日，美国同东盟开展了第二届东盟—美国网络政策对话（The second ASEAN-U. S. Cyber Policy Dialogue）。双方在此次对话中肯定了以往对促进区域网络安全合作和能力建设方面所做的工作，也探讨了在网络能力建设方面加强区域合作的未来方向。①

在非洲，2021 年至 2022 年，数场网空领域的重量级国际会议在非洲大陆举办，世界各国越发重视对非洲市场的发展和挖掘。其一，2022 年 6 月 6 日至 16 日，第八届世界电信发展大会在卢旺达首都基加利举行。这是该国际会议首次在非洲大陆举办，来自 100 多个国家和地区的千余名代表围绕大会主题"将未连接者连接起来，实现可持续发展"展开多层级探讨。会议通过了《基加利宣言》和《基加利行动计划》，呼吁各方加速弥合数字鸿沟，助力可持续发展。②其二，非洲最大的年度对等互连活动"非洲对等互联网际网络论坛"（African Peering and Interconnection Forum，AfPIF）着重地方层面的网际网络连线动态、内容分配和过境障碍，旨在促进国家和跨境网际网络互通发展，并为非洲技术

---

① UOIG. Co-Chairs' Statement on the Second ASEAN-U. S. Cyber Policy Dialogue（Joint State-ment Virtual）［EB/OL］. U. S. Department of State，2021-10-13.

② 邹松. 弥合数字鸿沟，助力可持续发展（国际视点）［N］. 人民日报，2022-06-29（14）.

界提供独特的机会来解决国际网络互通的挑战和机遇。① 其三，非洲联盟委员会（AUC）与马拉维共和国、联合国非洲经济委员会（UNECA）合作，于 2022 年 7 月 19 日至 21 日在马拉维利隆圭组织了第 11 届非洲互联网治理论坛（AfIGF 2022），主题是"非洲的数字包容和信任"。论坛表示，非洲正受到迅速变化的全球经济和政治状况的影响，特别是在俄罗斯—乌克兰危机的深刻影响下，"数字化"和"能源"是增强非洲复原力、韧性和安全的两大重要因素。② 其四，卢旺达于 2022 年 10 月 25 日至 27 日举办世界移动通信大会（MWC 2022），这是非洲首次举办此类活动，全球移动运营商、设备制造商、技术提供商、供应商和内容所有者、政策制定者等齐聚一堂。伊曼纽尔·安德烈·哈梅兹（Emmanuel Andre Hamez）表示，让世界来到非洲并消除任何偏见，这"非常令人耳目一新，但我认为并希望有些人会看到非洲人可以提供的机会。由于缺乏平台，我们在互联网上的大部分流量都流向了非洲以外，我认为这不是正常情况。应该进行投资并留在非洲"。卢旺达政府目前也在实施由世界银行和亚洲基础设施银行（价值约 2000 亿美元）资助的"卢旺达数字加速项目"，旨在让公民更容易地获得智能设备。

近年来，拉美地区数字化转型明显加速，跨境数据流动和服务显著增加，加强互联网安全和信息基础设施安全等方面协调与合作的需求也在快速提升。在加强个人信息保护和数据安全管理等规则制定方面进行政策沟通和协调，推动实现规则标准国际互认。我国和拉美和加勒比国家共同体（CELAC）成员国于 2021 年 12 月 3 日举行中拉论坛（CCF）第三届部长级会议，会议围绕"共克时艰，共创机遇，携手推动构建中拉命运共同体"进行讨论。双方同意继续加强合作对话，讨论制定网络空间规范和规则，打击滥用信息通信技术（ICT）煽动和实施恐怖主义行为以及积极参与联合国打击信息和通信技术犯罪公约的谈判，维护网络空间的和平与安全。③ 此外，网络问题也是美国墨西哥双边关系中的优先事项，属于两国高级别安全对话（HLSD）议程之一。2022 年 8 月 10 日，美墨网络问题工作组召开了自美墨安全、公共卫生和安全社区 200 周年框架建立以来的首次双边网络对话。会议目标是根据两国对开放、可互操作、安全、

① GAELLE FALL. African Peering—Key to Keeping Traffic Local. Internet Society［EB/OL］. Internet Society，2022-08-22.

② AUC. African Internet Governance Forum 2022：Africa Strives to Improve Digital Infrastructure，Close the Digital Divide，and Foster Resilience and Security［EB/OL］. AU，2022-07-27.

③ 中华人民共和国外交部. 中国—拉共体论坛第三届部长会议宣言［EB/OL］. 中国国政府网，2021-12-07.

可靠的互联网和稳定网络空间的共同承诺，推进双边网络合作。双方将继续共同参与全球网络专家论坛（GFCE）、互联网治理论坛（IGF）和自由在线联盟（FOC）等多方利益相关者论坛，为加强和促进网络空间中的人权自由和尊重而努力。①

三、打击网络犯罪成为重要议题

为构建和平、安全和开放的国际网络空间，亚非拉地区也在进一步深化打击网络犯罪和网络恐怖主义方面的改革。2021 年 12 月 2 日，柬埔寨决定成立一个打击跨境非法使用电信服务委员会，以防止和打击非法使用柬埔寨电信服务的犯罪活动。该委员会必须检查使用该国电信服务的所有跨境连接的基础设备，需确保柬埔寨电信服务的有效性、安全性和高质量性。此外，委员会将与其他部门合作，展开调查，打击非法电信系统的跨境使用。② 2022 年 9 月 8 日，菲律宾参议院启动调查，以找出大规模网络钓鱼事件的罪魁祸首。这些网络钓鱼者向手机用户发送了数百万条短信，试图窃取密码进行欺诈性交易。该国最大的两家电信运营商表示，他们今年已经拦截了超过 10 亿封垃圾邮件和可疑短信。③ 同一日内，菲律宾国家隐私委员会（NPC）要求电信服务提供商 Globe Telecom Inc.、Smart Communications Inc. 和 Dito Telecommunity Corp. 提交全面的审计报告，报告内容应包括对其各自分销商的检查用户身份模块（SIM 卡）的框架等信息。④

在拉美地区，智利国家计算机安全和事件响应小组（CSIRT）在 2021 年 11 月 5 日发布针对中小企业（SMEs）的网络安全指南。该指南旨在以安全的方式在数字化过程中支持中小企业，帮助他们降低数据泄露、业务停滞、网络钓鱼、勒索软件和其他网络威胁的风险。2021 年 12 月 21 日，巴西国会批准加入 2001 年《布达佩斯网络犯罪公约》。⑤《布达佩斯网络犯罪公约》是第一个关于通过

---

① Office of the Spokesperson. Joint Statement on U. S. -Mexico Working Group on Cyber Issues [EB/OL]. U. S. Department of State, 2022-08-18.

② The Royal Government of Cambodia. Establish an Inter-ministerial Commission to Prevent and Crack Down on Illegal Cross-border Telecommunications Services [EB/OL]. Ibccambodia. com, 2021-12-02.

③ The Philippine Senate. The Philippine Senate Probes Large-scale Phishing Scams [EB/OL]. Yahoo News, 2022-09-08.

④ 参见菲律宾国家隐私委员会，网址为 https://www.privacy.gov.ph/latest-updates/。

⑤ Brazilian Congress. Brazil's Congress Ratifies Accession to the Convention on Cybercrime [EB/OL]. Mattos Filho, 2021-12-21.

互联网和其他计算机网络实施犯罪的国际条约。2022年5月8日，在多个政府机构遭到Conti勒索软件组织的网络攻击后，哥斯达黎加总统罗德里戈·查韦斯（Rodrigo Chaves）宣布全国进入紧急状态，并称此次攻击严重阻碍了政府运行和经济发展。① 印度的航空公司SpiceJet在2022年5月25日遭到勒索攻击，虽然IT团队已成功阻止此次攻击，但是网站仍然存在航班延误、无法联系客服、预订系统不可用、网页无法加载等问题。② 斯克鲁奇·肯尼迪（Joakim Kennedy）和布莱克·贝里（Black Berry）威胁研究和情报团队在2022年6月9日发表了一篇详细的技术报告，他们声称发现了一种被命名为Symbiote的新型Linux恶意软件。分析发现，该恶意软件很可能是在巴西开发并且是为了攻击拉丁美洲的金融机构而编写的，具有"几乎不可被发现"的特征。③ 2022年8月24日，危地马拉共和国国会宣布批准对《预防和保护网络犯罪法》的意见，并将提交至立法局处理。④ 该法律包括对违反个人数据、敏感计算机数据、机密性、完整性和可用性的网络活动，以及存储在计算机系统或使用信息技术和通信，以此类方式传输信息系统中的数据的网络活动进行刑事制裁。此外，他们还计划建立技术机构安全中心。

第二节　亚非拉网络空间安全监管概述

从2021年至2022年出台的网络空间安全监管举措来看，虽然各国发展情况不同，但网络空间安全的几个主要议题，包括但不限于强化内容监管、填补安全漏洞、升级防御举措、开展网信国际合作，成为亚非拉国家共同关注的焦点。

一、网络设施安全监管

马来西亚通信和多媒体委员会（MCMC）在2021年12月17日正式发布

---

① RODRIGO CHAVES. Costa Rica Declara el Estado de Emergencia Por el Ciberataque de Conti［EB/OL］. Derechodelared，2022-05-08.

② JAKE HARDIMAN. SpiceJet Hit By Ransomware Attack Impacting Operations［EB/OL］. Airline News，2022-05-25.

③ UMAWING J. Stealthy Symbiote Linux Malware is After Financial Institutions［EB/OL］. Black-berry，2022-06-09.

④ MIERCOLES. Pleno Avanza Con Discusion de Varias Iniciativas de ley［EB/OL］. Congreso de la Republica de Guatermala，2022-08-24.

《规范云服务的常见问题解答》，明确了《云服务条例》的相关定义和适用范围。① 2021 年 2 月 16 日，柬埔寨关于建立国家互联网网关（National Internet Gateway，NIG）的第 23 号子法令中要求该国网络连接到 NIG 的最后期限被推迟到未知日期，但柬埔寨表示，国家互联网网关的建立在世界上大部分国家都普遍存在，其为在国家与电信运营商之间建立透明、平等和真诚竞争的基础上，加强国家税收征收的有效工具。此外，它还有助于阻止网络犯罪，即非法使用跨境网络连接、非法在线赌博、网络诈骗等。② 2022 年 8 月 5 日，泰国数字经济和社会部及国家网络安全局共同与华为技术（泰国）有限公司就网络安全合作签署备忘录。印度电信监管局（TRAI）于 2022 年 8 月 5 日发布关于在电信行业利用人工智能和大数据的咨询文件，讨论了人工智能和大数据在电信行业的服务质量、频谱管理和其他网络安全领域的潜在用途及可能的风险，如算法伦理、算法偏见和个人隐私问题。③

在非洲地区，2022 年 7 月 14 日，肯尼亚通信管理局（CA）已敦促市场遵守其已发布的指导方针和线路图，以支持该国在未来 12 个月内从 Internet 协议版本 4（IPv4）完全迁移到 Internet 协议版本 6（IPv6），否则将面临失去访问互联网的风险和其他技术复杂性。肯尼亚通信管理局引用了谷歌的统计数据，该数据表明该国采用 IPv6 兼容设备的水平为 8%，领先于卢旺达的 6.3%、坦桑尼亚的 0.11% 和乌干达的 0.3%，IPv6 是唯一能让肯尼亚通信管理局发展和扩展互联网的资源。④

二、网络平台及其应用监管

网络平台监管执法方面，2021 年 9 月 6 日，巴西总统博索纳罗（Jair Messias Bolosnaro）在联邦官方公告（DOU）上签发一项临时措施，对规范巴西互联网的法律《互联网民权框架》（*Marco Civil da Internet*）进行修改，对社交网络的使用和审核进行规范。此令一出，便遭到脸书、谷歌和推特等社交媒体平台的

---

① Frequently Asked Questions（FAQ）on Licensing Cloud Service Providers.（2021-12-17）［2022-09-12］. https：//www. mcmc. gov. my/skmmgovmy/media/General/pdf2/FAQ-Regulating-Cloud-Service. pdf.

② National Internet Gateway. Cambodia Delays Controversial Internet Gateway［EB/OL］. Economictimes，2021-02-16.

③ The Telecom Regulatory Authority of India. Leveraging Artificial Intelligence and Big Data in Telecommunication Sector［EB/OL］. Resource Center，2022-08-05.

④ CAK. IPv4 to IPv6 Mi 给 ration Strategy［EB/OL］. Ca. go.，2022-07-14.

批评。巴西政府整体上更强调开放自由的互联网氛围，对内容审核持谨慎态度，目前并不明确要求 APP 具有事先审核的能力，更强调事后处置。因此，在内容审核的监管上，出现频率最高的是法院，如果 APP 不配合或未能及时回应，法院将会要求巴西国家电信局、联邦警察等执法机构封禁该 APP。2022 年 3 月，巴西最高法院法官要求巴西境内的网络服务提供商（Internet Service Provider，ISP）及数家平台封锁 Telegram，原因是当地的执法机构要求 Telegram 移除非法内容，但 Telegram 却充耳不闻，因此，法院认为 Telegram 藐视巴西司法，判决 Google Play 与 App Store 下架 Telegram。①

缅甸军政府在 2022 年 1 月 13 日下发《网络安全法（草案）》，该法将允许政府下令关闭互联网、屏蔽在线服务、限制服务提供商、拦截用户账户、获取用户的个人数据、强制删除内容。众多组织和机构声称军方的新草案"重复了先前草案的压制性条款并增加更多，严重威胁缅甸数字空间的安全和保障"，该草案最终因缅甸商界的强烈反对而被撤回。在泰国，独特的君主文化与动荡的政治局势造就了泰国特殊的互联网内容监管格局。2022 年 2 月 2 日，泰国发布公告称，将在中央级和地方级建立打击假媒体中心，主要任务在于主动对平台上的假新闻采取措施。2022 年 2 月 14 日，印度内政部（MHA）建议电子与信息技术部（MeitY）宣布禁止 54 个中国的应用程序。② 2022 年 5 月 17 日，印度信息和广播部（I&B）发出公告，就平台服务监管框架再次向利益相关者征询意见。印度电子与信息技术部（MeitY）在 6 月 6 日和 6 月 9 日分别向推特推送屏蔽清单后，推特并未实施。MeitY 在 6 月 29 日向推特下达最后通牒，如若 7 月 4 日未将相关信息屏蔽，则不再享有内容免责保护。推特在 7 月 5 日对印度政府提起诉讼，反对审查其平台内容的命令。印度信息和广播部（I&B）8 月 16 日发布命令，依据《2021 年信息技术规则》下令封禁 8 个 YouTube 新闻频道，主要因为其涉嫌散布与印度国家安全、外交关系和公共秩序有关的虚假信息。③ 2022 年 10 月 3 日，新加坡通信与信息部（MCI）向国会提交《在线安全法案（杂项修正案）》［Online Safety（Miscellaneous Amendments）Bill］④，以提出新的

---

①　BOLSONARO J. Brazil's Supreme Court Blocks Messaging App Telegram［EB/OL］. FT，2022-03-19.

②　India. 54 Chinese Apps Banned Due to Security Threat［EB/OL］. The New Indian Express，2022-02-14.

③　India. Eight YouTube Channels Blocked for Spreading Disinformation Against India［EB/OL］. Outlook India，2022-08-16.

④　Parliament of Singapore. Online Safety（Miscellaneous Amendments）Bill［EB/OL］. Parliament，2022-10-03.

措施来处理新加坡用户可使用的在线服务中的有害内容。根据该法案，监管机构可以要求社交媒体平台屏蔽"恶劣内容"以及对传播"恶劣内容"的用户做出处理。

三、网络市场竞争监管

亚非拉地区的企业科技水平普遍仍较为落后。在数字经济市场发展过程中，为防止形成市场垄断，维持良好的市场竞争环境是该地区网络安全监管的重点内容之一。2022年8月4日，印度提出竞争法修正案，拟针对超过20亿卢比（2.5亿美元）的并购案件进行强制反垄断审查。这将影响全球知名科技公司在印度业务的开展。① 印度竞争委员会（CCI）在进行最后一次听证会后，要求所有利益相关者提交最终意见，并要求谷歌就 Play Store 强制抽取佣金问题提交书面意见。印度竞争委员会（CCI）于2022年10月20日宣布，因谷歌公司违反2002年竞争法而对其处以1.619亿美元罚款。②

2021年9月29日，巴西众议院通过制定人工智能使用指南法案，该法案内容为开发和使用人工智能制定原则和指导方针，禁止使用此类技术从事违反保护自由竞争或滥用市场的活动。如果该法案最终得到签署，其将确立在巴西开发和应用人工智能的原则、职责和指导方针。③ 2022年9月9日，前电信主管 Mony de Swaan Addati 向墨西哥电信监管机构投诉，指责苹果和谷歌滥用其应用商店的垄断地位，强迫客户使用自己的支付服务进行应用内支付，从而完全抑制了竞争。④ 世界上其他一些监管机构也在关注苹果在应用生态系统内的各种活动。

四、网络数据及网络技术监管

巴西在网络数据及网络技术监管方面出台和修改法律法规的举措比较多。2021年10月4日，巴西数据保护局发布了一份针对小型数据处理者的信息安全

---

① India. India Seeks Wider Authority Over Global M&A With Antitrust Law［EB/OL］. Bnnbloomberg，2022-08-04.

② India. CCI Fines Google ＄161.9M Over Anti-competitive Practices［EB/OL］. Data Guidance，2022-10-20.

③ The House of Representatives. Brazil：House of Representatives Approves Bill Regulating AI［EB/OL］. Data Guidance，2022-09-29.

④ WOODFORDI，MORIAND S. Google，Apple Facing Anti-competitive Complaint in Mexico［EB/OL］. Reuters，2022-09-09.

指南，以保护个人数据。① 2022 年 2 月 10 日，巴西国会颁布了第 115 号宪法修正案，将个人数据保护确立为巴西 1988 年联邦宪法中的一项基本权利。②

在亚洲国家中，菲律宾国家隐私委员会（NPC）在 2021 年 11 月 11 日宣布推出菲律宾隐私信任标志（PPTM），旨在为数据隐私合规和数据跨境传输安全提供保证。③ 新加坡个人数据保护委员会（PDPC）于 2021 年 12 月 9 日公布了关于 DP-2011-B7423 和 DP-2011-B7433 两个案件的决定，其中对百通（Belden）发出警告，称其违反了《个人数据保护法》。④ 印度电信部（DoT）于 2021 年 12 月 21 日发布决定，出于公共利益和国家安全的考虑，用户电话数据和互联网使用记录存档的期限从一年延长至两年。⑤ 印度电子与信息技术部（MeitY）于 2022 年 5 月 26 日发布了关于《国家数据治理框架政策》（National Data Governance Framework Policy，NDGFP）。该草案旨在实现政府数据收集和管理流程的转型和现代化。通过创建一个大型数据集存储库，在印度实现以人工智能和数据为主导的研究和创业生态系统。该草案包括设立印度数据管理办公室（IDMO）、鼓励各州政府采纳该框架的规定以及其他研究人员和初创企业可访问数据平台管理方法和规则。⑥ 2022 年 6 月 1 日，泰国的《个人数据保护法》（PDPA）正式生效，成为泰国第一部综合性数据保护法。⑦ 泰国数字经济与社会部根据《个人数据保护法》制定了八项指南草案，以补充泰国的数据保护要求，其中的内容涉及中小企业豁免、安全保障措施、投诉管理机制等。截至 2022 年 8 月 3 日，考虑到草案将商业利益置于国家利益之上、缺乏数据本地化规则、缺乏处理敏感数据跨境传输的具体指南等原因，该草案已被撤回。相关人士表示更全面的

---

① 参见巴西联邦政府，网址为：https：//www.gov.br/anpd/pt-br/documentos-e-publicacoes/checklist-vf.pdf。

② Brazil. Personal Data Protection Now a Right Under Brazil Constitution［EB/OL］. Agencia Brasil，2022-02-10.

③ NPC. NPC launches Ph Privacy Trust Mark to Add Value to Business, Boost Trust in Cross-border Data Transfers［EB/OL］. Privacy，2021-11-11.

④ Belden Singapore. Breach of the Transfer Limitation Obligation by Belden Singapore［EB/OL］. PDPC，2021-12-09.

⑤ DoT. Govt Mandates Telcos to Keep Call Data, Internet Usage Record for Minimum 2 Years［EB/OL］. Outlook India，2021-12-21.

⑥ PIB. National Data Governance Framework Policy May 2022（DRAFT）［EB/OL］. Press Information Bureau，2022-05-26.

⑦ BRS. Comparing Privacy Laws：GDPR v. Thai Personal Data Protection Act［EB/OL］. Data Guidance，2022-06-01.

新法案将被提出。① 几经波折，2022 年 9 月 20 日，印度尼西亚议会正式通过《个人数据保护法》草案（PDP 法案）。在成为法律之前，PDP 法案仍需要得到总统的批准并在官方公报上公布。PDP 法案整合了与个人数据相关的规则，并将数据主权和安全确立为印度尼西亚数据保护制度的基石。②

非洲在数据立法实践和机构设置方面取得较大突破。南非信息监管机构（IR）2021 年 10 月 13 日根据《个人信息保护法》（POPIA）第四十条，制定发布《监管机构投诉处理程序规则》，概述监管机构的职责，并发布《促进信息获取法（PAIA）使用指南》更新版，帮助数据主体进一步了解 PAIA，明确访问个人信息、提出信息请求等流程、费用和参考示例表格等内容。③ 2021 年 10 月 15 日，博茨瓦纳《数据保护法》将正式生效，这意味着数据控制者，包括公司和组织，必须在该日期之前采取措施适应规定的变化。④ 2021 年 10 月 15 日，卢旺达在官方公报上发布《数据保护法》。《数据保护法》引入了与合法性、公平性和透明度、目的限制和准确性等相关原则，以及规定了注册为数据控制者或数据处理者在敏感数据安全传输、设置数据保护官、数据保护影响评估和数据泄露通知等方面的义务。⑤ 2021 年 12 月 4 日，津巴布韦总统姆南加古瓦签署《网络安全和数据保护法案》。该法规旨在为个人提供宪法规定的数据保护权利，并维护国家公共利益。另外，按照这一法案，津巴布韦将建立数据保护局，以取代邮政电信管理局。⑥ 2022 年 2 月 4 日，尼日利亚联邦政府宣布设立数据保护局（NDPB），旨在以全球最佳实践为标准，全面提升本国数据安全和隐私保护水平，促进尼日利亚经济数字化。⑦ 2022 年 2 月 21 日，卢旺达国家网络安全局发布《有关机构设立数据保护官（DPO）指南》。⑧

---

① SINGH V J. Why Was India's Personal Data Protection Bill Withdrawn？［EB/OL］. Blancco，2022-08-03.

② 参见印度尼西亚共和国众议院，网址为：https：//www. dpr. go. id/dokakd/dokumen/K1-RJ-20220920-123712-3183. pdf。

③ South Africa. South Africa's Protection of Personal Information Act-an overview［EB/OL］. Usercentrics，2021-10-13.

④ NAIROBI. Data Protection Act（Commencement Date）［EB/OL］. Data Guidance，2021-10-15.

⑤ Rwanda. Rwanda Passes New Law Protecting Personal Data［EB/OL］. Minict，2021-10-15.

⑥ Emmerson Mnangagwa. Zimbabwean President Signs the Cyber Security and Data Protection Bill［EB/OL］. Telecompaper，2020-12-04.

⑦ Nigeria. Nigeria has a New Data Protection Enforcing Body：Here's Why you Should Care［EB/OL］. Techpoint，2022-02-04.

⑧ Rwanda. NCSA Publishes DPO Guidance［EB/OL］. Data Guidance，2022-02-21.

五、数字货币与金融安全监管

出于发展经济的考虑，亚非拉国家往往会为数字货币等相关加密资产金融活动提供更加灵活的监管框架。萨尔瓦多是第一个将比特币定为法定货币的国家，此外还有许多中美、南美国家政要表示对比特币感兴趣。2022 年 6 月 8 日，牙买加央行（Bank of Jamaica）正式承认"Jam-Dex"是一种法定货币，从而成为又一个中央银行数字货币（CBDC）合法化的国家。① 巴拉圭、巴拿马、阿根廷、巴西、哥伦比亚、墨西哥、厄瓜多尔等国家存在一个共性：曾遭受殖民且目前经济不发达，没有金融包袱；通货膨胀严重，本国主权货币公信力较弱，对加密资产的开放性和包容性更强。联合国贸易和发展会议（UNCTAD）的报告显示，根据 2021 年数字货币拥有量占人口比例的国家排名，委内瑞拉为 10.3%，新加坡为 9.4%，肯尼亚为 8.3%，南非为 7.1%，尼日利亚为 6.3%，哥伦比亚为 6.1%，越南为 6.1%，巴西为 4.9%。菲律宾、秘鲁也排在前二十的位置。UNCTAD 认为，交易费用低、汇款速度快以及互联网接入增长快等是这些国家对加密货币兴趣与日俱增的原因。②

东南亚地区人口数量超过 6.5 亿，人口总数仅低于中国与印度，市场广阔。以新加坡为例，尽管文化市场的分割造成了新加坡在东南亚单点突破的现状，但新加坡在互联网时代并未脱节。③ 2021 年 11 月 9 日，新加坡金融管理局（MAS）宣布对金融科技监管沙箱框架进行三项改进，以进一步促进金融创新和金融科技的采用。Sandbox Plus 于 2022 年 1 月 1 日生效，这些改进包括：扩大资格标准、参与"星期五交易"（Deal Fridays）计划等。④ 数字货币互认与金融支付互通成为重点发展内容。英国—新加坡数字经济协议（UKSDEA）于 2022 年 6 月 14 日正式生效，协议规定，双方将在跨境电子支付、供应链数字化、中小企业发展等领域加强合作。⑤ 鉴于数据连接在金融服务中的重要性，新加坡金

---

① BOJ. 牙买加成为世界上第一个发行 CBDC 法定货币的国家［EB/OL］. IFTNEWS，2022-06-10.

② UNC. Policybrief United Nations Conference on Trade and Development No. 100［EB/OL］. UNCTAD，2022-06-09.

③ Economic Times. Govt Plans Bill to Ban Private Cryptocurrency，Allow RBI Digital Coin［EB/OL］. Blockchain News，2021-11-23.

④ Mas. MAS Enhances FinTech Regulatory Sandbox with Sandbox Plus［EB/OL］. Monetary Authority of Singapore，2021-11-09.

⑤ UK. UK and Singapore Sign New Innovative Digital Trade Deal［EB/OL］. GOU. UK，2022-06-14.

融管理局（MAS）和瑞士国际金融国务秘书处（SIF）共同发布数据跨境连接意向声明：SIF 和 MAS 共同认识到健全的监管和政策框架的重要性，该框架有利于金融行业数据的跨境传输、存储、处理访问和保护金融服务的数据连通。① 2022 年 8 月 29 日，印度尼西亚银行（BI）和新加坡金融管理局（MAS）宣布启动印尼和新加坡之间的跨境二维码支付联通工作。② 同日，印度尼西亚银行（BI）和泰国银行（BOT）宣布二维码跨境支付互联互通从试点阶段进入实施阶段。印尼和泰国二维码跨境支付互联互通试点于 2021 年 8 月 17 日启动，目前运行良好。③ BI 行长表示："两国间二维码支付互联互通实现跨境支付联动，是《印尼支付系统蓝图 2025》进程的又一里程碑，同时也将跨境支付框架与推动数字货币使用框架结合起来。作为东盟支付互联互通倡议的一部分，我们将继续致力于提高效率，创造更具包容性的跨境支付。"

菲律宾也一直走在接受数字资产的最前沿。菲律宾中央银行（BSP）2022年 8 月 31 日推出了基于风险合规的 SupTech 引擎（ASTERisC），并决定将其部署于选定的 BSP 监管的金融机构（BSFIS）中。ASTERisC 是一个统一的合规和监管技术（RegTech 和 SupTech）解决方案，可简化和自动化 BSFLS 网络安全风险管理的监管、报送和合规评估。④

出于加密市场崩盘危机，亚非拉国家也正重新审视加密领域所带来的金融隐患，数字货币监管趋向严格。印度政府从 2021 年 11 月开始审议数字货币相关法案，以禁止私人加密货币，同时为创建由印度储备银行发行官方数字货币提供框架。2022 年 1 月 17 日，新加坡金融管理局（MAS）发布指南，数字支付代币（DPT）服务提供商不宜向新加坡公众推销其 DPT 服务。DPT 服务提供商包括支付机构、银行和其他金融机构，以及《支付服务法》规定的适用者。⑤ 泰国银行（BOT）、泰国证券交易委员会（SEC）和泰国财政部（MOF）2022 年 1

---

① SC-STS. Consultation on Adjustment Spreads for the Conversion of Legacy SOR Contracts to SORA［EB/OL］. Abs. org. sg, 2022-05-24.

② TechNode Global Staff. Indonesia and Singapore to Pursue Cross-Border Qr Code Payments Connectivity and Explore Promoting the Use of Local Currencies for Bilateral Transactions［EB/OL］. Bank Indonesia, 2022-08-29.

③ TechNode Global Staff. Indonesia and Singapore to Pursue Cross-Border Qr Code Payments Connectivity and Explore Promoting the Use of Local Currencies for Bilateral Transactions［EB/OL］Bank Indonesia, 2022-08-29.

④ The Bangko Sentral ng Pilipinas. BSP to Deploy SupTech, RegTech for Cyber Resilience［EB/OL］. Scveensitter, 2022-09-01.

⑤ MAS. MAS Issues Guidelines to Discourage Cryptocurrency Trading by General Public［EB/OL］. Mas, 2022-01-17.

月 25 日联合评估数字资产的收益和风险，认为有必要对数字资产作为商品和服务支付手段的使用进行监管，避免对国家金融稳定和经济体系造成潜在影响。①新加坡金融管理局董事总经理拉维·梅农（Ravi Menon）表示，会对零售加密市场参与者采取更严格的规则，包括客户适用性测试以及限制使用杠杆和信贷工具进行加密货币交易。印度税务部门于 2022 年 7 月 1 日起对虚拟数字资产（VDA）征税，包括加密货币和代币（NFT）。印度广告标准委员会（ASCI）表示，有 400 余则加密货币社交网络广告不符合其指导方针。② 在 2022 年 9 月 9日国际货币基金组织（IMF）的小组讨论会上，印度财政部长西塔拉曼（Sitharaman）表示，应当对加密货币的洗钱风险采取全球行动，采取统一的监管方法密切关注与洗钱有关的问题。③

在非洲地区，继 2020 年 4 月推出其首个监管沙箱（RSB）的数字版本后，南非政府间金融科技工作组（IFWG）在 2022 年 10 月 12 日宣布，它将按照一种新的滚动式的方法开放 RSB 以供申请，这意味着它将在可预见的未来继续保持开放。在南非，RSB 为金融部门的创新者提供了一个受控的实时环境，让他们能够根据现有的监管规定，安全地测试试图推向市场的新金融产品。④

第三节　亚非拉网络空间安全治理特点

一、发展迅速但不均衡

其一，互联网普及率较低。亚非拉地区互联网发展具有起步晚、普及快的特点。拉丁美洲和加勒比地区已经成为全球第四大移动通信市场，互联网用户增长率是全球最快的，有大约一半的人口在使用互联网。虽然亚非拉国家互联网使用人口率在迅速上升，但与欧洲、英联邦独立国家（独联体）和北美洲接近 95% 的使用率相比，亚非拉地区的国家依然处于较低的水平，非洲只有 33%

---

① Thailand. Thailand to regulate Use of Digital Assets as Payments [EB/OL]. Bot, 2022-01-25.

② CBDT. CBDT notifies Non-Fungible Token（NFT）as Virtual Digital Assets [EB/OL]. India Filings, 2022-07-01.

③ BHARDWAJ S. Finance Minister Nirmala Sitharaman Calls for Global Crypto Regulations [EB/OL]. Forbes India, 2022-09-09.

④ IFWG. Feedback on the Intergovernmental Fintech Working Group's First Regulatory Sandbox Initiative [EB/OL]. South African Reserve Bank, 2022-10-12.

的人口使用互联网。而在光纤网络覆盖率方面，在欧洲有超过60%的人口居住在光纤网络10千米范围内，而亚太地区光纤网络的覆盖范围仅为22%，非洲为25%，阿拉伯国家为26%。各国大力发展人工智能、物联网等前沿技术，但是网络安全基础较薄弱，地区发展不平衡现象较为突出。截至2022年2月，智利和乌拉圭90%以上的人使用社交媒体，另一方面，海地大约只有1/5的人使用社交网络平台。在拉丁美洲最大的市场中，巴西的社交媒体渗透率最低，为70.3%，略低于加勒比岛国圣基茨和尼维斯（75%）。但是拉美地区次区域和国别之间数字经济发展面临着不平衡的问题。

其二，数字生活质量不高。根据2022年数字生活质量（DQL）指数，南非、毛里求斯、摩洛哥、突尼斯、肯尼亚、埃及、尼日利亚、加纳、阿尔及利亚、塞内加尔位列非洲前十，但距离发达国家还有较大的差距。DQL指数有五个核心支柱的影响因素：互联网可负担性、互联网质量、电子基础设施、电子安全、电子政务。对话非洲（The Conversation Africa）指出，许多非洲国家的绝大多数人仍然无法负担移动设备或数据的成本以及主要在整个非洲大陆使用的国家独家许可框架。为了克服数字采用方面的鸿沟，各国政府努力通过频谱分配、强制性降价来纠正数字不平等问题，但似乎并没有产生实质性的作用。拉美地区数字经济发展也存在明显的不足，主要体现在电信与ICT投资不足，导致基础设施水平较低；科技创新研发投入不足，导致数字生产要素发展潜力较低；数字基础设施与数字生产要素发展水平较低，导致生产数字化水平较低；等等。

其三，网络安全治理实践不齐。从国别层面看，南非、尼日利亚的网络治理实践走在非洲的前沿。巴西、阿根廷和智利在网络空间安全方面的立法和司法实践也比其他拉美国家多。南非总统西里尔·拉马福萨（Cyril Ramaphosa）于2021年签署《网络犯罪和网络安全法》，该法要求电子通信服务提供商和金融机构在其系统遭受网络安全攻击或破坏时采取行动。加纳通过了2020年《网络安全法》，以协调国家对网络攻击和违规的预防和管理的响应。加纳此前签署了2012年《数据保护法》，以保护个人隐私和个人数据。埃及总统阿卜杜勒·法塔赫·塞西（Abdel Fattah al-Sisi）于2018年批准了该国的《反网络和信息技术犯罪法》。但是，根据联合国贸易和发展会议（UNCTAD）的数据，在非洲的54个国家中，只有33个国家（61%）制定了《数据保护法》。

二、欧美化现象突出

由于欧美、日、韩等国具有网络技术上的优势，亚非拉地区在网络空间安

全治理实践中经常将欧美等国作为样本进行修正，导致欧美化现象较为严重。一方面，美国多次参与东盟部长级会议和东盟地区论坛（ARF）的专题讨论，并通过美国东盟网络政策对话（US-ASEAN Cyber Policy Dialogue）、联通行动计划，为东盟网络防御系统提供网络安全技术培训。另一方面，新加坡、印尼和越南等国从自身生存策略出发，多次高调支持美国重返亚太。2021 年以来，美国与东盟各国开展网信合作进程不断加快，将合作扩大至军事领域的可能性不断提高。2021 年 11 月，美国与印尼进行安全对话，强调网络领域合作制度化。

在非洲地区，欧美的影响力依然不可小觑。东非共同体、西共体、中非共同体、南部非洲发展共同体这些次区域组织在开展网络安全合作时，都得到欧美西方国际组织的资金和技术支持，欧美西方国家也经常派代表出席。许多亚非拉地区政府的政府官员曾在欧美大企业中任职，导致非洲网络立法"殖民化"现象突出。来自西方的官方组织和非政府组织力量以帮助加强能力建设为借口，干预亚非拉各国内部事务的情况也时有发生。美国政府机构和私营部门正在和非洲伙伴共同努力帮助他们联网。2022 年 10 月 6 日，谷歌首席执行长桑达·皮采（Sundar Pichai）宣布投资 10 亿美元，在今后五年为非洲提供负担得起的因特网服务并支持非洲的创业者和非营利机构。英国政府宣布，将通过数字接入计划（DAP）在东非、西非和南部非洲以及拉丁美洲和东南亚的五个伙伴国家继续与国际电信联盟开发部门（ITU-D）合作，至少持续至 2023 年 3 月，帮助其改进政策和法规，实现学校连通性和培养青少年数字技能的技术和商业模式。

亚非拉地区在网络空间监管立法的过程中经常将《英联邦关于计算机和计算机犯罪示范法》《布达佩斯网络犯罪公约》作为重要的借鉴文本。这增加了非洲国家加入《布达佩斯网络犯罪公约》的可能性。墨西哥网信领域战略与美国非常相似，中国公司在申请金融科技牌照和具体运营上会遭到强监管。巴西的电信监管机构基本完全参照美国联邦通信委员会（FCC）模式。美洲国家人权委员会希望将巴西塑造成保障人权和言论自由的透明、公开互联网治理模式"先锋"。

三、核心关切差异化

尽管亚非拉地区国家都意识到网络安全已经成为国家安全和发展的重大事项，但各国在相应的实践中也出现了差异化现象，这也意味着亚非拉地区网络空间治理的统一化、协调化、区域化、国际化依然存在一定困难。

以拉美地区的墨西哥和哥伦比亚为例，两国均在致力于建立一套科学的网络内容审查机制和加大对社交媒体言论的监管力度。2021 年，墨西哥参议院曾

提议改革《联邦电信和广播法》，要求允许电信监管机构对推特、脸书等社交媒体平台进行监管。但在实际执法过程中，墨西哥政府着重关注诽谤、版权、选举、政治纠纷等内容的审核。而哥伦比亚则对儿童色情和违规在线赌博尤为重视，要求在本地开展业务的平台必须针对这两类内容做好内容审核工作，否则将会被封禁。

非洲地区网络治理差异化、法律冲突的现象也较为突出。尽管非盟在协调方面的努力应该受到赞扬，但《非洲联盟网络安全和个人数据保护公约》（以下简称《马拉博公约》）的开端其实并不顺利。作为 2063 年非洲转型议程的一部分，非洲联盟已将网络安全确定为确保新兴技术造福非洲人民和公司的关键优先事项。《马拉博公约》于 2011 年起草，在 2014 年 6 月通过，其目的是建立"一个可靠的非洲网络安全框架，通过组织电子交易、保护个人数据、促进网络安全、电子政务和打击网络犯罪"。然而，到 2022 年 5 月，该公约仅得到 55 个非盟成员国中的 13 个（安哥拉、佛得角、加纳、几内亚、毛里求斯、莫桑比克、纳米比亚、尼日尔、刚果、卢旺达、塞内加尔、多哥和赞比亚）国家的批准。同月，只有 8 个非洲国家制定了国家网络安全战略。有趣的是，尚未批准该公约的国家包括尼日利亚、南非和肯尼亚等大陆巨头。因此，《马拉博公约》在很大程度上仍然是一份没有行动力的文件。

第四节　亚非拉网络空间安全治理趋势

虽然亚非拉地区的内容创作者成为全球网络的"新顶流"，亚非拉地区用户将会成为 Web3 和元宇宙中的重要参与者，但在网络空间安全治理中面临的问题和挑战依然较多。应对这些问题和挑战将会成为亚非拉国家在网络空间安全治理领域努力的重点方向。

一、提升网络空间治理话语权

当前，亚非拉地区大部分国家属于发展中国家，其网络空间建设水平和治理能力仍然落后于发达国家，与广大发展中国家一样受制于以美国为主导的全球网络空间治理秩序，在各核心互联网治理机制中缺乏话语权，在设备、技术、制度和标准等方面都受制于现有体制。拉美地区整体数字经济发展在世界范围内处于中等水平，拉美地区需要通过制定全面的区域数字经济发展战略来协调拉美各国，共同努力推进区域数字经济发展。比如，eLAC 系列行动计划与数字

议程为拉美地区发展数字经济建立了完善的监管框架,营造了有利环境,构建了覆盖绝大多数拉美国家的完整的政策体系,向实现可持续发展目标迈出了一大步。同时,基于自身发展数字经济的利益诉求,亚非拉国家也在各大国际组织中表达了自身参与数字经济全球治理的立场。从国际层面来看,全球贸易保护主义趋势有所加强,大国有关数字经济规则的博弈加剧,全球数字鸿沟日益扩大;从地区层面来看,地区内部数字鸿沟日益扩大,数字技术研发不足,数字化转型进程缓慢。同时,数字经济也为亚非拉地区带来了新机遇,新一轮技术革命兴起、科技创新加快,数字经济为全球经济增长提供新动力。为更好地应对数字经济带来的挑战以及利用数字经济发展机遇,亚非拉地区必将继续加强数字基础设施投资,促进参与主体的数字化转型,完善创新和政策保障体系,积极参与全球数字经济治理。亚非拉地区的发展也为发展中国家数字经济发展和国际合作提供了有益启示。

二、增强网络空间治理能力

以网络安全治理为例,亚非拉地区国家制定了与网络监管相关的法规,但从整体而言,仍然显现出普遍缺乏网络安全方面的政策、立法不规范和公共意识不强等劣势。完善的网络安全战略或保护关键基础设施的计划、先进的网络安全指挥中心和科学的网络安全控制机制是亚非拉地区需要努力的方向。亚非拉各国民众对网络安全问题的认知程度较低,绝大多数企业都缺乏应对网络风险的意识和能力,导致该地区每年因网络犯罪造成的损失都是以千亿美元为单位。此外,尽管近些年来各国也开始制定有关网络安全和网络犯罪的政策及法律,但其执行力度和完善速度远远落后于网络犯罪分子的进化速度。由于语言、文化和科技水平差异,亚非拉地区的金融公司在一定程度上对基本的网络钓鱼和社会工程攻击免疫。但随着信息和通信技术潜力的逐渐"兑现",网络犯罪风险和网络安全威胁不断增加,亚非拉地区的银行和医疗保健部门已成为国际网络犯罪集团最喜欢的目标。下一步,提高民众的认识,加强打击网络犯罪的政策、条约和共同立法,在更大范围内建立技术以加强网络防御,将会成为亚非拉地区网络安全战略的重要内容。

三、完善网络空间安全治理机制

在网络空间安全治理机制方面,亚非拉国家仍有许多需要改进的地方。首先,各层级的网络治理合作倡议难以转化为实际的政府政策。例如,各国的互

联网治理论坛往往一年只举行一次会议，没有专设机构和人员持续推进进程，也没有对论坛成果进行评估的标准和机制，因而难以对国家的互联网政策产生直接影响。其次，多数国家网络治理论坛或倡议缺乏资源和连续性。在大多数情况下，亚非拉国家的网络治理论坛或倡议主要依靠的是志愿性工作，不仅举办会议的难度非常大，而且在闭会期间几乎没有工作能力。最后，参与治理论坛或倡议的人员及团体形成了紧密的专家群体，这虽然促进了参与者的一致性、认同感和共同使命，但却存在"精英化"和"封闭化"的倾向。这些都导致一些亚非拉国家的网络治理论坛参与率呈下降趋势，亚非拉国家需要在复杂的国际环境下解决资金不足、人才匮乏、技术落后、市场疲软等问题，才可切实提高网络空间治理的能力。

四、地缘博弈影响网络治理布局

网络空间治理受到大国博弈的影响日益明显。随着中国相继加入《区域全面经济伙伴关系协定》（RCEP）以及申请加入《全面与进步跨太平洋伙伴关系协定》（CPTPP），美国加快在网络事务上重返印太与新加坡、日本、韩国、越南等中国邻国加强网络安全合作，实施极具针对性的威胁情报收集和共享，并且与东盟发布关于数字发展的联合声明，以期在不参加区域经贸协定的条件下影响区域数字经济规则的发展，美英澳三方安全倡议（AUKUS）、美日印澳（QUAD）高级网络小组、美欧贸易和技术理事会（U. S. /EU Trade and Technology Council）也开始布局亚太、印太、跨大西洋地域的网络事务。英国也加快在非洲和印太地区的布局，以扶持网络安全脆弱的国家建立网络防御体系为由，防范来自中国、俄罗斯及其他国家所谓的网络威胁。印度在 2022 年积极寻求国际合作，印度和英国重申致力于建立 2030 年愿景里的网络伙伴关系，加强在网络治理、威慑、弹性和能力建设等方面的合作，包括完善网络犯罪相关国际公约。印度还和欧盟发布联合声明，宣布成立欧盟—印度贸易和技术委员会，以共同应对贸易、可信技术和安全之间的挑战，加深欧盟和印度的合作。由此可见，地缘与网缘相互交织，形成当代国际关系新图景。从切实维护本国网络利益和网络安全的角度出发，亚非拉国家的"站队"与"表态"会更加谨慎。在大国交锋过程中斡旋与交际，利用机会进一步提升本国的网络技术和网络治理能力应该是更为现实的做法。

第三篇 **03**

| 主要领域网络空间安全监管 |

第一章

元宇宙监管

2021 年，"元宇宙"科技概念迅速发展，成为当前科技界最为前沿的科技发展领域，2021 年也被称为"元宇宙元年"。元宇宙及其相关的技术概念在这一年引起了资本市场的巨大关注，众多产业资本纷纷投入该领域，同时也引发了"元宇宙"工业生产领域和学术研究领域的新潮。业界普遍认为，"元宇宙"及其相关的技术概念会是引爆下一场科技革命的起点。上至国家治理，下至民众生活，元宇宙相关的科技概念开始发挥潜移默化的影响。

元宇宙技术依托的现有技术主要有 VR（虚拟现实）、AR（增强现实）、MR（混合现实）、XR（扩展现实）、ER（拟真现实）、BCI（脑机接口）、大数据、人工智能、区块链和物联网等。现有观点普遍认为，VR、AR 等人机交互技术是元宇宙的入口，大数据、人工智能和物联网等技术构建起元宇宙的底层逻辑，元宇宙经济系统则基于区块链技术展现为 NFT 数字权益凭证。元宇宙空间本质上是一个未来的数字乌托邦世界，延续了人类目前对于传统物理空间的现有认知，在数字拟态空间上重新建立起一个能够与现实世界交互的环境。

第一节　元宇宙发展态势

一、元宇宙概述

（一）元宇宙的内涵

元宇宙是一个基于当前现有科学技术构建的深度沉浸式的数字虚拟空间，这个虚拟空间既可以独立、平行和脱离于我们人类现有的物理世界，也可以与物理世界相互结合，创造出全新的数字拟态环境。"元宇宙"（Metaverse）一词最早源于美国科幻文学家斯蒂芬森（Need Stephenson）的经典科幻小说——

《雪崩》（*Snow Crash*），书中对"元宇宙"的场景描述为"在一个由电脑生成的世界里：电脑将这片天地描绘在他的目镜上，将声音送入他的耳机中"①。而早在此之前，1990年我国科学家钱学森将Virtual Reality意译为"灵境"，以指代同现实世界相对应的虚拟空间，因此，VR技术也被称为"灵境技术"。VR技术是元宇宙技术最重要的技术基础之一。可见，元宇宙的相关概念在20世纪就被提出，经过了数十年的概念演变，人们逐渐勾勒出元宇宙的轮廓。

《中国移动互联网发展报告（2022）》蓝皮书报告指出，2021年"元宇宙"概念的提出为VR产业发展提供新动能。元宇宙代表了虚拟空间与现实世界的融合发展趋势，VR/AR技术为用户带来的沉浸式场景被认为是元宇宙的重要入口。

2021年，在5G、元宇宙因素的推动下，国内外VR产业集群发展再次加速。截至2021年12月14日，全球范围内出现145起VR行业融资，同比增长19.8%。国内仅上半年就新成立1997家VR企业，相关企业总量近2万家。

现阶段，VR类应用的场景丰富将是元宇宙发展初期的重点。当下的应用场景主要在社交和娱乐领域，未来有可能拓展至工业、教育、金融、文艺、科学等领域。

随着元宇宙的发展，数字虚拟人已成为热点。例如，数字人在媒体生产领域逐渐普及，媒体AI技术则会进一步降低数字人创作、应用的门槛。元宇宙可能成为下一个传播应用的风口。

此外，在通过VR应用进入虚拟空间后，与虚拟资产炒作有关的各类交易是当下发展的第二个热点。如虚拟土地、虚拟服装、虚拟艺术品等更快受到资本关注。

值得注意的是，元宇宙中基于虚拟产品的消费正在快速增长，虚拟资产的安全、防篡改和可追溯性变得非常重要。如何保障VR等虚拟立体景象下的数据安全成为必须关注的话题。

报告指出，元宇宙的成熟还需较长时间，存在多种可能。VR技术作为人类进入虚拟与现实共生新时代的第一个入口已经成为产业共识，如何在未来五年到十年的时间尽快完成从单一产品向连续空间的转变是产业各方共同面临的课题。

（二）元宇宙的特点

1. 游戏及平台

初始元宇宙主要是进行游戏、生活和社交等方面的功能。在游戏中举办的

---

① 尼尔·斯蒂芬森. 雪崩［M］. 郭泽，译. 成都：四川科学技术出版社，2009：22.

非游戏类社交活动越来越多，包括社区型活动，比如婚礼、毕业典礼和生日派对，也包括品牌组织的一些官方活动，如虚拟音乐会、营销活动和时装秀。在休闲和日常活动方面，游戏通过丰富的游戏内社交参与功能，取代了社交媒体的作用。

2. 用户生成内容（UGC）

元宇宙需要通过社区创作的内容来进行有效的扩展。Robolx、Crayta 和 Core 等游戏平台引领了用户创造体验、游戏、MOD 和世界的趋势。游戏内创作者工具和无代码开发方式的引入和蓬勃发展，简化每位游戏用户的自我创作过程。随着人工智能技术的发展，借助人工智能技术辅助生成的 UGC 将更考虑用户创作的需求，并定制个性化的游戏和社交服务。

3. 虚拟世界和现实世界的融合

虚拟现实沉浸式技术（如触觉传感器技术）促进了元宇宙的发展。真实的地点、城市和物体以 1∶1 的方式进行数字化映射（如 NVIDIA Omniverse、数字模拟复制 Digital Twins），以及可以使用 AR "试穿" 的虚拟时装。

4. 永久虚拟形象和身份

区块链技术具有的唯一性，可以给元宇宙用户带来永久性的数字身份，可以积累唯一数字资产（数字皮肤、数字土地、数字艺术作品），可以在各种游戏或元宇宙门户中使用或互动。

5. 扩展性

元宇宙的发展可以带来永久性的大规模模拟体验，将每个分区或者实例的参与者的并发规模从 100 名提高到 10000 名以上。同时，相关的体验无须下载或者安装即可加入体验，扩大元宇宙的便捷性。

6. 人工智能和程序生成内容

丰富和动态的人工智能虚拟性向、NPC（非玩家角色），通过社区输入（如 Rival Peak）实现互动、影响行为。系统可以在开放世界中快速自动生成地图、世界和其他元素。借助人工智能技术创造超现实的虚拟人类角色，能够适应实时场景，并能读懂用户情绪状态。

7. 去中心化的 P2P 经济和 NFT

基于区块链技术的实现，真正的、永久性的唯一数字物品所有权（NFT）可以在游戏之外存在（亦可被购买、出售、交易）。目前已经有大量的 NFT 交易平台，其中大部分是非官方的市场，出于国家经济安全的考虑，在未来，地下市场可能被官方 NFT 市场所取代。

二、西方国家元宇宙发展态势梳理

元宇宙的科技概念正式被提出是在 2021 年，在此之前，元宇宙的概念只是在业界小范围地传播和推广。2021 年年初，众多科技创业公司的关注和入局，使得这一科技概念开始火热。西方国家是最早提出元宇宙科技概念并将其付诸实践的，其中美国是发展最快的国家。美国是元宇宙相关技术发展最为成熟的国家，也是该领域的先行者，美国科技巨头积极布局元宇宙的底层架构和应用场景，加快元宇宙的应用进程。

2021 年 3 月，元宇宙游戏公司 Roblox 以 300 亿美元市值在纽约证券交易所上市，其代表产品为 "Roblox"，作为全球最大的多人在线创作游戏，该公司以元宇宙的底层架构和底层逻辑来打造这款游戏。Roblox 公司 CEO 大卫·巴斯祖奇（David Baszucki）称："元宇宙是一个我们可以工作、玩耍和娱乐的线上空间。"其认为元宇宙要有 8 个基本要素：身份、朋友、沉浸感、低延迟、多元化、随地、经济系统、文明。"Roblox" 的上市给全球元宇宙现状带来一次不小的震动，众多企业开始钻入元宇宙研究的队伍，发掘元宇宙所能带来的巨大经济效益。

2021 年 10 月，美国社交媒体公司脸书宣布改名，将使用元宇宙 "Meta" 的名称，公司战略重点转向构建元宇宙数字虚拟空间环境。脸书公司的改名引起了人们对元宇宙概念的关注，被广泛视为元宇宙发展的里程碑之一。Meta 的改名，让众多人意识到资本层面已经开始抢夺元宇宙发展的前线。同年 12 月，Meta 发布 VR 社交应用 Horizon Worlds，将其定义为基于社区设计的虚拟体验空间。

在 2021 年 GPU 技术会议（GTC 2021）上，英伟达（NVIDIA）宣布了要将产品路线升级为 "GPU+CPU+DPU" 的 "三芯" 战略，同时，将其新发布的 Omniverse 平台定位为 "工程师的元宇宙"。Omniverse 是一个易于扩展的开放式平台，专为虚拟协作和物理级准确的实时模拟打造，并由 NVIDIA RTX 技术提供动力支持的实时协作。创作者、设计师、研究人员和工程师可以连接主要设计工具、资产和项目，从而在共享的虚拟空间中协作和迭代。

国外元宇宙相关概念在 2021 年的投资方向主要集中在 VR、AR 等交互技术层面，其中也不乏人工智能、数字孪生等技术。[①]

---

① 贵州省大数据发展领导小组办公室.2021 年元宇宙发展报告［R/OL］.贵州省大数据发展管理局网站，2022-01-30.

三、中国元宇宙发展态势梳理

我国 2020 年 2 月参投 Roblox 1.5 亿美元 G 轮融资，并独家代理 Roblox 中国区产品发行。一年后，Roblox 公司上市，引起了中国企业对元宇宙的关注。

（1）2021 年 8 月 1 日，腾讯旗下 PCG 事业群推出国内首个 NFT 交易平台——"幻核"APP。首期限量发售 300 枚"有声《十三邀》数字艺术收藏品 NFT"。

（2）2021 年 11 月，张家界元宇宙研究中心在武陵源区大数据中心正式挂牌，张家界也成为全国首个设立元宇宙研究中心的景区。

（3）2021 年 12 月 17 日，京东宣布旗下 NFT 发行平台"灵稀"设立。首批以京东吉祥物"Joy"的形象为代表的数字藏品，价格为 9.9 元人民币一枚，每一版数量为 2000 份，上线即售罄。

（4）2021 年 12 月，百度正式发布元宇宙产品"希壤"，同时，举办了"2021 百度 Create 大会（AI 开发者大会）"。据介绍，百度希壤打造了一个跨越虚拟与现实、永久续存的多人互动空间，主打沉浸式虚拟社交，提供虚拟空间定制、全真人机互动、商业拓展平台三大功能。

（5）字节跳动巨额收购 VR 厂商 Pico，布局硬件入口。2021 年 8 月，有消息称字节跳动将巨额收购 VR 硬件初创企业 Pico；同年 12 月，Pico 关联公司青岛小鸟看看科技有限公司的工商信息变更为由字节跳动有限公司全资子公司北京星云创迹科技有限公司全资持股。据 IDC 报告显示，Pico 位居中国 VR 市场份额第一，其中第四季度市场份额高达 37.8%，已成为国内 VR 厂商的头部企业。有分析认为，这场收购是字节跳动希望借以布局被称为元宇宙入口的 VR 领域，正式加入元宇宙大战。但值得注意的是，字节跳动当前对于"元宇宙"的公开态度尚不明朗，该公司产品和战略副总裁朱骏曾表示看好 VR/AR 技术，但跟元宇宙概念没关系。

国内外元宇宙的投资时间轴亦可以分析得出元宇宙不同模块的发展趋势[①]：

1 月：本月融资并购更偏向于技术和内容方面，如空间定位技术、AR 光波导模组等。国外方面，Sanp 收购了 AR 追踪技术公司 Ariel AI，Niantic 收购了第七家公司——Mayhem（社交游戏）。国内融资并购数量明显增多，多数融资并购的金额暂未公开，基本都为千万级人民币以上的融资，如爱奇艺 VR 融资金额

[①]　贵州省大数据发展领导小组办公室 . 2021 年元宇宙发展报告［R/OL］. 贵州省大数据发展管理局网站，2022-01-30.

达到了数亿元人民币，玩美移动完成 5000 万美元的 C 轮融资。

2 月：本月融资并购多为平台/软件方面。国外方面，VR 交互式模拟实验 Labster 完成了 6000 万美元的巨额融资。国内方面，有 4 笔千万级人民币以上的硬件/技术方向融资。

3 月：本月融资并购总额呈现井喷趋势，且单笔融资并购金额较大。如 Pico 完成 2.42 亿元人民币 B+轮融资，MetaApp 完成 1 亿美元 C 轮融资，Rec Room 完成 1 亿美元融资等。

4 月：本月融资并购笔数下降，融资总额增多。国内共有 4 笔亿元人民币以上的硬件/技术方向融资，国外知名游戏开发商 Epic Games 完成 10 亿美元的新一轮巨额融资。

5 月：本月融资并购笔数急剧增加，金额有所下降。国内多为大额未公开具体数额的核心技术/硬件方向融资，国外公司 Snap 以 5 亿美元收购 AR 波导显示 WaveOptics 最为显眼。

6 月：本月融资并购偏向 B 端的内容如解决方案、培训及医疗等。国内多为大额未公开数额的核心硬件/内容方向融资，国外公司 VRChat 宣布完成 8000 万美元 D 轮融资。

7 月：本月融资并购 VR 平台、应用及游戏等占较大比例。国外马斯克的脑机接口公司 Neuralink 完成 2.05 亿美元 C 轮融资，国内多为数千万级人民币以上的内容/硬件方面融资。

8 月：本月融资并购 VR 平台、AR 应用及游戏等占较大比例。国外研发超低延迟流媒体技术的 Parsec 公司被 Unity 花费约 3.2 亿美元收购，国内字节跳动以 90 亿元人民币收购创业 VR 硬件公司 Pico，一度成为热议话题。

9 月：本月融资并购多为硬件技术、内容等领域。国外 VR 游戏、社交方面获得较多融资；国内专注 AR 技术研发的亮风台获 2.7 亿元人民币融资，Nreal 获超 1 亿美元的 C 轮融资。

10 月：本月融资并购多为硬件、游戏方面。国外公司 Magic Leap 获 5 亿美元融资，国内都为大额融资，如 Micro-OLED 方案商芯视佳获 5 亿元人民币融资，XR 企业当红齐天完成数亿元人民币 B 轮融资。

11 月：本月融资并购多为 AR 技术、游戏方面。国外 VR 游戏、硬件方面获得较多融资，国内多为大额融资，如 AR 光学厂商鲲游光电完成近 4 亿元人民币 B+轮融资。

12 月：本月融资并购多为元宇宙游戏、AR 技术方面。国外 VR/AR 协作平台 Spatial 融资 2500 万美元，国内 3D 技术服务商积木易搭获超 2 亿 B 轮融资。

第二节 元宇宙监管进程

元宇宙的迅速发展及其带来的巨大经济效益，决定了元宇宙发展必须具备配套的监管体系以防止资本市场割韭菜、庞氏骗局、版权纠葛等违法犯罪行为。元宇宙并非"法外之地"，相反，如果在元宇宙发展的初期缺乏健全的法律工具和监管程序，则可能使得元宇宙的发展弊大于利，同时更错失了一次技术变革的重要时机。在过去短短的一年时间里，元宇宙虚拟地产暴跌、元宇宙虚拟资产诈骗、元宇宙庞氏骗局层出不穷，人们开始思考现有的元宇宙发展是否步入正轨？元宇宙的发展是否只是 NFT 市场的爆热？对于元宇宙，《人民日报》称：是镜花水月还是触摸得到的未来，是资本炒作还是新的赛道，是新瓶装旧酒还是科技新突破，下结论前不妨"让子弹飞一会儿"。①

一、西方国家元宇宙监管进程梳理

（一）美国元宇宙监管②

美国政府对于元宇宙仍处于观望状态，尚未提出明确的元宇宙建设纲要性文件和官方表态，其对数据安全的担忧及产业巨头垄断风险的警惕暂时占据上风。美国的监管机构重点关注数据安全和隐私保护问题。毕竟在元宇宙中，不论是用户直接提供的，还是间接产生的信息数据，如生物特征、位置和银行信息、消费习惯、游戏习惯等，都属于数据安全和隐私保护的范畴。

为了遏制数据滥用和隐私泄露，美国的监管机构采取了执法行动。2018 年，美国联邦贸易委员会（Federal Trade Commission）对脸书的消费者数据泄露行为处以 50 亿美元的罚款，并对这个社交媒体平台实施了更严格的隐私限制。

监管部门的重拳出击让互联网公司不得不更加谨慎地对待用户数据。2021年 10 月，美国两党参议员提出《政府对人工智能数据的所有权和监督法案》，要求对联邦人工智能系统所涉及的数据特别是面部识别数据进行监管，并要求联邦政府建立人工智能工作组，以确保政府承包商能够负责任地使用人工智能

---

① 中国科技新闻协会大数据与科技传播专委会. 中国元宇宙白皮书［R/OL］. 中国大数据网，2022-02-22.

② 国盛证券研究所. 区块链：元宇宙（八）他山之石：美国监管现状及应对策略［R/OL］. 国盛证券研究所网站，2022-01-27.

技术所收集的生物识别数据。这一新规体现出美国国会对于基于数据与身份识别的数字化渗透持谨慎态度，元宇宙同样基于类似技术理念。另一方面，美国企业持续推动美国政府加强对元宇宙的认知，以塑造有利的竞争和创新环境，让美国相关产业在全球脱颖而出。Meta 等科技巨头正积极与美国政策制定者、学者、合作伙伴和专家洽谈，以帮助其以"负责任"的方式来构建元宇宙版图，并试图与各方为元宇宙虚拟世界创建标准和协议，塑造科技巨头对于新兴互联网形态的自我监管模式。美国政府与业界间的博弈短期内难见分晓。

1. 美国会议员："确保 Web3 革命发生在美国"

在 2021 年 12 月 8 日美国国会召开的听证会"数字资产和金融的未来：了解美国金融创新的挑战和好处"上，共和党众议员帕特里克·麦克亨利（Patrick McHenry）提出问题："我们如何确保 Web3 革命发生在美国？"他还表示："加密货币对未来的影响可能比互联网更大……我们需要合理的规则……不需要立法者仅仅出于对未知的恐惧而下意识地监管……因未知的恐惧而监管只会扼杀美国的创新能力，使我们在竞争中处于劣势……"

我们认为，尽管美国尚未出台针对性的监管举措，但此次国会召开听证会及该议员的观点在某种程度上代表了美国对 Web3 等加密资产与网络创新的态度：加速监管创新，不错过任何一次革命性的创新。

2. DAO（去中心自治组织），元宇宙理想中的治理架构

DAO（Decentralized Autonomous Organization，去中心自治组织），被认为是元宇宙项目的一种理想的治理架构。它不同于现实世界中公司制的"代议制"治理模式，而类似于"一币一票"，是基于区块链核心思想理念（由达成同一个共识的群体自发产生的共创、共建、共治、共享的协同行为）衍生出来的一种组织形态，是区块链解决了人与人之间的信任问题之后的附属产物。

DAO 是公司这一组织形态的进化版，是人类协作史上的一次革命性的进化，其本质是区块链技术应用的一种形式。美国政府意图通过 DAO 这一种治理框架施行元宇宙的基层治理，实现智能化的管理，实现以通证来完成"三权"（所有权、治理权、分红权）分离和"三权"无限分割，从而让全员所有变成一种可能。

3. 明确 DAO 发行的加密资产是"证券"

2017 年，美国证监会明确 DAO 发行的加密资产是"证券"，受证监会规管。早在 2017 年 7 月 25 日，美国证监会就发布了针对去中心自治组织（DAO）的调查报告。德国公司 Slock.it 创立了 The DAO，该组织基于区块链发行了代币 DAO。美国证监会认定 DAO 符合 1933 年《证券法》和 1934 年《证券交易法》

对"证券"的定义，因此，发行 DAO 需在美国证监会注册，相关组织必须拥有发行证券的资质。

当时，美国证监会没有对该案提出指控，也没有在报告中做出违规认定，发布报告是为了告诫行业和市场参与者：在美国发行和出售证券，必须遵守联邦证券法，无论发行实体是传统公司还是去中心化自治组织（DAO），无论这些证券是使用美元还是使用虚拟货币购买，无论它们是以凭证形式还是通过分布式账本技术分发。

美国证监会认定 DAO 属于证券，主要基于它符合美国最高法院"霍威测试（Howey Test）"判例中的四个要件：一是在一个共同的企业中，二是投资货币，三是期望从他人的努力中产生利益，四是获得利润。也基于此，美国商品期货交易委员会（CFTC）前主席加里·根斯勒（Gary Gensler）判断比特币并非证券，依据是比特币的持有者不依赖任何可辨别的第三方来获取利润。而2018 年，美国证监会前主席杰伊·克莱顿（Jay Clayton）在国会听证会上则指认自己见过的几乎每一个 ICO 项目代币都是证券，都要受证监会规管。显然，如证监会 2017 年对 The DAO 的调查报告所言，DAO 发行的项目代币也是证券。

4. 2021 年怀俄明州法案：DAO 可注册为有限责任公司，智能合约高于公司章程

2021 年 4 月 21 日，美国怀俄明州议会批准、州长签署了 DAO 法案，法案于 2021 年 7 月 1 日生效。法案明确：第一，DAO 是有限责任公司；第二，DAO的智能合约高于公司章程；第三，DAO 成员的权利与其持有的加密资产数量占决策时 DAO 全部加密资产的比例正相关。也就是说，拥有智能合约是 DAO 的核心特征。另外，该法案明确，在该州注册 DAO 的必须是美国人，不必居住于该州，但必须注册通过在该州的实体申请。

5. 经济系统监管

第一，高度重视，联合监管可期。与现实世界打通的经济系统是元宇宙项目的重要组成部分，它意味着用户可以将在元宇宙获得的财富转移回现实。理想的元宇宙中，加密资产基于区块链构建，而当前，加密资产在美国已经受到系统监管，呈现出"多头监管，按需联合""更重视稳定币与交易所等区块链入口，而非 DeFi 与 NFT 等链上业态"等取向。

第二，多头监管，按需联合。国会多次召开听证会，证监会（SEC）监管具有证券属性的加密资产，商品期货交易委员会（CFTC）监管衍生品，金融犯罪执法局（FinCEN）负责反洗钱（AML）和恐怖主义融资（CFT），货币监理署（OCC）负责与国家银行业务相关的监管。多部门常按需联合发布相关公告。

例如，2021 年 11 月，美联储、联邦存款保险公司和货币监理署共同发布了"加密冲刺"政策备忘录，提出了对加密资产监管的待办事项。

第三，多领域出现处罚案例。不同于社会公众"加密资产不受监管"的认知，根据区块链合规咨询公司 Elliptic 的统计，截至 2019 年 6 月 21 日，美国监管机构已对机构和个人在加密资产方面的违法违规行为处以 25 亿美元的罚款，这包括证监会（16.9 亿美元）、商品期货交易委员会（6.24 亿美元）、财政部金融犯罪执法局（1.83 亿美元）和美国财政部外国资产控制办公室（60.6 万美元）的罚款。其中，大部分罚款与未注册证券发行（13.8 亿美元）、欺诈（9.28 亿美元）和反洗钱违规（1.83 亿美元）有关，罚款可分为民事罚款（7.22 亿美元）、非法所得（16.2 亿美元）和赔偿（1.61 亿美元）。

（二）欧洲元宇宙监管

欧洲对元宇宙持高度谨慎态度。欧盟《人工智能法案》、"平台到业务"监管法规、《数字服务法案》、《数字市场法案》等立法说明了监管机构在处理元宇宙时可能采取的立场和倾向，包括增加透明度、尊重用户选择权、严格保护隐私、限制一些高风险应用。这些立法预示着欧盟更关注元宇宙的监管和规则问题，试图在治理和规则上占据先发优势，进而保护欧洲内部市场。

欧洲缺乏互联网基因，没有大型的原生态互联网公司，其市场基本被美国互联网巨头占领。欧洲的诉求是加强互联网企业的监管，防范数字龙头企业利用垄断地位扼杀竞争活力，反感美国科技巨头在欧洲赚取巨额利润却仅缴纳微薄税款。

2020 年 12 月，欧盟委员会公布了《数字服务法案》和《数字市场法案》两项法律的草案，这两项法案共同为包括社交媒体、在线市场和其他在线平台在内的所有数字服务提出了一套新规则。它们旨在促进整个集团的竞争，同时保护用户免受他们在网上可能遇到的许多伤害。

在元宇宙时代，预计欧盟将继续推动对虚拟世界的监管，维护欧盟市场的竞争与活力。

（三）日本元宇宙监管

日本也有区块链、加密资产等政府支持的技术领域。2020 年 7 月 13 日，日本经济产业省发布了关于虚拟行业、虚拟空间行业未来可能性与客体的调查报告，把虚拟空间产业这件事情专门作为课题研究做了调查报告。日本经济主管部门已经定义了"元宇宙"，但暂时未把元宇宙作为一种确定的商业形式。该部门计划完善法律与发展方针，试图在全球虚拟空间行业占据主导地位。

日本寻求扶持元宇宙相关产业，建立新型国家优势。日本经济产业省于

2021 年 7 月发布《关于虚拟空间行业未来可能性与课题的调查报告》，将元宇宙定义为"在一个特定的虚拟空间内，各领域的生产者向消费者提供各种服务和内容"。

报告认为，该行业应将用户群体扩大到一般消费者，应降低 VR 设备价格以及 VR 体验门槛，并开发高质量的 VR 内容留住用户；政府应着重防范和解决"虚拟空间"内法律问题，并对跨国、跨平台业务法律适用等加以完善；政府应与业内人士制定行业标准和指导方针，并向全球输出此类规范。这些建议体现了日本政府对元宇宙行业布局的思考，即通过现有的发展成果尽可能在民众范围内推广元宇宙理念，同时通过指导与政策制定来规范元宇宙的建设。

日本的元宇宙市场的构建正在加速。日本的加密资产（虚拟货币）兑换平台 FXCOIN 等在 2021 年 12 月中旬成立元宇宙的业界团体，业界团体名称为"一般社团法人日本元宇宙协会"。相关团体将与金融厅等行政机关相互配合，启动市场构建，力争使日本成为元宇宙发达国家。除了 FXCOIN 和 CoinBest 等日本的虚拟货币兑换平台之外，涉足电子钱包业务的 Ginco 等也将参加，还将呼吁其他互联网金融公司和游戏公司等加入。

日本将成立的元宇宙协会除了研究世界动向之外，还希望加深与行政机构的沟通，为方便日本企业在元宇宙市场展开活动而铺平道路。例如，日本的《民法》只承认实物的所有权，因此除了如何处理虚拟物的所有权等法律问题之外，还将梳理位于元宇宙的虚拟土地被变为非同质代币（NFT）、虚拟货币被用于相关支付之际能否在虚拟货币兑换平台以外完成等与金融的接触点。

（四）韩国元宇宙监管

1. 率先成立元宇宙协会

在全球范围内，韩国政府对元宇宙反应最快，率先已经成立了元宇宙协会。

2021 年 5 月 18 日，韩国信息通信产业振兴院联合 25 个机构（韩国电子通信研究院、韩国移动产业联合会等）和企业（LG、KBS 等）成立"元宇宙联盟"，旨在通过政府和企业的合作，在民间主导下构建元宇宙生态系统，在现实和虚拟的多个领域实现开放型元宇宙平台。随着韩国政府大力推动元宇宙相关项目，如今该联盟已经包括了三星、KT（韩国电信巨头）等 500 多家公司和机构。

公司和行业团体在此联盟中将共同分享元宇宙趋势和技术，并组成一个与元宇宙市场相关的道德和文化问题的咨询小组。该联盟还将承担联合元宇宙开发项目。韩国科学和信息通信技术部表示将向该联盟提供支持，特别是在帮助公司建立开放的元宇宙平台方面。

2. 产业政策扶持元宇宙

在产业政策上，韩国政府希望在元宇宙产业中发挥主导作用。2020 年年底，韩国科技部公布了一份《沉浸式经济发展策略》（*Immersive Economy Development Strategy*），目标是将韩国打造为全球五大 XR 经济国家。在 2021 年 7 月韩国公布的《数字新政 2.0》（*Digital New Deal* 2.0）中，也能看到元宇宙与大数据、人工智能、区块链等并列为发展 5G 产业的重点项目。韩国数字新政推出数字内容产业培育支援计划，共投资 2024 亿韩元，其中 XR 内容开发、数字内容开发和 XR 产业基础共支援 760 亿韩元。

2021 年 8 月 31 日，在韩国财政部发布总共 604.4 万亿韩元，2022 年预算中，政府计划拨出 9.3 万亿韩元用于加速数字转型和培育数字经济产业。其中，计划斥资 2000 万美元用于元宇宙平台开发，并斥资 2600 万美元开发有关数字安全的区块链技术。

3. 首尔政府实践元宇宙平台

2021 年 11 月 3 日，首尔市市长吴世勋提出首尔愿景 2030（The Seoul Vision 2030）计划，旨在使首尔成为一个共存的城市、全球领导者、安全的城市和未来的情感城市。为期五年的"元宇宙首尔基本计划"是其中打造未来城市愿景的一部分，该计划旨在改善公民之间的社会流动性并提高首尔市的全球竞争力。目前，首尔计划为该项目投资 39 亿韩元。

根据该计划，首尔的元宇宙生态系统主要分三个阶段进行，分别是引入（2022 年）、扩张（2023—2024 年）、定居（2025—2026 年）。

首尔计划在 2022 年第一阶段建立名为元宇宙首尔的高性能平台，并在经济、教育和旅游等领域提供服务，在年底前完成该平台的创建向公众展示。在未来，首尔市政府还会将元宇宙平台应用扩展到市政管理的所有领域，以提高政府官员的工作效率。

吴世勋市长在接受采访时曾说，如果这个项目成为现实，那么首尔市民很快就可以戴上他们的 VR 设备，与市政府官员会面进行虚拟咨询。同样的，市政府也可以参加群众活动。根据为期五年的"元宇宙首尔基本计划"（Basic Plan for Metaverse Seoul），元宇宙平台暂定名为"元宇宙首尔"（Metaverse Seoul），将于 2022 年年底建成。放眼全球，首尔市政府是第一个制定全面的中长期元宇宙政策计划的地方政府。

根据计划，首尔市政府将陆续在元宇宙平台上提供各种商业支持设施和服务，包括虚拟市长办公室、首尔金融科技实验室、首尔投资和首尔校园城等。该计划中，搭建的元宇宙所提供的服务将涵盖包括经济、教育、旅游、通信、

城市、行政和基础设施这 7 个基础领域。首尔市政府也专门制定了提供公共服务的政策，以通过使用先进技术开发的元宇宙平台，克服现实世界中时空限制和语言障碍等问题。在经济领域中，首尔将在元宇宙中设立首尔金融科技实验室，其目的是在虚拟世界中提供经济领域的相关服务。首尔金融科技实验室将在元宇宙中帮助企业吸引外国投资，虚拟人物将为外国投资者提供咨询及一站式服务。此外，谷歌为创业者设立的首尔创业营 Campus Town 中的创业公司培育业务将在元宇宙平台中进行，包括数字内容创作培训和社交活动等。

在元宇宙中最活跃的教育领域方面，首尔市政府将设立首尔开放城市大学（Seoul Open City University）的虚拟校园。首尔市政府运营的在线教育平台 Seoul Learn，将为青少年提供各种沉浸式内容，如讲座、导师计划和招聘会等服务。

在旅游观光方面，首尔将建设旅游景点，如光华门广场、德寿宫和南大门市场等将成为元宇宙首尔虚拟旅游的特殊区域。根据首尔市政府的介绍，游客可以乘坐城市观光巴士在元宇宙中游览。首尔的代表性节日和展览，如首尔鼓节和首尔灯节，未来可以作为 3D 沉浸式内容在元宇宙平台中举行。

再来则是公共服务，如民诉、咨询、公共设施预订等。以上这些服务也将在元宇宙中提供，为市民提供更便捷的服务，这也将提高首尔整体的数字城市水平。首尔市政府未来还将在市政厅创建一个元宇宙版本的市长办公室，并将其作为政府与居民之间的开放式沟通渠道。首尔也计划利用虚拟现实、增强现实和扩展现实相结合的技术升级城市管理。为弱势群体提供众多服务以确保他们的安全和便利，包括使用扩展现实设备为残疾人提供安全和便利的服务。

最后则是首尔将引入元宇宙会议来举办不同的活动，并将其作为沟通渠道。首尔还将利用最先进的技术开发基于元宇宙的远程工作环境。首尔市政府表示，将在虚拟空间中推出智能办公室，虚拟形象的公职人员提供咨询服务将成为现实。首尔市元宇宙生态系统的构建目的是扩大对公共城市服务的访问，首尔将通过公共需求与私人技术的结合，开创一个名为"元宇宙首尔"的新大陆，让首尔成为一个智能、包容的城市。

二、中国元宇宙监管进程梳理

（一）我国对于科技新事物较为宽容

如果新事物有利于国计民生，那么政府后续的支持力度会加大。例如，2000 年电子商务刚刚出现的时候，中国在很多方面为电子商务的发展提供便利，例如，减免电子商务的税收等。随着电子商务的发展，事实证明电子商务确实

利国利民，有利于国计民生、有利于就业和创业。于是，中国为电子商务的发展提供更多便利，并于 2019 年通过了《电子商务法》。

如果所谓的新事物披着华丽外衣却干着违法勾当，中国政府会将其逐步取缔。例如，互联网金融在 2013 年左右刚刚兴起的时候，中国政府对其寄予厚望，将互联网金融看作解决中小企业融资难、融资贵的一个有效途径，将互联网金融看作金融创新，甚至前总理李克强在 2013 年、2014 年、2015 年、2016 年、2017 年的政府工作报告中，多次提到互联网金融的重要性。但是随着互联网金融平台（P2P 平台）的不断倒逼，人们逐渐发现所谓的互联网金融，所谓的 P2P 平台，无非就是民间融资、民间集资的网络翻版，甚至沦为金融传销、击鼓传花的庞氏骗局、非法融资、非法集资、集资诈骗，通过网络的加持放大，其危害性更大。P2P 严重影响我国的金融安全，造成了大量的金融难民，产生了很大的社会不稳定因素，于是，2020 年我国开始对 P2P 平台叫停清退。

（二）防止恶意炒作

即便是简单的炒作概念，我国一般不会一概否定。新事物刚刚出现的时候，一般是不够完美的，多多少少有些缺点，新生事物的发展需要一个过程。一些概念本身开始的时候不够清晰，甚至没有太多实用价值，但是这些概念本身就是一道"石头汤"，吸引大量的资本、技术融入其中，从而产生一些有价值的东西。

例如，"云计算"刚刚出现的时候，很多人质疑：这不就是分布式计算吗？但是随着资本、技术的加持，"云计算"得以迅猛发展，目前已经完全脱离分布式计算的范畴，有了自身独立的技术体系、应用场景。但是应该警惕的是，无良资本的投机和恶意炒作，很容易造成严重的金融风险，产生大量的社会不稳定因素。例如，很多人炒作比特币等虚拟货币，发行大量无成本的空气币（如马勒戈币、嫩模币等），高价卖出牟利，甚至私自建设大量的虚拟货币炒作平台，模仿股票 IPO 进行虚拟货币的 ICO，坑害了大量的投资者。这不是投资，这是披着大数据、云计算、人工智能外衣的网络赌博、网络诈骗、庞氏骗局、金融传销，让很多家庭倾家荡产，造成社会动荡隐患，应该坚决封杀。

毋庸置疑，或许大量嗜血的无良资本，早已紧紧盯上了元宇宙概念，认为元宇宙是资本炒作新的风口，所以各路资本不遗余力地为元宇宙大力宣传，开始传统而简单的炒作套路：大量资本进入—宣传造势—吸引更多的资本进入—水涨船高—抽身退出，赚得盆满钵满时即落袋为安。

（三）《人民日报》的评论

2021年11月17日，《人民日报》发表评论文章《万物皆可"元宇宙"?》，提到如下观点：

关于元宇宙的讨论仍在继续，有人充满乐观与向往，也有不少怀疑的声音。是镜花水月还是触摸得到的未来，是资本炒作还是新的赛道，是新瓶装旧酒还是科技新突破，下结论前不妨"让子弹飞一会儿"。不过可以明确的是，一些新概念承载着人们对技术发展的信心，以及对未来美好生活的期待。推动新概念及其产业逐步走向成熟需要时间，通向令人神往的科技未来需要脚踏实地、打好发展地基。正如不论虚拟现实、增强现实还是混合现实，中心词都是"现实"，这也预示着离开了现实的支撑，终归是海市蜃楼、无本之木。"基础不牢地动山摇"，这样的道理不论在真实宇宙还是元宇宙，应该都是适用的。

（四）中纪委对元宇宙的评论

2021年12月23日，中纪委网站发表文章《深度关注：元宇宙如何改写人类社会生活》，提到如下观点：

世界上没有称为"元宇宙"的单一技术，元宇宙是现有各种技术的组合和升级，可以理解为"3D版的互联网"。扩展现实技术由VR和AR提供沉浸式的体验，可以解决手机解决不了的问题。数字孪生技术，能够把现实世界镜像到虚拟世界里面去，这意味着在元宇宙里面，人们可以看到自己的虚拟分身。随着元宇宙进一步发展，对整个现实社会的模拟程度加强，用区块链技术搭建经济体系后，人们在元宇宙里也许不仅仅是花钱，也有可能赚钱。

元宇宙作为新兴事物，仍是一个不断发展、演变的概念，不同参与者以自己的方式不断丰富着它的含义。所以，不要狭隘地将元宇宙理解为一个社交游戏平台，如果它能将我们的现实世界更加3D化、立体化，效率将会得到大大的提升，拉近人与人之间的距离。

极致沉浸的交互体验能带给人们远超2D时代的体验，生活、工业、社会、科技迭代将大大提升效率，人力成本、资源成本、时间成本、交易成本等也有望降低。理性看待元宇宙带来的新一轮技术革命和对社会的影响，不低估5~10年的机会，也不高估1~2年的演进变化。目前部分公司炒作的元宇宙概念与真实的元宇宙有较大差异，需要去伪存真、谨慎判断。在业界看来，元宇宙较长一段时间内都将成为下一代互联网发展的目标，这有赖于底层技术和算力层面出现的核心技术突破、技术演进与变化。

三、元宇宙监管特征

（一）不断探索中的元宇宙监管机制

虽然我国目前还没有国家层级的元宇宙政策出台，但是许多地方政策已经出台元宇宙相关的扶持政策。

1. 上海市相关政策

《上海市电子信息产业发展"十四五"规划》提到：加强元宇宙底层核心技术基础能力的前瞻研发，推进深化感知交互的新型终端研制和系统化的虚拟内容建设，探索行业应用。新一代信息技术融合应用，围绕人工智能+大数据、云计算+边缘计算、5G+扩展现实、区块链+量子技术、云边端协同、数字孪生+数据中台等方面，推进技术协同攻关、标准规范制定和平台建设、应用创新等。

2. 《"十四五"数字经济发展规划》是国务院颁发的

《"十四五"数字经济发展规划》指出：创新发展"云生活"服务，深化人工智能、虚拟现实、8K高清视频等技术的融合，拓展社交、购物、娱乐、展览等领域的应用，促进生活消费品质升级。

3. 《金融科技发展规划（2022—2025年）》是人民银行印发的

《金融科技发展规划（2022—2025年）》提到：搭建多元融通的服务渠道。以线下为基础，依托5G高宽带、低延时特性将增强现实（AR）、混合现实（MR）等视觉技术与银行场景深度融合，推动实体网点向多模态、沉浸式、交互型智慧网点升级。

4. 《2022年武汉市政府工作报告》

《2022年武汉市政府工作报告》提到：武汉要加快壮大数字产业，推动元宇宙、大数据、云计算、区块链、地理空间信息、量子科技等与实体经济融合，建设国家新一代人工智能创新发展试验区，打造小米科技园等5个数字经济产业园。

5. 《2022年合肥市政府工作报告》

《2022年合肥市政府工作报告》提到：未来五年，合肥将前瞻布局未来产业，瞄准元宇宙、超导技术、精准医疗等前沿领域，打造一批领航企业、尖端技术、高端产品，用未来产业赢得城市未来。

6. 无锡市滨湖区的《太湖湾科创带引领区元宇宙生态产业发展规划》

《太湖湾科创带引领区元宇宙生态产业发展规划》明确，要注重空间布局和产业推进相结合，整体规划、系统推进产业集聚、人才引育、生态发展和应用

场景等工作；注重应用引领和场景驱动相融合，围绕滨湖区产业发展需求和智慧城市建设的新场景，发挥试点示范作用，推动元宇宙技术在多领域深度应用；注重协同发展和一体发展相整合，推动元宇宙产业上下游各环节、各主体协同发展，加快元宇宙与集成电路、区块链、人工智能、云计算等技术融合创新发展。

到 2025 年，滨湖区将通过元宇宙生态产业集聚发展、关键技术创新发展、专利标准引领发展、应用示范跃迁发展、专业人才梯次发展等手段，打造成长三角元宇宙技术创新高地、生态产业发展高峰、人才集聚高原，基本形成技术引领、企业集聚、示范应用、标准完备的元宇宙产业生态，成为国内元宇宙产业发展的典范，打造元宇宙的"滨湖名片"。

7.《关于加快北京城市副中心元宇宙创新引领发展的八条措施》

《关于加快北京城市副中心元宇宙创新引领发展的八条措施》提出：对在元宇宙应用创新中心新注册并租赁自用办公场地的重点企业进行 50%、70%、100% 三档补贴；在内容设计上，突出元宇宙与文化旅游融合发展的特色；在产业空间上，规划"1 个创新中心+N 个特色主题园区"的元宇宙产业空间布局；在应用场景上，瞄准数字赋能、文化科技融合领域，打造实数融合的文旅新场景，为企业提供技术展示创造空间。

（二）多维度、多方位的元宇宙监管体系

1. 法律层面监管①

国家信息中心信息化和产业发展部主任单志广说，未来全世界很可能存在大一统的元宇宙环境，元宇宙形成类似于互联网，最开始每一个公司建立自己的局域网，逐渐统一标准通过互联互通，最后形成全球互联网。

"所以单体的元宇宙和海外其他元宇宙或者游戏进行互操作设计时，要充分考虑国家对数据出境相关规定和审批流程。"单志广说，未来元宇宙大厂之间进行互操作，要注意避免触发反垄断调查，要具有合法商业模式。

关于元宇宙法律法规的监管方面，单志广认为，很多开放问题需要进一步厘清，比如公安、法院是否可以对元宇宙的案件进行立案，在元宇宙受到损失和伤害，什么情况下可以依据现有法律进行处理，另外在元宇宙里销售数字商品，是否涉及税收、是否需要工商注册，都需进一步探讨并进行合规性设计。

---

① 周艳玲，瞿宏伦. 专家云上探讨元宇宙的发展与监管 ［EB/OL］. 中国新闻网，2022-05-26.

2. 国家政府宏观监管

如果一个元宇宙达到了平行于现实世界的水平，那么这些法律规定如何在元宇宙的世界中适用？如果元宇宙与真实社会实现了对接，实现了共生与互动，那么我们现行的法律体系如何健全完善？元宇宙中的遗产，现实社会中的人是否可以继承？现实社会中的人留下的遗嘱，要完成其遗产转入元宇宙由其虚拟人继续使用，这个虚拟人是否适合？

元宇宙的世界也将存在意识形态与伦理等问题，而其去中心化是一个伪命题，元宇宙平台面对监管，是否也要进行必要地删除？平台和超级管理员的存在就是再中心化。而外汇政策和对本国货币的管制等，更是国家意志的体现。所谓去中心化，面对破坏服务器和断电等最简单粗暴的物理动作，也只能算是有限的去中心化而已。

中国作为数字经济大国，在元宇宙的发展过程中，众多企业已经进入。可以预见，从硬件角度看，在相当长的时间内，硬件的发言权仍会掌握在欧美国家，特别是美国的手中。同样，软件方面也不乐观，中国企业目前依然在消费应用的层面上，实现不了对工业应用的突破。在平台的操作系统上，如果不能摆脱手机领域依赖苹果公司的 IOS 系统和谷歌公司安卓系统的现状，中国的元宇宙也将只能依附于国际平台主导的元宇宙世界中，那些现实世界卡脖子的问题，在元宇宙的世界里，我们也同样难以回避。

对于元宇宙的政府监管，由于其全球化的特点，这是我们传统的监管法律、技术条件、人才储备等在相当长的时间内都难以适应的。所以乐观地看，在元宇宙的早期，因为其影响力小，交易少等原因，政府对其发展可能带有观望、了解的因素，能够体现出一定的包容审慎。而当元宇宙发展到一定阶段，其在游戏、商务解决方案、广告等层面达到一定影响力，开始涉足数字经济的新大陆后，政府的监管应是严厉而稳健的，并且不排除对一些敏感领域采取"双减"性质的"拔草"式雷霆手段。

如果把元宇宙监管比喻成对枪支的管理，各国对民间持枪的态度差异巨大。对于国际元宇宙平台在中国境内的发展，可以参考目前我国政府对谷歌的态度。中国自主的元宇宙平台，最后可能会演变为一个独立的带有中国特色、能够保证政府进行相对有效监管的元宇宙。再如，NFT 是元宇宙中经济体系中的重要组成部分，NFT 在国际上可以作为代币，在中国即限缩为只能是数字化藏品，而且转赠、拍卖目前都受到严格的规制，目的是防止其具有货币属性。

如果中国元宇宙平台与境外元宇宙平台实现互通互联，需要的可能不仅是几个类似 HTTP 这样的协议，而是要面对如现实世界中的海关、护照、外汇兑

换、对于犯罪分子的引渡等一系列问题。而这样的问题，在现实世界中至今也是纷争不断。对于中国的企业而言，如果进入元宇宙市场，立足国内就要依照中国的国情与法律，发展中国版的元宇宙。如果希望占有中国以外的市场，将中国版的元宇宙推向世界，就要搞 TikTok 类型的国际版。对于引进国外平台的元宇宙在中国发展，则需要认真考虑因社会文化、法律、不同群体等原因带来的本土化问题。

在对元宇宙的监管方面，国内可以涉及的部门至少有网信办、国家发改委、人民银行、工信部、文旅部、公安部、国安部、教育部、市场监管总局、税务总局等有关部门，如果在政策上发力，扶持的政策可以有，但效果尚需检验。在元宇宙领域现在不清楚"红绿灯"的具体要求下，在中国市场，元宇宙企业对政策的把握理解不应仅仅停留在执行落实上，更多的应是加强研究预判，在业务的开拓上必须留出足够的缓冲地带，同时，经营者更要有"黄灯"意识。

3. 市场监管

（1）加强元宇宙平台之间的竞争①

用户选择使用某一个元宇宙平台的部分原因在于对其内容和服务的认同。在有多个元宇宙平台可供选择的前提下，用户会通过体验、在线评分，以及使用加密货币、数字土地和非同质化代币（NFT）的市场价值来比较元宇宙。为了争取更多用户，平台势必需要不断改进服务模式和用户体验，加强平台间的竞争从长远来看将有助于降低用户的数据安全风险，完善虚拟空间的行为规范和治理规则。

（2）增加元宇宙硬件生产商之间的竞争

VR 相关设备生产商之间的充分竞争同样将有利于解决元宇宙的信息安全问题。当前，人们对元宇宙的担忧很大一部分来自 Meta 公司在数据隐私和安全方面的历史问题，以及使用虚拟现实设备 Oculus VR 的人都必须拥有脸书账户。但是，HTC、惠普、Valve 等硬件设备公司目前都已在开发限制元宇宙信息收集类型的头显设备。硬件市场竞争的加剧将驱动 VR 设备更加多样化，安全性能不断改进，用户选择也更多，这在一定程度上将减轻元宇宙的黑暗程度。

（3）发挥去中心化自治组织（DAO）的治理作用

一部分元宇宙平台，如 Decentraland，正是作为分布式自治组织（DAO）来基于区块链运行。在区块链技术的支撑下，元宇宙中可以不需要现实世界中的

---

① 吕娜. 全球数治 | 元宇宙的黑暗大门已开，监管部门如何设防［EB/OL］. 澎湃新闻，2022-05-16.

"政府"来管理公共事务。人与人之间借助区块链技术的不可篡改、全程可追溯等特性，即可构建技术信任，减少对中心化组织所提供的机构信任的依赖，进而以一种全新方式去维护开放、平等的人际关系和社区自治秩序，同时，利用代币、NFT 等经济权利来建立赏罚措施，以解决元宇宙中存在但现实世界的监管和治理规则无法覆盖的各种治理和监管问题。

4. 教育培训监管

国家在元宇宙产业规划中应当着重加强对相关技术人才的教育培养，以抢占元宇宙人才培养的前线。目前对元宇宙人才培养的途径主要有两种：高校教育和职业培训。众多高校可以结合自身的学科设定和人才培养计划，设立相应的"元宇宙学院""元宇宙系"或者"元宇宙课程"，让更多对元宇宙感兴趣的高校师生参与元宇宙的设计、规划和开发，普及元宇宙的概念知识，开发元宇宙的基础技术，完善元宇宙开发的人才储备。例如，韩国首尔大学与 Meta（Facebook 母公司）合作成立了共同研究中心"XR Hub Korea"，成为高校与企业共同研究元宇宙的先例。这是根据 Meta 2021 年开始的"XR 项目与研究基金"项目而制定的，XR Hub 将集中研究构建元宇宙的 XR 技术和元宇宙政策。

5. 技术监管①

通过建设虚拟现实等新技术推广应用公共服务平台，加强核心芯片、显示器件、光学器件、传感器等核心器件，以及动态环境建模、人机交互、光学显示、内容生成等关键技术环节的专业技术团队联合攻关，为后续元宇宙产业化做好技术储备。

围绕基础底层技术和应用场景制定标准，引领生态系统的创新。因为芯片、传感器、系统软件、基础软件等底层技术的研发成本巨大，所以相关企业可以和政府进行相关合作，以确保研发资金的稳定投入。

同时，加快制定元宇宙相关数据、平台的统一标准体系，如平台、技术、产品等。通过相应智能合约协议，连接元宇宙设备、产品之间的标识解析、数据交换、安全通信等标准，发挥标准对产业的引导支撑作用，增强行业共识。

6. 隐私保护②

（1）监管促进隐私保护

上文介绍的分布式技术体系能让用户自主控制个人数据，做到数据全流程

---

① 区块链 AE. 深度分析元宇宙发展过程中的挑战和建议［EB/OL］. 百度百科，2022-07-22.

② 徐磊，赵扬. 元宇宙的隐私保护：技术与监管［EB/OL］. 新浪网，2022-06-28.

的安全可信存储和分享。除了这些分布式技术，必要的常规软件安全技术也是标配，如身份管理、密钥管理、网络安全等。但是这些专业的隐私和安全技术仅仅是第一道防线，不足以让人们高枕无忧，产业的监管和治理必不可少。至少有四个原因。

第一，隐私保护技术的效果和性能尚未成熟，存在着一定瓶颈或隐患。例如，联邦学习和可信执行环境的安全性、区块链的交易性能都需要改进提升。在技术不完备的情况下，监管需要通过各种规则来控制侵犯隐私的行为。

第二，应用隐私保护技术时，需要元宇宙平台运营商和技术供应商建立完善的技术治理体系。这个治理体系应对技术产品的选型、维护、审计、应急处置等做出相应的人员和流程管理规定，为此应有必要的监管指引或产业技术标准。

第三，未来会出现多个供应商搭建的元宇宙平台以提供更宽广多样的场景，除了应用跨链技术，各个公司还需要协作来解决平台之间的身份和数据兼容问题，甚至可能需要统一的工具来管理用户安全，保证用户能安全方便地用一个数字身份"单点登录"访问不同平台。为促进跨平台、跨供应商的兼容，维护市场秩序和数据安全，产业监管应发挥应有作用。

第四，元宇宙虽然是一个虚拟世界，但它的重要价值是通过模拟现实世界的制造、办公、教育、科研等真实场景（如"数字孪生"），用以服务这些场景的生产生活需求。在与现实世界交互时，一些应用业务场景应该会受到现实世界监管的一定制约，那么就要在其中也引入现实世界的规则。如果对虚拟世界不加约束，虚拟世界的风险可能会外溢到现实世界。比如虚拟世界尚未建立金融支付和资产交易的监管，与现实世界存在监管套利的空间，如果虚拟世界的风险不可控，参与者足够多、投入资金量足够大时，就有可能对现实世界产生较大的负外部性。

（2）以服务条款和社区规范等"软法"规则完善平台内治理

产业监管的具体作用路径既包括政府直接通过法律和政策予以明确要求，也包括推动从业机构进行市场自律、营造自治的社会规范等。其中，相比具有硬约束效力的前者（称为"硬法"），后者属于"软法"（soft law）范畴。所谓"软法"是指不能运用国家强制力保证实施的规范，其中包含各种社会组织创制的自治和自律规范、倡导性规则。"软法"虽然不依靠国家强制力来约束行为，但对于调整社会关系、规范人们行为具有较重要的意义，在现代社会公共治理中具有越来越突出的地位。如在信息技术领域，比较宽松的开源协议如 MIT、Apache 协议等可视作该领域内的"软法"。

在元宇宙的隐私保护问题上，推动科技公司建立起平台和社区的自我治理能力就属于"软法"路径的监管，树立隐私保护的第二道防线。这里的平台是指构建和承载内容的元宇宙数字空间，而社区是指元宇宙内部不同场景里的一个个虚拟用户群体组织。具体的做法是科技公司拟定必要的平台服务条款（term of service），在内部各个社区则形成自治的行为规范（code of conduct）。平台服务条款既公布了运营商向用户的隐私承诺和权利义务，也约定一些合规和隐私保护的行为准则，一旦发现有人违反，用户和平台运营商可以依据条款举报和追责。服务条款中还有被称为"社区标准"（community standards）的部分，为各个社区自发形成次一级秩序奠定共同基础。这些都可能被写入代码执行。除了平台统一的服务条款和社区标准，各个社区可以按照条款和标准要求，形成自治的规范用以补充，发挥各个社区的主观能动性。

以知名游戏 Second Life 为例来具体说明，这个游戏在较大程度上接近元宇宙构想。Second Life 是由 Linden 实验室在 2003 年推出的网络虚拟游戏，每个用户都是里面的"居民"，大家可以在里面创造各种各样的东西和举行活动，如社交、交易、建造房屋、乘坐交通工具等，还有自己的一套货币体系。平台运营商 Linden 实验室创设了一套"Linden 法"（Linden Law），由平台服务条款和社区标准组成，被写入代码，这就是一种"软法"。服务条款规定了用户必须遵从平台既定的行为规则，社区标准则规定：居民享有合理的隐私水平，向别的居民分享个人主页公开登记范围外的个人信息（如性别、宗教、年龄、婚姻状态等）就是侵犯隐私，禁止未经居民同意监控谈话、张贴分享对话日志。一旦居民违反 Linden 法，受到侵犯的居民就可以上报，用户账号就可能受到游戏的惩罚，从轻到重依次为警告、临时吊销、流放注销。Second Life 内部的不同社区则实行一定自治，平台会尽量减少对各个社区的干预。

（3）以政策法规和技术标准等"硬法"推进平台外监管

平台服务条款和社区规范等"软法"只适用元宇宙平台内部的隐私保护治理，但在平台之外，还有涉及元宇宙的隐私问题。如上文所述，第一，平台运营商和技术供应商需要建立隐私保护的技术治理体系，更好地运用技术；第二，不同运营商之间要兼容协调，使用户以单一身份就可访问多个平台，自主迁移数据；第三，元宇宙的业务应用可能会涉及许多现实中的数据和隐私保护问题。为了解决这些问题，需要政策法规和技术标准等有现实约束力的"硬法"来发挥作用。之所以称为"硬法"，是因为政策法规有一定强制力保障，部分技术标准由政府机构颁布，也具有强制性。

对于技术治理体系和技术兼容问题，制定行业乃至国家技术标准是常见的

监管行为，保障技术的可靠性和互操作性。例如，中国人民银行颁发的金融行业标准《金融分布式账本技术安全规范》和《云计算技术金融应用规范》对技术供应商提出了安全的治理结构和管理职责要求。国际组织 ISO 和 IEEE 等也在制定相关区块链标准，对于元宇宙区块链底座的安全运行十分重要，不论是建立在公链还是联盟链上。此外，业内也正在推进区块链的跨链标准制定，让不同区块链底层框架形成兼容。这些标准将有助于元宇宙隐私保护技术治理体系的健全和不同平台运营商的兼容协调，让用户数据迁移和平台切换更方便。

元宇宙的现实应用可能涉及敏感的数据流动问题。现实世界里数据流动已经有明确的法律法规，如欧盟的 GDPR 和我国的《个人信息保护法》《数据安全法》等。元宇宙应同样受到这些现行监管政策的制约。不过在元宇宙里，现行监管措施可能需要做一些修订拓展，以更好地适应于元宇宙的实际情况。

第一种新情况是元宇宙的数据流动更复杂，可能会跨境流动，也可能跨越虚拟和现实世界。前者是指来自不同国家的用户在元宇宙内的信息传递、信息从本国用户节点传递到异国服务器上；后者是指用户的隐私信息先从现实世界进入到元宇宙，涉及数据在两个世界之间的流动。

比如，个人数据跨境传输尤其是一个敏感问题。设想一个大规模元宇宙医疗社区，汇聚了全球许多医生在其中注册为用户。中国病人在虚拟空间里遇到一个美国医生，授权医生获取自己的病历数据以及高精度可穿戴设备测量的实时体态和生理数据，这些数据需要传输到美国医生的工作室，用他的设备软件分析。反过来，有一天美国病人也可能向中国医生寻求帮助。这样就发生了个人健康数据的跨境传输，涉及美国《健康保险携带和责任法案》（HIPPA）和我国《个人信息保护法》。《个人信息保护法》规定，关键信息基础设施运营者和处理个人信息达到国家网信部门规定数量的个人信息处理者，应当将在境内收集和产生的个人信息存储在境内，除非通过国家网信部门组织的安全评估才能对外传输。HIPPA 规定，对任何形式的个人健康保健信息的存储、维护和传输都必须遵循安全条例。如果医疗社区里的病人或医生是欧盟居民，或者数据处理发生在欧盟内，那么数据传输和处理还会受到 GDPR 的制约。

那么现行这些监管法律如何与元宇宙应用场景相适应则是一个新的课题，我们可以从欧盟和美国的经验中获得一些启示。欧盟与美国为了调和欧盟用户隐私保护和美国互联网公司业务之间的矛盾，先后缔结了《安全港协议》（*Safe Habor*）、《隐私盾协议》（*Privacy Shield*）以及最新的《跨大西洋数据隐私框架》（*Trans-Atlantic Data Privacy Framework*）等双边隐私保护条约，以开设企业白名单和美国政府加强监督的方法来折中处理问题。虽然这些条约不能完全解决双

方之间的根本分歧，但在相当长的一段时间内维系了美国互联网公司在欧盟的正常业务。中国在发展元宇宙产业时，与其他国家缔结双边或多边隐私条约，可能是一个阶段性的解决方法。

第二种新情况是法律规范对象可能发生变化。现行数据监管法律政策的规范对象是中心化开发运营的平台，但具备 Web 3.0 特征的元宇宙很可能是一个分布式的平台，数据都存储在用户自己或者受委托信任的节点上，各个节点构成一个分布式自组织（DAO）。DAO 是一个非传统的组织形态，有一套全新的经济协作机制，目前全球尚无监管 DAO 的法律框架，更何况其中的数据和隐私。监管 DAO 上的数据将是一个更棘手的课题。

第二章

网络平台监管

随着 5G 通信、大数据等网络技术的迭代更新，网络平台的规模和数量呈现递增式发展态势。网络平台逐渐渗透到经济社会生活的方方面面，既方便了居民的日常生活，同时也促进了企业生产力的发展。然而，网络平台在快速发展的同时也存在诸多问题，如数据安全、数据垄断等问题。当前世界各国致力于确保网络平台的规范性和安全性，如何对网络平台实施监管已成为世界各国亟待解决的关键课题。鉴于此，本章首先从网络平台的概念和发展趋势出发，对网络平台的发展态势进行介绍。在此基础上，以欧盟、美国和中国为例，对网络平台监管进展进行梳理。最后，本章针对网络平台监管中的数据垄断、数据安全、算法规制三个核心问题进行了分析与述评，以期为完善我国网络平台监管体系提供参考。

第一节　网络平台的发展态势

一、网络平台概述

（一）网络平台的概念

网络平台是通过数字服务的形式促进两方或者多方具备不同要素但是相互依赖的用户进行互动交流的信息技术服务企业，其表现形式包括网络商城、搜索引擎、社交媒体、应用商店、通信服务、支付服务等不同形式的平台。网络平台重塑了现代社会的行为方式、社会关系和全球经济，被称为当代的钢铁公司、石油公司。① 厘清网络平台的概念是对网络平台实施有效监管的前提与基

---

① 刘云．互联网平台反垄断的国际趋势及中国应对［J］．政法论坛，2020，38（6）：92-101.

础。2019 年，经济合作与发展组织（Organization for Economic Co-operation and Development，OECD）在《在线平台概述以及其在数字转型中的角色》（*An Introduction to Online Platforms and Their Role in the Digital Transformation*）报告中，对互联网平台的概念做出界定，将互联网平台定义为通过自身的服务，使两方或多方用户发生互动的主体。2021 年 2 月，国务院反垄断委员会发布《关于平台经济领域的反垄断指南》规定，网络平台是通过网络信息技术，使相互依赖的双边或者多边主体在特定载体提供的规则下交互，以此共同创造价值的商业组织形态。①

（二）网络平台的类型

近年来，随着平台经济的蓬勃发展，网络平台已发展出多种类型。2021 年 10 月，我国市场监督管理局发布了《互联网平台分类分级指南（征求意见稿）》，该征求意见稿中提出对平台进行分类时需要考虑平台的连接属性和主要功能。② 在此基础上，结合我国平台发展现状，依据平台的连接对象和主要功能，将平台分为以下六大类：

第一，网络销售类平台，连接的是人与商品，其主要功能包括提供销售服务、促成双方交易、提高匹配效率等。包括但不限于综合商品交易类、垂直商品交易类、商超团购类。③

第二，生活服务类平台，连接的是人与服务，其主要功能包括提供出行旅游、配送、家政、租房买房、子女教育等服务。包括但不限于出行服务类、旅游服务类、配送服务类、家政服务类、房屋经纪类。④

第三，社交娱乐类平台，连接的是人与人，其主要功能包括社交互动、游戏休闲、视听服务、文学阅读等。包括但不限于即时通信类、游戏休闲类、视听服务类、直播视频类、短视频类、文学类。⑤

第四，信息资讯类平台，连接的是人与信息，其主要功能包括提供新闻资讯、搜索服务、音视频资讯内容等。包括但不限于新闻门户类、搜索引擎类、用户内容生成（UGC）类、视听资讯类、新闻机构类。⑥

---

① 国务院反垄断委员会. 国务院反垄断委员会关于平台经济的反垄断指南：国反垄发〔2021〕1 号〔A/OL〕. 中华人民共和国中央人民政府网站，2021-02-07.
② 国家市场监督管理总局. 互联网平台分类分级指南（征求意见稿）〔R/OL〕. 网络交易监管司网站，2021-10-29.
③ 参见《互联网平台分类分级指南（征求意见稿）》2.3 条。
④ 参见《互联网平台分类分级指南（征求意见稿）》2.4 条。
⑤ 参见《互联网平台分类分级指南（征求意见稿）》2.5 条。
⑥ 参见《互联网平台分类分级指南（征求意见稿）》2.6 条。

第五，金融服务类平台，连接的是人与资金，其主要功能包括提供支付结算的功能，提供网络贷款服务、金融理财服务、金融资讯和证券投资服务等。包括但不限于综合金融服务类、支付结算类、消费金融类、金融资讯类、证券投资类。①

第六，计算应用类平台，连接的是人与计算能力，其主要功能包括应用在手机上、操作系统上，进行信息管理和云计算，提供网络服务等。包括但不限于智能终端类、操作系统类、手机软件（APP）类、信息管理类、云计算类、网络服务类、工业互联网类。②

二、网络平台的发展特征

网络平台起源于 20 世纪 80 年代。随着域名系统（DNS）的引入、WEB 浏览器和页面的出现以及安全套接字层（SSL）加密技术的产生，网络平台 1.0 时代由此诞生。网络平台作为连接者，使得网络用户可以获得基础互联网服务以及分类获取互联网信息。随着网民数量急剧增加，各大平台迅速崛起，形成了以"BAT"（百度、阿里巴巴、腾讯）为代表的大型互联网平台企业，由此，网络平台 2.0 时代正式开启。在这一时期，平台的角色开始由特征单一的"连接者"转变为属性多元的"组织者"。随着平台经济不断发展壮大，网络空间正在形成新的秩序结构，即从网络平台 1.0、2.0 发展时期的区域中心化趋势，转变为围绕平台的再中心化趋势，自此网络平台进入 3.0 时代。平台企业正在逐步完成从平台自身的组织者到参与国家、市场、社会治理的治理者的角色转变。③区别于传统行业，网络平台具有锁定效应、网络效应、双边市场等显著特征。科学把握网络平台的特征是研究对其进行有效监管不可或缺的基础工作。

（一）锁定效应特征

网络平台具有锁定效应特征。作为该行业先入者的大型互联网平台，由于拥有巨大量级的用户，由此产生用户与平台之间的黏性日渐增强，直接增加了后入该行业的互联网平台企业获取用户的难度。④ 网络平台的锁定效应会形成市场壁垒，表现为转换成本。大数据时代，网络平台的锁定效应源自网络外部性、网络效应以及交叉需求弹性，它给用户带来的价值有多大，意味着用户要想脱

---

① 参见《互联网平台分类分级指南（征求意见稿）》2.7 条。
② 参见《互联网平台分类分级指南（征求意见稿）》2.8 条。
③ 周辉，张心宇. 互联网平台治理研究［M］. 北京：中国社会科学出版社，2022：2-9.
④ 张菲，朱桐雨. 互联网平台企业的数据垄断问题研究［J］. 国际经济合作，2022（5）：69-79，95-96.

离这个系统所要付出的沉没成本就有多大。作为网络结点的数据越有价值，网络效应越强，则市场锁定效应越强。①

（二）网络效应特征

网络平台具有网络效应特征。网络效应主要包括直接网络效应（direct network effects）和间接网络效应（indirect network effects）。直接网络效应是指平台一边用户的价值会随着同一边用户数量的增加而增加。例如，社交网络平台表现为直接网络效应。间接网络效应则是指平台一边用户的价值会随着另一边用户数量的增加而增加。② 搜索引擎平台则更多体现了间接网络效应，使用的用户越多，平台将会收集更多用户检索数据，并根据收集到的信息不断改进算法，提升检索效果，吸引更多广告商。③

（三）双边市场特征

由于网络平台两边的交易都是通过网络平台这一媒介进行的，任何一边的变化都会对另一边产生影响，④ 因此，网络平台具有双边市场的特征，主要表现在三个方面：一是平台向双边用户提供产品或服务，双边用户通过平台实现交易（或交互），使平台参与主体具有双边性；二是只有双边用户同时接入互联网平台，才能使平台的产品或服务具有价值，彼此之间相互依赖和互补，用户需求具有联合性；三是一边用户参与网络平台的数量规模取决于参与该平台的另一边用户的数量规模，一边用户的参与提高了另一边用户参与的价值，反之亦然。⑤

第二节　网络平台监管进展

平台经济已经融入人们生活的方方面面，其对数字经济的推动作用也越发显著。与此同时，随着网络平台的加速发展，其对数据安全、数据垄断、企业

---

① 郑翔，山茂峰. 互联网平台经营者市场支配地位的认定：基于平台数据竞争的反思［J］. 北京交通大学学报（社会科学版），2021，20（3）：148-154.
② 陈兵，林思宇. 互联网平台垄断治理机制：基于平台双轮垄断发生机理的考察［J］. 中国流通经济，2021，35（6）：37-51.
③ 张淑芬，郑联盛. 大型互联网平台的特征、垄断行为与反垄断路径：基于大数据视角［J］. 重庆理工大学学报（社会科学版），2022，36（9）：65-73.
④ 纪正坦. 互联网平台相关市场的界定：兼评"美国运通公司禁止转介案"的双边市场［J］. 中国价格监管与反垄断，2022（9）：39-43.
⑤ 曾迪. 大数据背景下互联网平台反垄断法适用难题及对策研究［J］. 重庆邮电大学学报（社会科学版），2019，31（3）：37-44.

良性竞争等方面造成了实质性威胁。因此，加强网络平台的监督管理已成为各国数字经济健康发展的关键所在。本节将主要介绍欧盟、美国以及中国的网络平台监管进展。

一、欧盟网络平台监管进展

长期以来，欧盟致力于打造数字单一市场，力图提高欧盟内网络平台的优质性，创造一个更加安全、透明和公平的在线环境。欧洲议会议员安德烈亚斯·施瓦布（Andreas Schwab）曾评价："数字单一市场的目的是让欧洲获得最好的公司，而不仅仅是最大的公司。"

2020 年 2 月 19 日，欧盟发布《塑造欧洲数字未来》计划。该计划表明，在接下来的五年中，为了帮助欧洲进行数字化转型并使欧洲在数字化领域成为全球引领者，欧盟委员会将重点关注三个目标，包括开发部署以人为本的技术、维护公平竞争的单一数字市场，以及建设开放、民主和可持续的社会，以保障公民对数据的权利。

2021 年 5 月 26 日，欧盟委员会公布了《加强〈反虚假信息行为守则〉的指南》（*European Commission Guidance on Strengthening the Code of Practice on Disinformation*）。该指南不仅针对虚假信息监测计划中出现的问题、因无法获取数据导致无法对网络虚假信息威胁进行独立评估，以及缺乏有意义的关键绩效指标等信息监管障碍问题进行反思和改正，并就如何加强《反虚假信息行为守则》（*Code of Practice on Disinformation*）以使其成为打击虚假信息的有效工具提供了指导。具体而言，《加强〈反虚假信息行为守则〉的指南》要求欧盟内各类平台积极参与《反虚假信息行为守则》，并要求其做出与所提供服务的规模和性质相对应的针对性新承诺，积极承担消除虚假信息的责任，保证网络平台内部信息的准确性。并且，平台内部应赋予用户标记虚假信息的权利，加强虚假信息的打击力度。

2022 年 11 月 1 日，欧盟《数字市场法案》（DMA）生效。该法案为了防止大型网络企业与平台进行市场垄断，增强中小企业的竞争力，以及维护平台用户的利益。DMA 对"守门人"规定了以下具体条件：第一，对内部市场有重大影响（它在过去三个财政年度中每年实现的欧盟年营业额等于或超过 75 亿欧元，或者其平均市值或同等公平市值在上一个财政年度至少达到 750 亿欧元，并且在至少三个成员国提供相同的核心平台服务）；第二，提供了一个核心平台服务，是业务用户接触最终用户的重要网关；第三，在运营中享有根深蒂固和

持久的地位，或者可以预见，它在不久的将来将享有这种地位。① 此外，为规范"守门人"的业务行为，保证网络平台市场的公平性，DMA 对符合条件的"守门人"规定了一系列强制性义务，包括禁止滥用平台用户数据②、禁止滥用权利垄断市场③、保障用户权利④、禁止规避企业义务⑤、集中经营告知义务⑥、合规审查⑦等内容。由此可以看出，DMA 的出台将限制谷歌、苹果、亚马逊、脸书等可能被认定为"守门人"的科技巨头的某些行为，使欧盟委员会能够对其进行市场调查并制裁其不合规行为，确保欧盟内更加公平开放的数字市场。

2022 年 11 月 16 日，欧盟《数字服务法案》（DSA）生效。DSA 规制的核心是针对欧盟境内主体的在线中介服务提供者，即只要是向位于欧盟境内或在欧盟有营业地的服务接收者提供中介服务，不论服务提供主体的注册地是否在欧盟境内。DSA 旨在禁止在网络空间传播非法内容，保护用户的基本权利，提高对网络平台的监管力度。⑧ 此外，DSA 要求网络中介平台建立相应机制，允许任何个人或者实体对平台内的非法信息进行标记并允许其通知网络平台管理人员⑨，或者与值得信任的"标记者"达成深度合作，以确保"标记者"提交的通知能够被优先解决，保障平台内非法内容及时得到处理⑩。另外，DSA 规定了网络平台的透明度报告义务，报告内容包括内容审核、订单数量、被标记的数量、内部投诉系统收到的投诉数据等。⑪

值得注意的是，针对大型网络平台（月活用户大于等于 4500 万），DSA 规定了额外的注意义务。⑫ 包括要求其每年对平台系统进行风险评估⑬、针对存在的系统风险制定合理有效的针对性措施⑭、每年自费接受一次审计⑮、使用推荐

---

① 参见《数字市场法案》第 3 条第 1~2 款。
② 参见《数字市场法案》第 5 条第 2 款。
③ 参见《数字市场法案》第 5 条第 3 款。
④ 参见《数字市场法案》第 5 条第 5~7 款。
⑤ 参见《数字市场法案》第 13 条。
⑥ 参见《数字市场法案》第 14 条。
⑦ 参见《数字市场法案》第 28 条。
⑧ 参见《数字服务法案》第 1 条第 1~4 款。
⑨ 参见《数字服务法案》第 14 条第 1 款。
⑩ 参见《数字服务法案》第 19 条第 1 款。
⑪ 参见《数字服务法案》第 13 条第 1 款。
⑫ 参见《数字服务法案》第 25 条第 1 款。
⑬ 参见《数字服务法案》第 26 条。
⑭ 参见《数字服务法案》第 27 条第 1 款。
⑮ 参见《数字服务法案》第 28 条第 1 款。

系统①，以及允许研究人员访问②等。另外，对于大型平台的违规问题，欧盟委员会可能会根据违反内容的不同对其处以不超过其上一财政年度总营业额6%或者1%的罚款。③

二、美国网络平台监管进展

长期以来，谷歌、脸书等多家美国本土互联网巨头的力量日益增强，逐渐掌控互联网经济领域，遏制了其他中小网络平台的兴起，有损网络经济健康发展。鉴于此，美国政府试图通过制定法案、发布行政命令等方式来遏制网络巨头的力量，规范和引导互联网平台经济健康发展。

美国于1996年出台了《通信规范法》（*Communications Decency Act*），通过区分网络服务的提供者与信息内容的发布者，首创了"避风港原则"，划定了网络平台责任与其用户责任的边界。此避风港原则也就是近几年美国政府企图修改的230法案。④ 2020年，美国国会两党提出了取消对某些网络平台受230法案保护的议案，试图据此解决网络平台利用法律豁免权任意行事而不受处罚的情况，为那些提供真正中立的社交媒体平台或者搜索引擎而不使用操纵算法的人保留230法案保护。但由于谷歌、推特、脸书等网络巨头公司的反对和阻挠，以及美国两党的出发点不同，是否能够通过该项议案并落实对互联网巨头的监管尚不确定。

此外，为加强对互联网平台特别是互联网巨头的监管，美国政府从平台反垄断入手，针对监管平台内部和平台与平台之间两种垄断行为，制定公布了《美国创新和选择在线法案》（*American Choice and Innovation Online Act*）、《终止平台垄断法案》（*Ending Platform Monopolies Act*）、《平台竞争和机会法案》（*Platform Competition and Opportunity Act*）、《许可转换服务平台以增强兼容性和竞争法案》（*Augmenting Compatibility and Competition by Enabling Service Switching Act*）、《大型并购申报费用现代化法案》（*Merger Filing Fee Modernization Act*）五项法案。五项中大部分法案仍以草案形式存在，但已体现美国政府对网络巨头进行监管的决心。

---

① 参见《数字服务法案》第29条。
② 参见《数字服务法案》第31条。
③ 参见《数字服务法案》第42条第3款。
④ 周辉，张心宇. 互联网平台治理研究［M］. 北京：中国社会科学出版社，2022：2.

三、中国网络平台监管进展

随着平台经济的爆发式发展，网络平台监管已成为中国的重点议题，特别是在反垄断、数据安全、广告合规、反不正当竞争等领域。为有效应对解决网络平台存在的诸多问题，我国自 2021 年以来相继制定发布了多部法律法规和征求意见稿。

2021 年 10 月，我国发布了《互联网平台分类分级指南（征求意见稿）》和《互联网平台落实主体责任指南（征求意见稿）》。其中，《互联网平台分类分级指南（征求意见稿）》将互联网平台按体量划分为三等级，包括中小平台、大型平台、超级平台。在此基础上，按功能和连接对象划分为六大类，包括网络销售类平台、生活服务类平台、社交娱乐类平台、信息资讯类平台、金融服务类平台、计算应用类平台。此外，《互联网平台落实主体责任指南（征求意见稿）》对网络平台规定了包括算法规制、数据安全等多项普适性义务。对于超级平台增加了包括开放生态、数据管理、风险防控、内部治理等多方面的合规要求。

为了预防和制止平台经济领域垄断行为，促进平台经济健康发展，国务院反垄断委员会《关于平台经济领域的反垄断指南》正式发布，明确了对互联网平台经济开展反垄断监管的原则，并提出禁止平台之间达成各种垄断协议以及滥用市场支配地位设置不公平价格、拒绝交易等行为以及严格审查经营者集中的要求。2022 年 6 月 24 日，十三届全国人大常委会第三十五次会议表决通过关于修改《反垄断法》的决定，其中增加了对具有支配地位的互联网平台经营者提出不得利用数据和算法、技术以及平台规则等滥用市场支配地位的行为要求。①

此外，为加强对网络平台涉及个人信息保护和数据安全的监督管理，我国相继出台了多部法律文件。其中，《数据安全法》要求网络平台应依照法定程序开展数据处理活动，加强数据处理的风险监测，积极采取补救措施。《个人信息保护法》规定了网络平台处理个人信息的原则和相关要求，并规定了多项义务规制信息处理者处理个人信息的规范性，保障信息安全。《网络交易监督管理办法》针对从事经营活动的网络平台提出了获取或使用消费者个人信息进行营利活动的要求。

值得注意的是，为落实《网络安全法》《数据安全法》《个人信息保护法》

---

① 参见《中华人民共和国反垄断法》第 22 条。

的具体规定，精准实现保障用户权益和规范网络平台活动，我国互联网办公室于 2021 年 11 月 14 日发布了关于《网络数据安全管理条例（征求意见稿）》（以下简称《征求意见稿》）。该《征求意见稿》针对数据处理者处理个人数据的行为进行了具体规制，明确了网络平台运营者处理个人数据应履行的法定义务。《征求意见稿》提出，日活用户超过一亿的大型互联网平台运营者平台规则、隐私政策制定或者对用户权益有重大影响的修订的，应当经国家网信部门认定的第三方机构评估，并报省级及以上网信部门和电信主管部门同意。互联网平台或将面临更严格的数据安全监管。《征求意见稿》第 53 条规定，大型互联网平台运营者应当通过委托第三方审计方式，每年对平台数据安全情况、平台规则和自身承诺的执行情况、个人信息保护情况、数据开发利用情况等进行年度审计，并披露审计结果。同时，《征求意见稿》针对网络运营者恶意利用个人数据，侵犯用户权利，对网络平台落实了具体法律责任。其中，《征求意见稿》第 67 条、68 条、69 条明确指明了网络平台运营者违反规定的法律责任。《征求意见稿》第 67 条规定："互联网平台运营者违反第 43 条、第 44 条、第 45 条、第 47 条、第 53 条的规定，由有关部门责令改正，予以警告；拒不改正，处 50 万元以上 500 万元以下罚款，对直接负责的主管人员和其他直接负责人员处 5 万元以上 50 万元以下罚款；情节严重的，可以责令暂停相关业务、停业整顿、关闭网站、吊销相关业务许可证或者吊销营业执照。"

另外，对于网络广告违规以及网络平台不正当竞争行为，我国也出台了相关法律法规。2021 年发布的《互联网广告管理办法（征求意见稿）》明确规定了网络广告发布者和接受广告发布的网络平台经营者的相应义务，以加强网络平台的监管，保障用户权利，净化网络环境。2021 年发布了《禁止网络不正当竞争行为规定（公开征求意见稿）》，对网络平台提出多项注意义务。例如，经营者不得利用技术手段，通过影响用户选择、限流、屏蔽等方式减少与其他经营者的交易机会。

第三节　网络平台监管核心问题

网络平台监管的核心问题主要包括以下三类，即网络平台企业对于数据的垄断行为，基于个人信息保护而引发的对网络平台数据安全的担忧，以及网络平台算法监管面临的监管困境。

一、数据垄断问题

互联网时代，网络平台已经融入社会经济生活中，与日常生活密不可分。与此同时，数字经济的发展不可避免地产生了一些弊端。如头部平台不合理限制中小平台竞争与发展、平台通过大数据损害消费者权益等问题，都对社会经济的健康有序发展造成了严重影响。据此，国务院反垄断委员会出台《关于平台经济领域的反垄断指南》，市场监督管理部门亦开始大量查处互联网平台的不正当竞争、垄断行为，我国平台经济领域治理已初见成效。[①]

（一）相关概念和理论基础

网络平台有着信息技术高速发展时代下新事物的"双刃剑"的共性，既有整合数据、技术、资金等资源助力技术创新，同时降低企业生产成本的积极作用，又不可避免地带来消极作用，即互联网平台数据垄断的现象。

数据垄断作为数字经济时代中的一种新的垄断形式有其独特性。具体而言，数据垄断是指大量数据被控制在少数公司中，通常为互联网平台公司通过占有数据而形成市场支配地位，影响市场公平竞争的行为。一般而言，数据垄断共分为两个层次：一是通过限制数据共享和流通的方式，将作为交易产品的数据控制在少量数据所有者手中，形成数据的市场垄断；二是将数据作为企业的关键生产要素之一，通过控制数据这一生产要素，提高产品或服务质量，将垄断优势体现在其他产品市场中。[②] 2022 年 6 月《反垄断法（修正案）》首次新增第 9 条"经营者不得利用数据和算法、技术、资本优势以及平台规则等从事本法禁止的垄断行为"，从立法上明确了市场经营者的数据垄断问题，且其法律规制框架侧重于从垄断行为的角度对市场经营者进行反垄断判定与规制。[③]

（二）数据垄断行为的表现形式

市场主体的垄断行为分为三类，即经营者达成垄断协议，经营者滥用市场支配地位，以及具有排除、限制竞争效果的经营者集中行为。具体到互联网平台的数据垄断现象，可以分为三种表现形式，即通过数据与算法达成新型的垄断协议，利用数据资源滥用市场支配地位，以及通过并购和扩张形成数据经营

---

① 薛克鹏，赵鑫. 平台反垄断规制理念转型的制度障碍及破解 [J]. 探索与争鸣，2022（7）：56-65.

② 梅夏英，王剑. "数据垄断"命题真伪争议的理论回应 [J]. 法学论坛，2021，36（5）：94-103.

③ 程雪军，侯姝琦. 互联网平台数据垄断的规制困境与治理机制 [J]. 电子政务，2023（3）：2-18.

者集中。

第一，通过数据与算法达成新型的垄断协议。与传统领域市场的垄断协议不同，通过数据优势和技术优势，市场经营者之间通过新型的协议方式，不必经过明示协商沟通或签订书面协议，便可借助既定的人工智能算法规则隐蔽地达成合谋，做出彼此均能获益的经营决策，较之传统垄断协议更加稳定、高效。网络平台可以利用数据与算法来对竞争对手的实时价格或其他行为进行实时监督，设计出特定的定价算法机制。例如，众多网约车平台所使用的动态定价算法（dynamic pricing algorithmic）便是设计算法合谋的典型现象，在这种算法机制中，乘客和司机之间没有议价空间，导致特定时段车费的非正常上涨，极大地损害了消费者的利益。

第二，利用数据资源滥用市场支配地位。在数字经济时代，数据作为一项重要的生产要素，成为互联网平台市场争夺的重要资源。当所拥有的数据资源优势足以形成市场支配地位且滥用其支配地位，则会造成排除或限制其他经营者的效果。具体行为包括：其一，大型互联网平台企业封闭自身的生态系统，为平台搭建起一座流量围墙。① 如"苹果税"，苹果用户使用 iOS 独家支付系统，须收取 30% 佣金。其二，排除同类平台，强制用户"二选一"。大型互联网平台为了维护自身的用户和数据优势，要求平台内的商户或用户只能选择一个平台使用。例如，2021 年，"饿了么"平台起诉"美团外卖"强迫商户使用其独家服务，导致商户丧失平台交易机会。其三，是平台通过大数据形成的用户画像对消费者实行差别待遇，如典型的"大数据杀熟"现象。

第三，通过并购和扩张形成数据经营者集中。一方面，大型互联网平台并购同类平台，能够实现数据资源集中，优化服务和效率，消除潜在的竞争对手，进一步扩大其市场份额。另一方面，大型互联网平台通过并购其他领域的初创平台，实现跨领域发展，以其核心业务的优势，为新业务引流，巩固其市场地位，丰富其平台生态。

（三）数据垄断造成的影响及危害

大型网络平台数据垄断的行为分别给用户、企业、产业和国家层面带去了不同程度的负面影响和危害。

第一，在用户层面，数据垄断损害用户合法权益。首先，大量用户个人信息由平台掌握，消费者面临着因隐私泄露导致的人身、财产安全等问题。其次，

---

① 张菲，朱桐雨. 互联网平台企业的数据垄断问题研究 [J]. 国际经济合作，2022，（5）：69-79，95，96.

大数据通过用户画像以及个性化推送，限制用户全方位地获得信息，通过歧视性定价攫取用户财富。此外，互联网平台排除其他同类平台的行为，限制了消费者的交易选择和商家提供服务的权利。

第二，在企业层面，数据垄断使得大型网络平台获得市场支配地位，在缺乏竞争的条件下，网络平台将丧失创新这一企业发展的原动力，疏于为用户提供更加优质的产品及服务。此外，数据垄断也导致大量中小企业的互联网平台难以突出重围，实现长期发展。

第三，在产业层面，数据垄断将破坏行业的市场秩序，限制网络平台之间的公平竞争，降低行业的创新速度和创新水平，以及影响相关市场的正常发展。例如，互联网平台巨头们纷纷开展社区团购业务，挤压供应链行业和传统零售市场的生存空间。

第四，在国家层面，数据垄断影响国家经济社会安全。互联网平台通过占有和收集大量数据，形成大数据算法，掌握人们的个人隐私数据，预测和监控人们的经济生活，窥探整个国家的社会和经济运行状况，给国家的经济社会安全带来隐患。

（四）数据垄断的规制思路

第一，坚持市场化与法治化相结合的数据垄断治理原则。首先，坚持市场化原则。一方面，对于互联网平台数据垄断，需要坚持市场化原则，充分发挥市场在互联网信息技术与平台经济发展中的资源配置功能；另一方面，市场竞争有利于促进技术创新，注重市场化持续创新，有助于促进互联网产业以及实体经济的长远发展。其次，坚持法治化原则。在对互联网平台数据垄断实施治理的过程中，将法律规范的治理方式处于优先位置。只有法律规范明确规定的数据垄断行为才构成垄断，没有明确规定的数据合理利用行为则不能认定为数据垄断行为。

第二，建设平台中立制度，加强平台并购和跨市场集成监管。[①] 平台型企业具有数据垄断优势和平台经营者双重身份，要保持网络平台中立，应将平台企业的基础设施与经营者身份相剥离，避免平台获得高于其他经营者的资源优势。平台寡头利用自身的数据、资本等优势对中小平台进行并购，加剧了市场集中度，不利于市场竞争机制发挥作用。因此，要防止资本的无序扩张，对大型平台的并购行为进行反垄断规制。

---

① 程恩富，王爱华. 数字平台经济垄断的基本特征、内在逻辑与规制思路［J］. 南通大学学报（社会科学版），2022，38（5）：1-10.

　　第三，在政府治理层面，首先，完善互联网平台数据治理规则。构建数据产权制度，完善数据存储管理制度，促进平台增加算法透明度。其次，健全数字市场竞争规则。完善《反垄断法》，明确平台责任主体，加强对大型网络平台的事前监管。最后，加强反垄断执法能力建设，创新监管手段。推进部门间协同执法，利用数字化建设提高监管效率。①

二、数据安全问题

（一）数据安全隐患的产生

　　网络平台是数字经济时代推动经济持续健康发展的新动力，但与此同时也带来了潜在的危险。网络平台发展网络经济、提高经济效益主要是通过处理用户数据展开的，若忽略了对数据安全的保护，不对网络平台处理用户遗留在平台系统内的个人数据的行为加以规范，不仅会导致网络经济的非健康化发展，也会使用户乃至国家陷入安全困境。

　　数据时代的到来从根本上改变了以往的社会经营模式，数据首次作为一种价值生产力进入了人们的视野，其作为网络平台核心竞争力的价值得到普遍承认，但是随之而来的数据保护问题也不断影响着数据社会化的进程。从网络平台的数据泄露、非法收集，到标签化分级化的"大数据杀熟"，甚至出现不良引导影响人们人身安全的现象等。例如，2020 年至 2021 年，美国联邦贸易委员会（FTC）因数据泄露对脸书罚款高达 50 亿美元，创下了 FTC 罚单金额的最高纪录。同时，谷歌公司因违反欧盟数据隐私保护被法国罚款 5000 万欧元，欧盟因数据泄漏对亚马逊公司罚款 7.46 亿欧元。在我国，"中国移动""百度地图"等 APP 存在超范围违规收集使用个人信息的问题，多家互联网企业频频接受网络安全审查，数据安全成为关注焦点。同时，互联网企业过度收集与滥用、泄露用户数据的企业行为在侵犯个人信息的同时，对国家数据安全也造成了威胁。②

（二）解决策略

1. 形成三方责任架构

　　解决数据安全隐患，维护用户数据权益，需要网络平台、用户以及政府形成三方责任架构。首先，网络平台经营者作为数据活动的开启者和主导者，其在利用消费者个人信息获得经济利益的同时也造成了滥用、泄露消费者个人信

---

① 朱桐雨. 互联网平台的数据垄断治理问题研究：以滴滴出行为例 ［D］. 北京：商务部国际贸易经济合作研究院，2022.

② 凌尧帆. 数据安全观下平台安全保障义务的发展 ［J］. 时代主人，2021（8）：39-40.

息的潜在风险，对消费者的人身安全和财产安全造成威胁。网络平台应当积极采取适当合理措施控制数据风险或尽可能地降低风险发生的可能性。① 一方面，网络平台经营者应当以用户权益为中心，积极主动采取合理有效的方式规避数据安全问题，将数据隐患消灭在萌芽状态。另一方面，网络平台应严格遵守法律法规提出的注意义务，依照法定程序进行用户数据收集和处理活动。其次，用户作为数据主体、数据主人，应当严格落实"主人翁"意识，提高数据主体意识，从思想和行为上重视其个人数据权利。其应增强法律意识，积极使用法律武器行使权利。最后，国家应当积极开展数据安全治理，不断完善数据安全等相关法律法规。根据世界各国数据保护实践可知，绝大多数国家主要是通过制定法律法规、发布行政命令等方式对网络平台等数据处理者进行数据安全防范和治理的。例如，欧盟的《通用数据保护条例》《数字服务法案》等，通过对数据处理者的数据处理行为进行法律规制以及责任落实，实现数据安全大局。

我国坚持走社会主义法治道路，建设社会主义法治国家。在数据安全治理领域，也应当积极倡导立法和法律解释工作，完善数据保护法律体系，使政府进行数据安全治理工作有法可依。我国现行有效的保障数据安全的法律法规包括《数据安全法》《个人信息保护法》《网络安全法》《网络安全审查办法》等。与此同时，我国在相关领域积极开展立法工作。例如，为落实《网络安全法》《数据安全法》《个人信息保护法》等法律关于数据安全管理的规定，规范网络数据处理活动，保护个人、组织在网络空间的合法权益，维护国家安全和公共利益，国家互联网信息办公室于 2021 年 11 月发布《网络数据安全管理条例（征求意见稿）》。2022 年 7 月，国务院办公厅印发《国务院 2022 年度立法工作计划》，《网络数据安全管理条例》被列入 16 件拟制定、修订的行政法规中。上述法律法规通过制定数据分级分类管理制度、确定信息处理者的强制性义务、授予数据主体权利、确定网络平台的审查义务等方面实现对网络平台等数据处理者的行为规制，维护网络空间数据安全。

2. 完善数据分类分级制度

数据分类分级是开展数据安全治理的起点。《数据安全法》创造性地提出了"自上而下"的数据分类分级路径，即由国家建立数据分类分级保护制度。② 由国家主导数据分类分级，能够有效避免企业组织主观能动性的过度发散，导致数据分类不合理，违反数据保护精神，侵害数据主体权利等问题。在具体的分

---

① 凌尧帆.数据安全观下平台安全保障义务的发展［J］.时代主人，2021（8）：39-40.

② 洪延青.国家安全视野中的数据分类分级保护［J］.中国法律评论，2021（5）：70-78.

类标准和类别上,《数据安全法》第 21 条规定,国家建立数据分类分级保护制度,根据数据在经济社会发展中的重要程度,以及一旦遭到篡改、破坏、泄露或者非法获取、非法利用,对国家安全、公共利益或者个人、组织合法权益造成的危害程度,对数据实行分类分级保护。国家数据安全工作协调机制统筹协调有关部门制定重要数据目录,加强对重要数据的保护。关系国家安全、国民经济命脉、重要民生、重大公共利益等数据属于国家核心数据,实行更加严格的管理制度。

数据分类分级管理能够保证实施数据保护措施的针对性,从而有效提高数据保护效率。值得注意的是,数据分类分级本身不是最终目的,对不同类别和级别的数据配适不同的安全保护规则,才是分类分级的落脚点。因此,对于国家主权、安全和发展利益至关重要的数据,可以通过分类分级和列入《数据安全法》提出的"重要数据目录"中,辅以更高要求的安全保护规则,包括数据跨境流动规则,以此实现对重要的数据要素的控制。

3. 知情同意原则实质化

赋予数据主体知情同意权是保障数据安全的重要手段。进入大数据时代,随着个人信息社会性和资源性的逐步凸显,个人信息的收集、使用行为不再局限于政府部门,数据企业等私营部门成为个人信息收集、利用的重要主体。网络平台对个人信息的收集、利用更多体现在对经济利益的追求上。因此,大数据时代信息主体除关注个人信息安全外,也对个人信息的经济价值和出让个人信息为自身带来的利益和风险更加重视。这一阶段知情同意的价值不仅体现为对信息主体隐私利益的保护,更重要的是成为信息主体与信息处理者谈判、争取个人信息经济利益的工具。[①] 知情同意是《个人信息保护法》的基石和核心制度,也是个人信息自主控制的实现途径和处理个人信息的合法性基础。[②] "知情同意原则"的初衷在于个人信息处理的决定权由个人享有,也意味着个人信息保护的责任在个人身上。然而,大数据时代,知情同意原则在个人信息保护方面显得力不从心。目前,企业往往通过行文冗长、信息混杂、用词艰涩的隐私政策等方式向用户告知其行为信息的采集情况。[③] 因此,法律上应进一步要求告知内容的透明度和可理解性,要求商家创新设计以确保对用户进行有效告知,以便于真正落实知情同意原则。

---

① 常宇豪. 论信息主体的知情同意及其实现 [J]. 财经法学,2022(3):80-95.
② 常宇豪. 论信息主体的知情同意及其实现 [J]. 财经法学,2022(3):80-95.
③ 郑佳宁. 知情同意原则在信息采集中的适用与规则构建 [J]. 东方法学,2020(2):198-208.

三、算法规制问题

（一）现有的算法监管路径

随着平台商业化的逐步深入，拥有核心算法的大型网络平台可以迅速在市场信息收集、资源配置优化等方面取得难以替代的计算优势。然而，大数据算法在运行过程中，仍存在算法失当损害消费者利益、排斥竞争者的现象。"大数据杀熟"是平台利用算法对消费者进行价格歧视、侵犯消费者知情权益的典型行为之一，针对平台算法的法律监管迫在眉睫。

我国于 2021 年逐步加强了针对平台算法的制度规制。2021 年 10 月，国家市场监督管理总局公布《互联网平台落实主体责任指南（征求意见稿）》《互联网平台分类分级指南（征求意见稿）》，推动平台企业落实其算法规制责任。同年 12 月，国家互联网信息办公室、工业和信息化部、公安部、国家市场监督管理总局联合发布《互联网信息服务算法推荐管理规定》，将应用算法推荐技术向用户提供信息的算法推荐服务提供者特别是大型平台作为算法治理对象。为响应《互联网信息服务算法推荐管理规定》，国家互联网信息办公室牵头开展"清朗·2022 年算法综合治理"专项行动，重点检查具有较强舆论属性或社会动员能力的大型网站、平台及产品，推动算法综合治理工作常态化和规范化。[①]但是目前国内平台算法监管仍处于起步阶段，实践中仍存在大量算法失当行为，平台算法监管仍存在较大的研究空间。

（二）网络平台的算法失当行为

算法的运行能够优化互联网平台的产品与服务，提高企业运营效率。当然，过度操纵亦引发一系列算法失当的行为，包括运用算法设计影响消费者的消费行为，企业间利用算法达成显性合谋或隐性合谋，以及通过算法打压和驱逐中小型竞争平台。

第一，平台能够通过算法设计在不知不觉中影响消费者的消费行为，甚至损害消费者的权益。平台的推送弹窗、搜索推荐以及商品排列方式，都有可能是算法精心计算后的结果。比如，商家通过数据算法预测用户购买意愿，为不同的客户提供不同的报价，给予不同的优惠政策，从而获取更高的利润。该现象在长期使用单一平台的用户中尤为明显，也就是俗称的"大数据杀熟"。又如，个性化排名和不公平排名，通过计算为消费者提供特定的商品推荐，误导

---

① 肖红军，商慧辰 . 平台算法监管的逻辑起点与思路创新［J］. 改革，2022（8）：38-56.

消费者的选择。再如，推荐性算法导致用户对现实世界认知的碎片化，产生"信息茧房"，而忽略了产品和服务质量的降低，导致消费者福利减少。

第二，算法合谋（algorithmic collusion）。企业之间可以通过算法使显性合谋更加稳定，或是在没有达成明确协议的情况下开展隐性合谋。算法合谋主要有三个方面的危害：一是价格数据可获得性的提高以及自动化定价系统使用有利于明示合谋，企业能够更容易察觉到价格偏差；二是企业使用第三方提供的同一算法系统制定价格，便于企业交换价格信息；三是企业采取不同的定价算法系统，但实施价格跟随行为，仍形成隐性合谋。①

第三，除损害消费者利益外，大型互联网平台还利用算法排斥其他中小型竞争者。平台通过显示算法偏袒自身，在结果显示中偏向自身产品和服务，或是压制其他竞争者的曝光度，达到破坏竞争、驱逐竞争者的目的。此外，平台企业利用算法进行掠夺性定价，不仅侵害消费者利益，同时也排除和边缘化了其他竞争者。

（三）算法监管的困难与挑战

算法监管的困境主要源于算法定价的隐蔽性和不确定性，且用户通常处于信息不对称的劣势地位。此外，违法行为的取证、举证难和法律认定的模糊性，导致有效监管面临挑战。②

第一，用户信息不对称的劣势地位。由于个人信息保护尚不到位等多方面原因，企业在已经掌握海量数据的情况下，本身已经加剧了用户信息不对称的劣势地位。而通过用户画像生成，平台为用户提供定向的个性化营销服务，导致用户可选择空间变小，隐蔽地侵害用户合法权益。在此情况下，依靠平台自觉合规，无法避免平台算法滥用数据从事算法失当行为。

第二，算法定价具有隐蔽性且算法违规行为举证困难。一方面，由于平台规则或算法规则呈现出程序刚性的特点，算法设计者以单方面制定或修改规则的方式影响接受者的判断和行为，用户实际上缺乏选择权。另一方面，算法违规取证困难。以平台歧视性定价为例，为反映市场需求实时变动价格，价格证据不断刷新以进行动态调整，消费者主张平台违规具有较大的举证难度。

第三，法律定性具有模糊性。平台算法是否构成违法行为，需要结合实际情况进行深度的个案分析，在认定上具有较大的模糊性。正因平台违规行为难

---

① 王正昌．数字平台的算法与监管［J］．中国金融，2021（5）：82-84.

② 梁正，曾雄．"大数据杀熟"的政策应对：行为定性、监管困境与治理出路［J］．科技与法律（中英文），2021（2）：8-14.

以发现且认定困难，造成用户维权难，无法实现对平台的有效监管。

第四，平台算法自动化加剧的归责难题。长期以来，网络平台责任的视野一直被动地停留在事后的严格责任或者间接责任式的归责模式，平台责任追究的社会效果与法律效果均不尽如人意。网络平台时常自辩自己处于技术中立的地位，无法承受"海量数据处理"之重。① 原因在于，针对平台的监管和法律责任设置，更多在事后根据危害结果要求平台承担责任，事前主观过错认定机制模糊不清，导致必要性、合理性存疑的情况。②

（四）算法监管的创新治理思路

第一，强化制度供给，构建规范完善的法律监管体系。平台算法监管的制度供给明显存在迟滞和落后，在监管重心和监管完整性上存在一定的制度缺位和错位。因此，需要加强制度供给，建立完整的事前备案、风险监测、事后问责的算法监管框架。法律规制的机制设计要在目标清晰化的基础上，为平台、用户、监管机构、行业协会等多方主体建立合适的行动策略结构，进行多种制度工具的完善和组合，最终为各方博弈的理想均衡状态创造条件。③

第二，转化算法监管的基本思路，从结果监管到风险防范。偏重结果监管往往不能达到预想的目的，对算法监管的基本思路应在结果监管的同时，更将重点转移至风险防范。首先，风险防范始于预防。结果监管指向内容审查，而对预防性监管则必然指向对算法本身进行审查。其次，算法的风险防范制度应建立一套算法的责任制度，围绕算法建立法律责任与伦理责任。最后，算法的风险防范制度应以算法运行机制为基础。基于算法的运行机制，对作为算法生产资源的数据进行管理，对算法造成的消极后果进行风险防范。④

第三，落实全流程覆盖的动态化监管机制。弥补平台算法监管过程缺位的问题，解决事后问责机制难以自圆其说的困境，应建立事前、事中、事后全流程覆盖的动态化监管机制。为建立完善的平台算法问责机制，事前监管中应当建立算法备案制度，事中则需要加强对算法运营的审查和算法正当程序的监督，事后监管则需要建立追责和补救机制。

第四，政府加强算法监管的同时，还应保障市场充分竞争。为了避免市场失灵，监管机构有必要在特定情形下干预市场，通过保障市场竞争，让消费者有机会拥有更多的选择权。因此，应当监督寡头互联网平台企业限制其他竞争

---

① 张凌寒. 网络平台监管的算法问责制构建 [J]. 东方法学，2021（3）：22-40.
② 魏露露. 互联网创新视角下社交平台内容规制责任 [J]. 东方法学，2020（1）：27-33.
③ 苏宇. 算法规制的谱系 [J]. 中国法学，2020（3）：165-184.
④ 张凌寒. 风险防范下算法的监管路径研究 [J]. 交大法学，2018（4）：49-62.

者的行为，鼓励创新型企业成长，实现市场力量的竞争平衡。确保企业之间充分竞争，执法机关实现科学治理，消费者才能享有真正的选择权，避免被平台算法"剥削"自身权益。

第三章

数据出境安全监管

第一节　数据出境安全监管概述

数字经济所代表的非接触式经济日益增长，个人信息的跨境流动日益频繁。从 2005 年至今，全球数据跨境流量增长 100 倍以上，在全球数据跨境流量中，中国以 23%的占比位列第一，美国以 12%位居第二。[①] 尽管数据跨境流动提高了生产率并促进了创新，但其也引发了对所传输信息的安全性和隐私性的担忧。

数据出境，也称为数据跨境流动，是指网络运营者将在中华人民共和国境内运营中收集和产生的个人信息和重要数据，提供给位于境外的机构、组织、个人。例如，境内的网络运营者将数据通过网络直接传输给境外的主体，允许境外的主体通过网络访问读取境内的数据，境内的网络运营者通过 U 盘携带等网络传输外的其他方式将数据提供给境外的主体。[②] 跨境，并非跨越国境，而是指从一个法域流通到另一个法域，例如，我国内地的数据流转到我国澳门地区。[③] 数据出境的环节包括数据的产生，从数据产出国传输到数据接收国的传输过程，以及数据接收的行动。其中的法律问题较为复杂，包括数据主权、隐私保护、法律适用与管辖、国际贸易规则等。[④]

在数据主权方面，异地数据调动可能使数据面临各类风险，数据存留可以

[①] 夏旭田，缴翼飞. 15 年激增近百倍! 全球数据跨境流量增势迅猛，中国占比已达 23% [EB/OL]. 21 世纪经济报道网，2021-09-04.

[②] 邓勇. 解读《个人信息和重要数据出境安全评估办法（征求意见稿）》[EB/OL]. 搜狐网，2022-01-28.

[③] 魏蒙. 粤港澳大湾区首个跨境数据验证平台上线试运行 [EB/OL]. 搜狐网，2022-03-25.

[④] 王融. 数据要素：数据治理：数据政策发展与趋势 [M]. 北京：电子工业出版社，2020：185.

有效保护国家安全、公民信息以及防止被第三国窃取。① 从全球范围看，以国家关键数据、企业核心数据为目标的跨境攻击也越来越频繁，成为威胁国家安全的跨国犯罪新形态。用户数据的本土化需求推生了数据跨境保护制度，各国各地区基于自身的数据安全需要，设立了不同的数据跨境规则，旨在保护主权安全、经济安全、网络安全、关键基础设施安全等。2018 年 3 月 28 日，美国国会通过了《澄清海外数据合法使用法案》（CLOUD Act），授权美国执法部门访问美国公司在海外服务器上存储的用户数据。也就是说，美国相关部门可以通过法律程序直接访问美国公司在中国存储的数据，而无须通过中国执法协助系统。然而，根据《数据安全法》《个人信息保护法》和《国际刑事司法协助法》的规定，非经我国主管机关批准，境内的组织、个人不得向外国司法或者执法机构提供存储于我国境内的数据（包括电子或其他形式的证据材料）。

数据跨境流动政策从开放到保守可以分为数据本地化措施为主的流动政策以及鼓励数据流动的政策，按照本地化措施的宽严程度，可以分为如下四种类型：第一，要求当地有数据备份，未对数据跨境流动做出过多限制；第二，数据留存在当地，且对跨境提供数据有限制；第三，要求特定类型的数据留存在境内；第四，数据留存在境内的自有设施上。数据本地化措施并不意味着绝对禁止数据跨境，很多本地化政策中设置了例外情形。② 对于任何严重依赖通过资本、商品、知识和人员的自由流动与世界其他地区互动的国家来说，制定有效的数据跨境流动政策是当务之急。

在隐私保护方面，网络空间没有全球公认的数据隐私标准或定义，也没有专门针对数据跨境流动和隐私的全面、有约束力的多边规则。一些国际组织，包括经济合作与发展组织（OECD，简称经合组织）、G20 集团和亚太经济合作组织（APEC，简称亚太经合组织）论坛，都试图制定与隐私和数据跨境流动有关的最佳做法指南或原则，尽管这些指南或原则都不具有法律约束力。各国的数据政策和法律各不相同，一些国家侧重通过限制数据流出国境以限制对网络数据的访问，旨在保护国内隐私利益。然而，这些政策也可能成为保护主义措施。美国、欧盟和中国从不同的角度建立了数据跨境流动和个人数据的规范性规则。美国强调经贸利益是数据自由流动的倡导者，欧盟《通用数据保护条例》（GDPR）则是由隐

---

① 力行. 西安交通大学主办《网络安全法（草案）》二读研判高端研讨会 [EB/OL]. 交大新闻网，2016-05-31.

② 王融. 数据要素：数据治理：数据政策发展与趋势 [M]. 北京：电子工业出版社，2020：187-188.

私问题驱动的，中国更专注于安全问题。各个国家、地区的政策影响了寻求在这些地区开展业务的跨国公司。只有在数据输出国的个人、企业和政府信任的情况下，国家才能吸引数据和信息技术的跨境转移。为了成为安全的数据传输目的地，各国必须提供安全的电信基础设施，尊重个人隐私和保密性，在强制数据访问方面实行自我约束，并颁布同样有利于其边界以外的人和组织的法律，包括数据隐私、数据安全以及相关合同和商业秘密保护法。个人、企业和政府不愿将数据转移到数据安全基础设施、法律和防御薄弱、过度窥探和获取数据的法域中，如果一国未能向外国企业和公民提供正当程序和隐私保护，未能遵守保护隐私、保密、合同，则跨国企业很可能会"用脚投票"，退出该国的经营。

在法律适用和管辖方面，保护数据跨境流通安全没有形成共识的规则，谁掌握了数据就掌握了战略主动。这主要体现为执法便利的目的，国家之间司法协助条约推进的进展比较缓慢，更多的执法并不是通过国家之间的司法协助程序，而是直接向网络服务者提出请求，要求其履行网络执法协助义务。许多跨国企业选择将各国收集的数据进行本地存储。近年来，我国在法律层面推出了《网络安全法》《数据安全法》《个人信息保护法》等与跨境数据合规相关的规制。《网络安全法》是我国法律中首次规定关键信息基础设施运营者在境内收集产生的个人信息及重要数据确需出境时，需要进行安全评估，授权国家网信部门会同其他监管部门制定详细的安全评估实施办法。在法律层面，《数据安全法》《个人信息保护法》明确了个人信息处理者向境外提供个人信息应当具备的基本条件，如关键信息基础设施运营者和处理个人信息达到国家网信部门规定数量的处理者，确需向境外提供个人信息的，应当通过国家网信部门组织的安全评估；对于其他需要跨境提供个人信息的，应由专业机构进行个人信息保护认证；个人信息处理者因业务需要向境外提供个人信息的，需按照国家网信部门的标准合同与境外接收方订立合同；对我国缔结或者参加的国际条约、协定对向我国境外提供个人信息的条件等有规定的，可以按照其规定执行；等等。

在国际贸易规则方面，数据跨境流动是国际贸易和贸易谈判的核心，因为组织依赖信息传输来使用云服务，并向合作伙伴、子公司和客户发送非个人的公司数据和个人数据。反对数据本地化存储者常常提到的理由是数据本地化构成贸易壁垒，破坏互联网互联互通的特性。[①] 第四次工业革命的技术很多都是数据密集型的技术，如人工智能、物联网、区块链等，这些技术非常依赖于数据的访问和处理。

---

① 洪延青. 在发展与安全的平衡中构建数据跨境流动安全评估框架［J］. 信息安全与通信保密，2017（2）：36-62.

为了促进国际贸易的效率，在国际贸易规则的谈判上，数据自由流动抑或是数据本地化的问题均是谈判的重要内容。目前，我国已经加入《区域全面经济伙伴关系协定》（RCEP），RCEP原则上禁止对计算设置的位置进行强制性要求，但是可以通过例外条款进行变通，缔约国在数据本地化政策上具有自主决定的空间。然而，我国于2021年申请加入《全面与进步跨太平洋伙伴关系协定》（CPTPP）①，CPTPP关于"计算设施位置"的条款与RCEP的差异较大。② 在未来的CPTPP谈判中，对于具体的特定领域和行业，如何适用数据跨境流动规则，例如，特定行业是否适用"计算设施位置"条款等，还需要进一步协调。

对于企业而言，数据跨境需要同时做到数据输出地和数据输入地的"双向合规"，企业的数据跨境需要做好本地合规，明确数据输出地的合规限制，也需要明确数据接收国或接收地区的数据保护水平。我国作为数据输出地时，企业需要做好我国法律的源头合规。

表2 有关我国个人数据跨境规则的历时梳理

规范时间	规范名称	规范内容	效力状态
2017年	《网络安全法》第37条	关键信息基础设施的运营者在中华人民共和国境内运营中收集和产生的个人信息和重要数据应当在境内存储。因业务需要，确需向境外提供的，应当按照国家网信部门会同国务院有关部门制定的办法进行安全评估；法律、行政法规另有规定的，依照其规定	有效
	《个人信息和重要数据出境安全评估办法（征求意见稿）》	/	未生效

---

① 2021年9月16日，我国正式提出申请加入《全面与进步跨太平洋伙伴关系协定》（CPT-PP）。该协定的前身是《跨太平洋伙伴关系协定》（TPP）。2017年1月，美国前任总统特朗普宣布退出TPP，在日本的领导下，澳大利亚、加拿大、智利、日本、墨西哥和新西兰等11个国家重新签署了新的贸易协定，即CPTPP。CPTPP数据跨境传输条款是高标准国际经贸规则的典型代表。我国2020年年底签署《区域全面经济伙伴关系协定》（RCEP）时，纳入了数据跨境传输条款，为接受CPTPP相关条款奠定了基础。CPTPP关于数据跨境的条款，例如，第14.11条"通过电子方式跨境传输信息"，具体包括：

1. 缔约方认识到每一缔约方对通过电子方式传输信息可设有各自的监管要求。

2. 每一缔约方应允许通过电子方式跨境传输信息，包括个人信息，如这一活动用于涵盖的个人开展业务。

3. 本条中任何内容不得阻止一缔约方为实现合法公共政策目标而采取或维持与第2款不一致的措施，只要该措施：（1）不以构成任意或不合理歧视或对贸易构成变相限制的方式适用；（2）不对信息传输施加超出实现目标所需限度的限制。

② 赵海乐. 论我国数据本地化措施与FTA缔约的协调［J］. 国际经济法学刊，2022（2）：29-40.

续表

规范时间	规范名称	规范内容	效力状态
2019年	《个人信息出境安全评估办法（征求意见稿）》	/	未生效
2021年	《数据安全法》第31条	关键信息基础设施的运营者在中华人民共和国境内运营中收集和产生的重要数据的出境安全管理，适用《中华人民共和国网络安全法》的规定；其他数据处理者在中华人民共和国境内运营中收集和产生的重要数据的出境安全管理办法，由国家网信部门会同国务院有关部门制定	有效
	《数据安全法》第36条	中华人民共和国主管机关根据有关法律和中华人民共和国缔结或者参加的国际条约、协定，或者按照平等互惠原则，处理外国司法或者执法机构关于提供数据的请求。非经中华人民共和国主管机关批准，境内的组织、个人不得向外国司法或者执法机构提供存储于中华人民共和国境内的数据	有效
	《个人信息保护法》第36条	国家机关处理的个人信息应当在中华人民共和国境内存储，确需向境外提供的，应当进行安全评估。安全评估可以要求有关部门提供支持与协助	有效
	《个人信息保护法》第38条	个人信息处理者因业务等需要，确需向中华人民共和国境外提供个人信息的，应当具备下列条件之一：（一）依照本法第40条的规定通过国家网信部门组织的安全评估；（二）按照国家网信部门的规定经专业机构进行个人信息保护认证；（三）按照国家网信部门制定的标准合同与境外接收方订立合同，约定双方的权利和义务；（四）法律、行政法规或者国家网信部门规定的其他条件	有效
	《个人信息保护法》第39条	个人信息处理者向中华人民共和国境外提供个人信息的，应当向个人告知境外接收方的名称或者姓名、联系方式、处理目的、处理方式、个人信息的种类以及个人向境外接收方行使本法规定权利的方式和程序等事项，并取得个人的单独同意	有效
	《个人信息保护法》第40条	关键信息基础设施运营者和处理个人信息达到国家网信部门规定数量的个人信息处理者，应当将在中华人民共和国境内收集和产生的个人信息存储在境内。确需向境外提供的，应当通过国家网信部门组织的安全评估；法律、行政法规和国家网信部门规定可以不进行安全评估的，从其规定	有效

规范时间	规范名称	规范内容	效力状态
2021 年	《个人信息保护法》第55条	有下列情形之一的，个人信息处理者应当事前进行个人信息保护影响评估，并对处理情况进行记录： （一）处理敏感个人信息； （二）利用个人信息进行自动化决策； （三）委托处理个人信息、向其他个人信息处理者提供个人信息、公开个人信息； （四）向境外提供个人信息； （五）其他对个人权益有重大影响的个人信息处理活动	有效
	《个人信息保护法》第56条	个人信息保护影响评估应当包括下列内容： （一）个人信息的处理目的、处理方式等是否合法、正当、必要； （二）对个人权益的影响及安全风险； （三）所采取的保护措施是否合法、有效并与风险程度相适应。 个人信息保护影响评估报告和处理情况记录应当至少保存 3 年	有效
	《数据出境安全评估办法（征求意见稿）》	为了规范数据出境活动，保护个人信息权益，维护国家安全和社会公共利益，促进数据跨境安全、自由流动，根据《中华人民共和国网络安全法》《中华人民共和国数据安全法》《中华人民共和国个人信息保护法》等法律法规，制定本办法。条文共 18 条	征求意见已结束

　　我国最新的数据出境规则是 2021 年版本的《数据出境安全评估办法（征求意见稿）》，这意味着之前的《个人信息和重要数据出境安全评估办法（征求意见稿）》《个人信息出境安全评估办法（征求意见稿）》规制被覆盖。以上生效法律以及相对成熟的《数据出境安全评估办法（征求意见稿）》明确了诸多实务问题，例如，数据跨境合规主体、数据出境的类型、数据跨境自评估的评估内容、评估申报中的受理机构、申报材料、受理时限、评估审查中的审查重点、审查时限、有效期等。

第二节　数据出境安全监管特点

一、数据出境规定的主体范围

《网络安全法》确立了对数据本地化和数据跨境传输的制度基础，《数据安全法》规定了向海外传输重要数据的基本要求，以及外国司法和执法机构要求提供数据的批准规则。《个人信息保护法》具体规定了个人信息处理者在向海外转移个人信息时的要求。2017 年、2019 年、2021 年分别发布了三项关于数据跨境传输安全评估的补充措施，这些征求意见稿的迭代为数据跨境传输建立了基础框架。《数据跨境安全评估信息安全技术指南》进一步补充了起草措施和规范细节，作为建议的标准，为数据跨境传输的合规性提供了实际指导。关于数据出境相关规定的主体范围，对于网络运营者存在扩大适用范围的倾向，数据出境规定的适用范围除了《网络安全法》规定下的关键信息基础设施运营者，还扩大到之外的所有网络运营商，即包括网络经营者、管理者、网络服务提供商。

目前，由于《数据出境安全评估办法（征求意见稿）》并未确定生效，下文基于已生效条文，结合征求意见稿中已经形成理论上共识的条款，在理论上予以补充解读。数据出境规定涉及的主体包括：

（一）关键信息基础设施的运营者收集和产生的个人信息和重要数据，出境数据的数量并不考虑，即便是微量数据，只要其属于关键信息基础设施的运营者，就需要进行数据出境安全评估。

（二）处理个人信息达到 100 万人的个人信息处理者向境外提供个人信息。

（三）累计向境外提供超过 10 万人以上个人信息或者 1 万人以上个人敏感信息。

也就是说，企业平台只有同时满足以下四项条件，才有可能不需要数据出境安全评估：第一，用户数量小于 100 万人；第二，跨境传输的个人信息数量小于 10 万；第三，跨境数据中含有的个人敏感信息数量小于 1 万；第四，跨境数据中没有重要数据。[①]

---

① 黄春林，冯莉.《数据出境安全评估办法》八个实务问题解读［EB/OL］. 汇业律师事务所网站，2021-11-08.

表 3　数据本地化的合规要求概览①

合规依据	合规内容	数据驻留类型	合规主体
《网络安全法》	关键信息基础设施的运营者境内收集和产生的个人信息和重要数据在境内存储	数据受限驻留	关键信息基础设施运营者，网信部门认定的其他重要数据
《反恐怖主义法》	安全部门具有依法进行网络管制的特别权限	/	安全部门认为不宜跨境转移的重要数据
《人类遗传资源管理条例》	特殊领域的数据应当满足本地化存储要求	数据绝对驻留	人类遗传资源、征信、健康信息、网络出版数据等领域运营者、企业会计信息系统数据等
《网络出版服务管理规定》	有从事网络出版服务所需的必要的技术设备，相关服务器和存储设备必须存放在我国境内	数据绝对驻留	网络出版领域的数据处理者
《地图管理条例》	特殊领域的数据应当满足本地化存储要求	数据绝对驻留	地图领域数据处理者
《网络借贷信息中介机构业务活动管理暂行办法》	不得向境外提供境内出借人和借款人信息	数据绝对驻留	网络借贷信息中介机构
《人口健康信息管理办法》	不得将人口健康信息在境外的服务器中存储，不得托管、租赁在境外的服务器	数据受限驻留	人口健康信息领域数据处理者
《网络预约出租汽车经营服务管理暂行办法》	服务器设置在中国内地，所采集的个人信息和生成的业务数据，应当在中国内地存储和使用，保存期限不少于 2 年，除法律法规另有规定外，上述信息和数据不得外流	数据受限驻留	网约车平台公司
《企业会计信息化工作规范》	特殊领域的数据应当满足本地化存储要求	数据备份驻留	企业会计信息系统数据领域数据处理者
《深圳数据条例》第82条	申请数据出境安全评估，进行国家安全审查	数据受限驻留	向境外提供个人数据或重要数据的数据处理者
《互联网个人信息安全保护指南》	根据等级保护、测评要求，在云计算平台上的个人信息应当在中国境内存储	数据受限驻留	境内运营的个人信息处理者
《个人信息出境安全评估办法（征求意见稿）》	本地化存储的主体扩大到所有涉及个人信息、重要数据处理的网络运营者	/	所有处理个人信息和重要数据的网络运营者

---

① 黄春林. 网络与数据法律实务：法律适用及合规落地［M］. 北京：人民法院出版社，2019：119.

二、数据接收方的资质标准和合规工具

对于在我国经营的外企平台还是业务拓展至欧美的中国平台，企业组织形式的多样性增加了数据跨境流动的复杂性，其数据合规涉及多个司法管辖区、法律、法规、国家标准、措施指南（包括草案版本），多个法域之间的不一致性和不确定性使合规难度大为增加。以涉欧洲业务为例，需要遵循欧盟《通用数据保护条例》（GDPR）与《网络安全法》《数据安全法》《个人信息保护法》等一系列我国法律法规体系对于数据出境的相关规定，进行合规体系的统一安排，以正当依据寻求用户权益的充分保护和平台投入成本的最小化。

就我国与欧盟相关条文之间进行比较，在数据跨境问题上存在"数据本地化"与"数据自由流动"之间的冲突。① 面向境外用户提供产品订购的网站，在初创期可能并不需要考虑在服务本地部署数据中心，② 因而对于没有本地化需求的跨境业务，数据本地化的要求无疑会造成一定的合规负担。

表 4　我国与欧盟法律条文对比

对比事项	网络安全法	GDPR
条文	《网络安全法》第 37 条	GDPR 第五章"将个人数据转移到第三国或国际组织"
适用主体	关键信息基础设施运营者	为欧盟内的数据主体提供有偿商品或服务、监控发生在欧洲范围内的数据主体活动的数据控制者、处理者
适用地域	中华人民共和国境内无差别适用	可以对国家、一国内的特定地区、行业领域以及国际组织的数据保护水平进行评估
个人信息出境制度关注要点	网络安全与数据主权/信息跨境是否不利于国家安全、社会秩序	个人信息在境内以及出境后如何被处理及保护
是否事前评估	出境前安全评估	明确禁止各成员国以事前许可方式管理跨境数据流动，只要符合 GDPR 中跨境数据流动的合法条件，不得通过许可方式限制
个人信息跨境规制倾向	个人信息的境内存储	个人信息的自由流通
法定数据跨境机制	数据留存本地，跨境提供经评估对于确需出境的数据，经过安全评估认为不会危害国家安全和社会公共利益的，可以出境	充分性评估③

---

① 裴炜. 欧盟 GDPR：数据跨境流通国际攻防战 [J]. 中国信息安全，2018（7）：34-37.
② 王融. 数据跨境流动政策认知与建议：网络法律评论 [EB/OL]. 搜狐网，2018-01-29.
③ 数据跨境流动政策认知与建议 | 网络法律评论 [EB/OL]. 搜狐网，2018-01-29.

续表

对比事项	网络安全法	GDPR
法定数据跨境机制	（中国对外资开放的部分电信业务中设施本地化要求）数据留存于境内自有设施	"有约束力公司规则"（BCR）/数据控制者成立协会、提出所遵守的详细行为准则（codes of conduct）并经成员国监管机构或者欧盟数据保护委员认可
	经个人信息主体同意的，个人信息可以出境。拨打国际电话、发送国际电子邮件、通过互联网跨境购物以及其他个人主动行为，视为已经个人信息主体同意	替代方案：经认可的市场认证标志（seals and marks）

按照《个人信息保护法》第38条第3款的规定，个人信息处理者应当采取必要措施，保障境外接收方处理个人信息的活动达到本法规定的个人信息保护标准。其中，"必要措施"指我国境内的个人信息处理者为了让境外接收方达到我国的个人信息保护标准所需要采取的必要措施，如签署数据处理协议（DPA）。我国《数据出境安全评估办法（征求意见稿）》第9条规定了数据跨境传输合同的模块化内容。数据处理者与境外接收方订立的合同充分约定数据安全保护责任义务，应当包括但不限于以下内容：第一，数据出境的目的、方式和数据范围，境外接收方处理数据的用途、方式等；第二，数据在境外保存地点、期限，以及达到保存期限、完成约定目的或者合同终止后出境数据的处理措施；第三，限制境外接收方将出境数据再转移给其他组织、个人的约束条款；第四，境外接收方在实际控制权或者经营范围发生实质性变化，或者所在国家、地区法律环境发生变化导致难以保障数据安全时，应当采取的安全措施；第五，违反数据安全保护义务的违约责任和具有约束力且可执行的争议解决条款；第六，发生数据泄露等风险时，妥善开展应急处置，并保障个人维护个人信息权益的通畅渠道。

在实务中，个人信息出境合同或出境协议，对于数据出境方来说，往往应当以电子邮件、信函、传真等方式，将网络运营者和接收者的基本情况单独告知个人信息主体，向境外提供个人信息的目的、类型和保存时间，承诺提供合同副本，承诺协助索赔，并先行赔付。对于数据接收方而言，合同中应当承诺保障个人信息主体访问、更正或删除其个人信息的权利，承诺按照合同约定的目的、期限使用个人信息，同时，确认签署合同及履行合同义务不违背所在国家的法律要求，承诺不会将接收到的个人信息传输给第三方。[1] 例如，华为公司

---

[1] 黄春林.网络与数据法律实务：法律适用及合规落地[M].北京：人民法院出版社，2019：122-123.

在合规过程中，充分关注各国/区域对于个人数据跨境流动的管制要求，将个人数据从欧洲经济区（EEA）转移出时，需要签订欧盟要求的数据转移协议或获得用户的明确同意，并对个人数据提供充分的隐私保护。①

对于数据接收方而言，数据跨境传输标准化合同是一个重要的合规工具，然而，其在标准化程度、合同条款结构和内容类型等方面仍然存在理论逻辑不清、条款内容可操作性弱等问题。为了达到风险可控的数据安全目标，标准化合同的制度功能除了对于数据处理者的监管之外，还能够建构数据跨境传输的可信任状态。②《个人信息保护法》第38条第1款第3项中提到"按照国家网信部门制定的标准合同"，网信部门的标准合同是数据出境的路径之一，除此以外，也可以按照该款其他项的路径出境，但无论是哪一路径，都需要基于《个人信息保护法》第21条、第23条的规定，与接收方签订合同。如果是采用《个人信息保护法》第38条第1款第1项"依照本法第40条的规定通过国家网信部门组织的安全评估"，从安全评估路径出境的，可以不采用网信办的标准合同，但合同拟定需要参照《数据出境安全评估办法（征求意见稿）》第9条中的内容。

我国标准合同等数据出境规则可以溯源至欧盟GDPR中的相关规则。综合对比我国评估办法、指南与GDPR中的各项如下：

表5　我国评估办法/指南与GDPR各项对比

对比事项	评估办法/指南	GDPR
适用主体	网络运营者	为欧盟内的数据主体提供有偿商品或服务、监控发生在欧洲范围内的数据主体活动的数据控制者、处理者
数据出境评估方法	网络运营者需对所有数据出境进行自行评估	白名单机制：保护充分性地区
	对满足相应条件的数据出境，网络运营者需报告行业监管部门或国家网信部门进行评估	例外场景：（一）主体同意、执行合同需要、法律允许或公共利益；（二）有效的法律补救措施；（三）一次性的有限数据转移，且转移对于强制法律权利的目的是必要的
	合法正当、风险可控（包括经个人信息主体同意的，个人信息可以出境）	充分保障措施：（一）标准合同条款机制（SCC）；（二）有约束力公司规则机制（BCR）

① 王希海，望岳，吴海亮. 华为HMS生态与应用开发实战［M］. 北京：机械工业出版社，2020：18.

② 赵精武. 数据跨境传输中标准化合同的构建基础与监管转型［J］. 法律科学（西北政法大学学报），2022（2）：148-161.

续表

对比事项	评估办法/指南	GDPR
出境数据的特征	数量、范围、类型、敏感程度，以及出境及出境数据汇聚可能对国家安全、社会公共利益、个人合法利益带来风险。数据只限于个人信息和重要数据，重要数据是对国家而言，而不是针对企业和个人	符合"传输不重复、与少量数据主体相关、令人信服的合法利益、必要的、提供相关保障"等数据流动的合法条件，则允许跨境传输①
数据接收方保护数据的能力	可用于降低数据出境安全风险的措施包括提升数据发送方安全保障能力	数据控制者或处理者对于个人信息出境后的情况应当有充分的控制力，此种控制力建立在有法律效力的公司准则与同接收者之间有法律强制力的协议或标准数据保护条款上，监管部门将对上述公司准则或标准条款进行审查
数据接收方国家或地区的网络安全状况	数据出境计划内容包括中转国家和地区（如存在）、数据接收方及其所在的国家或地区的基本情况，以评估计划是否安全可控	个人信息出境的目标国应当能够为出境数据提供充分法律保护，欧盟将评估目标国现状，并建立白名单制度，对符合要求的国家或地区予以公布
	可用于降低数据出境安全风险的措施包括更换数据保护水平更高的接收方、选择政治法律环境保障能力较强地区的数据接收方等②	

　　欧盟 GDPR 包括多种数据出境的合规工具，如"标准合同条款"（SCC）、"有约束力的公司规则"（BCR），来保障境外的数据接收方达到欧盟要求的个人信息保护标准。其中，"有约束力的公司规则"（BCR）机制即集团遵循一套完

---

① 京东法律研究院. 欧盟数据宪章：《通用数据保护条例》GDPR 评述及实务指引［M］. 北京：法律出版社，2018：31.

② 根据《评估指南》5.2.6.1 只涉及个人信息出境时，对数据接收方所在国家或地区的政治法律环境的评估应包括：（1）该国家或地区现行的个人信息保护法律、法规、标准情况，与我国个人信息保护法律、法规、标准提供的保护水平相比较的差异性；（2）该国家或地区加入的区域或全球性的个人信息保护方面的机制，以及所做出的具有约束力的承诺；（3）该国家或地区落实个人信息保护的机制，如是否具有法定的个人信息保护机构、相关司法机制、行业自律协会和自律机制等，以及为个人提供的行政和司法救济渠道的有效性。5.2.6.2 涉及重要数据出境时，对数据接收方所在国家或地区的政治法律环境评估包括：（1）标准 5.2.6.1 的评估内容；（2）该国家或地区在数据安全方面现行的法律、法规、标准情况；（3）该国家或地区落实数据安全的机制，如网络安全或数据安全方面的主管机构、相关司法机制、行业自律协会和自律机制等；（4）该国家或地区政府，包括执法、国防、国家安全等部门调取数据的法律权力；（5）该国家或地区与其他国家或地区之间有关数据流通、共享等方面的双边或多边协定，包括在执法、监管等方面数据流通、共享的双多边协定。

整的，经个人数据监管机构认可的数据处理机制，则该集团内部整体成为一个"安全港"，个人数据可以从集团内的一个成员合法传输给另一个成员，① 这种机制适合集团型跨国企业平台。

数据跨境传输的功能类似于国际旅行的机场安检，地区之间如欧盟与美国之间的《隐私盾协议》也是一种常见的合规工具，隐私盾这样的合规工具类似于跨境数据的快速值机通道。在65欧盟（EU）法院于2020年7月宣布隐私盾无效（Schrems II 裁决）后，欧盟—美国的数据传输面临更大的不确定性。鉴于无法利用隐私盾机制，欧盟引入了一种替代机制的更新，即新的标准合同条款（new SCC），② 其取代了2010年版本，并促进了后 Schrems II 跨境数据传输。③ 新的标准合同条款成为数据控制者跨境传输数据的工具，取代了对《隐私盾协议》的依赖。从2021年9月27日开始，大多数组织将需要修改新的SCC的商业协议，以便跨大西洋的数据传输。这些新的流程将增加客户和供应商评估、记录和实施的重要合规义务，以确保保护欧盟个人数据的额外保障措施。具体而言，欧盟要求个人信息处理者签订数据跨境传输的标准合同条款，还提出一系列补充措施，如数据传输方应当进行个案审查，评估数据接收方所在国的法律变化，以及考量数据接收方所在国法律规定的披露个人数据的情形，对数据传输各方提出严格的实质审核和安全保证要求。欧洲数据保护委员会（The European Data Protection Board，EDPB）建议采取措施补充个人信息数据传输工具，建议数据出口商绘制数据地图并了解其传输情况，确保传输数据的目的是"足够的、相关的，并且仅限于必要的"，以确保在向非欧盟"第三国"传输数据时符合欧盟标准。负责GDPR实施的欧盟机构欧洲数据保护委员会（EDPB）指导向美国出口欧盟个人数据的企业进行以下"传输影响评估"（TIA），分为六个步骤：第一，为跨境数据传输执行数据映射；第二，确定适当的转移工具，即新的SCC或其他一些机制；第三，根据相关、客观和公开的信息，评估第三国（即美国）适用于正在传输的特定数据的任何法律和/或实践是否会破坏GDPR；第四，如果第三国法律缺乏GDPR同等保护，则确定并采取适当的合同、技术和组织措施（补充措施）；第五，采取正式的程序性步骤，采取补充措施；第六，在适当的时间间隔重新评估为欧盟个人数据传输提供的保护。无论组织选择新的SCC或其他跨境传输工具，他们都应该让其数据隐私顾问参与执行

---

① 王融. GDPR 的十个误解与争议［EB/OL］. 亿欧网，2018-06-18.
② 王融. GDPR 的十个误解与争议［EB/OL］. 亿欧网，2018-06-18.
③ 杨帆. 后"Schrems II 案"时期欧盟数据跨境流动法律监管的演进及我的因应［J］. 环球法律评论，2022（1）：178-192.

EDPB 规定的六步 TIA。

每次向欧盟以外的同一国家传输相同特定类别的个人数据时，特定组织不需要重复评估。例如，如果一家公司定期向美国传输带有欧盟居民姓名、电子邮件和职务的数据集，则根据 EDPB 指南的要求，该公司必须填写并记录其传输影响评估的信息。

可见，欧盟和美国在跨境数据传输上存在摩擦，二者均承认数据隐私的重要性，但欧盟更加认同数据隐私不可剥夺且隐私神圣，二者在隐私和数据保护方面一直存在不同做法。爱德华·斯诺登（Edward Snowden）对美国相关监控项目的披露进一步表明，美国联邦政府可以迫使脸书等公司交出欧盟居民的数据。作为回应，欧盟法院认定，美国的做法违反了《通用数据保护条例》（GDPR）。欧盟法院认为，当个人数据被美国情报机构截获时，《美国国家安全法》没有赋予个人足够的权利。因此，美国组织对跨境数据传输的方案有两种，一种是有约束力的公司规则（BCR），另一种则是传输影响评估（TIA），即进行彻底的个案安全评估。

在新标准合同条款的背景下，跨境数据的处理者必须针对 2021 年 9 月 27 日以前在旧标准合同条款签署的合同，于 2022 年 12 月 27 日之前对新标准合同条款进行修改。新的标准合同条款包含四个单独的跨境转移场景或模块：控制者到控制者、控制者到处理者、处理者到处理者、处理者到控制者。①

总体而言，GDPR 中跨境数据流动的合规方法主要是梳理数据传输目标国的数据保护立法状况、监管力度以及与目标国订立的国际条约等。在企业内部跨境流转数据时，应制定完善的公司准则；向外部提供数据时，应订立具有法律强制力的标准合同或者标准数据保护条款。② 相较于欧洲需要跨越欧洲经济区进行数据保护合规的重重障碍，对于企业来说，亚太地区获得亚太经合组织体系下的跨国隐私规则认证，则较为容易。③

---

① PEADEN V F. New Compliance Obligations for Cross-Border Data Transfers［EB/OL］. Baker Donelson，2021-09-27.

② 喻勋，杨诚. 以欧盟《通用数据保护条例》（GDPR）与中国《网络安全法》为例浅谈跨国企业个人数据跨境重点问题与合规建议［EB/OL］. 搜狐网，2017-09-01.

③ 狄乐达. 数据隐私法实务指南：以跨国公司合规为视角［M］. 何广越，译. 北京：法律出版社，2018：53.

第三节　数据出境安全监管要点

数据出境时数据的流转路径往往复杂，企业的各类数据来自主业务板块、非主业务板块、人力资源、财务管理、行政管理、法律合规、内控审计等内部支撑板块，均涉及大量的数据处理活动。线上各个业务系统之间存在交叉传输的情况，而企业的系统服务器往往集中部署于总部所在地，具体的数据跨境情形包括数据从境外分支机构传输至总部服务器、境外分支机构从总部服务器调取数据、境外分支机构直接访问总部服务器数据等，并且分支机构可能通过总部服务器访问另一分支机构的数据。

一、属于数据出境的行为

《数据安全法》适用于在我国运营或从我国收集数据的所有公司和个人，调整的数据出境行为也包括在我国经营的跨国公司运营和收集数据的行为。如何定义数据出境或者数据跨境传输，联合国跨国公司中心（UNCTC）认为，数据跨境流动是指跨越国界对存储在计算机中的机器可读的数据进行处理、存储和检索；澳大利亚法律改革委员会认为，数据跨境流动应当以是否被澳大利亚国界以外接入进行区分，如果境内存储信息被澳大利亚之外的组织或个人接入或浏览，则被视为一次数据转移，遵循数据跨境流动的相关规则，如果只是通过路由器在国境或外国组织、个人处存储，但并没有接入，则不适用数据跨境流动的规则。①

基于此，跨国公司或企业集团内部之间的数据跨境转移、通过镜像的方式访问境外数据、向境外机构及其人员提供数据访问权限等情况，均属于数据出境。对比访问数据的行为与传输数据，传输的目标是将所产生、收集数据由接收方获取，访问数据和传输数据所要达到的实际效果并没有区别。《网络安全法》《数据安全法》《个人信息保护法》对于数据出境行为并没有进行类型化的界定，关于数据出境行为的具体界定可以参照如下：

（一）2017 年《安全评估办法（征求意见稿）》中，对于"数据出境"定义是"网络运营者将在中华人民共和国境内运营中收集和产生的个人信息和重要数据，提供给位于境外的机构、组织、个人"。

---

①　谢永江. 网络安全法学［M］. 北京：北京邮电大学出版社，2017：113.

（二）2017 年《安全评估指南（征求意见稿）》作为一项标准，其定义方式是"网络运营者通过网络等方式，将其在中华人民共和国境内运营中收集和产生的个人信息和重要数据，通过直接提供或开展业务、提供服务、产品等方式提供给境外的机构、组织或个人的一次性活动或连续性活动"。《安全评估指南（征求意见稿）》对数据出境行为进行了列举：

1. 向本国境内，但不属于本国司法管辖或未在境内注册的主体提供个人信息和重要数据；

2. 数据未转移存储至本国以外的地方，但被境外的机构、组织、个人访问查看的（公开信息、网页访问除外）；

3. 网络运营者集团内部数据由境内转移至境外，涉及其在境内运营中收集和产生的个人信息和重要数据的。

基于上述，首先，有可能数据在地理意义上的国境内流动，但是应当被视为数据出境的情形，接受主体是外籍主体，这一行为即属于数据出境。其次，个人信息和重要数据一直存储在境内，但却可以被境外的机构、组织及个人查看访问的，这种行为也属于数据出境。例如，境外镜像、远程访问也是出境。最后，虽然提供方和接收方同属于一个网络运营集团，但其内部数据中涉及个人信息和重要数据发生了从境内到境外的转移，这一行为同样属于数据出境。去标识化（如 MD5 加密）和 ID 转化（如 openID、jdID、VIN、各种封闭 ID）后的个人信息出境仍然属于数据跨境，以及员工（含外籍员工）信息出境，用户根据国内公司指引（如跳转、通知）或基于国内公司的信赖（如购买国内产品）向境外网站或系统直接提供（如投递简历）等。① 我国港澳台地区不直接适用大陆地区的数据保护规则，数据与港澳台地区之间传输，属于跨境。

二、不属于数据出境的行为

《安全评估指南（征求意见稿）》除了定义之外，也列举了不属于数据出境的行为，主要是数据中转行为：

（一）非在境内运营中收集和产生的个人信息和重要数据经由本国出境，未经任何变动或加工处理的，不属于数据出境。

（二）非在境内运营中收集和产生的个人信息和重要数据在境内存储、加工处理后出境，不涉及境内运营中收集和产生的个人信息和重要数据的，不属于

---

① 黄春林，郭懿中.《数据出境安全评估办法》八个实务问题解读［EB/OL］. 搜狐网，2021-11-08.

数据出境。

也就是说，境内数据处理者仅向境外提供服务，且数据不涉及境内组织或个人时，并且在境内没有涉及收集、存储、访问、修改、转让、披露、匿名化、去标识化、恢复、删除、销毁等加工处理行为，则并不认定为需要保护的"境内"数据。另外，用户直接（国内公司没有任何参与）向境外提供（如注册、打电话、发邮件等）的数据，则不能视为跨境数据。"提供"系主体的主动性行为，法律的要求充分考虑到了网络攻击及主动行为造成数据出境的特殊情形，准确地将法律所管辖的数据出境的行为界定为数据控制者的主动行为。因此可知，在网络运营者不知情的情况下，被恶意攻击者窃取数据并传至境外的情况，不属于网络运营者向境外提供数据。

从立法本意上看，要求对网络运营者向境外提供个人信息和重要数据应经过评估，是为了保障个人信息和重要数据安全，维护网络空间主权和国家安全、社会公共利益，保护公民、法人和其他组织的合法利益。因此，个人用户主动通过网络运营者提供的产品或服务将其信息传输到境外，也不属于网络运营者向境外提供数据。①

如何界定"境内运营"？数据处理者在中华人民共和国境内开展业务，提供产品或服务的活动，可以称为境内运营。未在中华人民共和国境内注册，但在中华人民共和国境内开展业务，或向中华人民共和国境内提供产品或服务的，也属于境内运营。判断数据处理者是否在中华人民共和国境内开展业务，或向中华人民共和国境内提供产品或服务的参考因素包括但不限于使用中文、以人民币作为结算货币、向中国境内配送物流等。② 但是，如属中华人民共和国境内的数据处理者仅向境外组织或个人开展业务、提供商品或服务，且不涉及境内组织和个人的数据的，不视为境内运营。

中华人民共和国境内注册，或将基础设施建设在我国境内，但仅向境外机构、组织或个人开展业务、提供商品或服务，且不涉及境内公民个人信息和重要数据，则不应视为境内运营。③ 《安全评估指南（征求意见稿）》中此类规定，考虑到业务实际场景，对可以排除在安全评估之外的情形予以了豁免。

数字经济时代，云计算、分布式系统、大数据等信息技术的兴起，削弱了单机时代数据占有者对于数据的控制能力，大大增加了中间环节，使数据的种

---

① 李程远. 关于数据出境重要概念的探讨：互联网法律评论［EB/OL］. 荔枝网，2017-07-20.

② 邓勇. 关于数据出境的概念［EB/OL］. 网易网，2021-12-24.

③ 邓勇. 关于数据出境的概念［EB/OL］. 网易网，2021-12-24.

类、规模、权属、存储位置等问题不易回答。① 国家层面的数据安全保护主要由数据安全、重要数据的支配权、数据出境安全评估三部分组成。数据跨境传输进行安全评估时，应权衡的关键因素主要包括数据传输的必要性以及数据主体的隐私同意。数据的境外接收方需要明确陈述目的和用途，需要数据处理方与境外接收方之间的合同充分规定了数据安全保护的责任和义务，包括但不限于境外数据的目的、方法和范围，以及境外接收方处理数据的目的和方法、海外数据存储的位置和持续时间，以及在达到保留期、完成约定目的或合同终止后对出站数据的处理措施；在发生数据泄露等风险时，应采取适当的应急措施，为个人维护个人信息权益等提供畅通的渠道。在数据出境安全评估方面，把握两组概念的结合，坚持预评估与持续监管相结合，风险自评估与安全评估相结合。

数据出境安全评估的审查重点在于评估数据出境活动可能对国家安全、公共安全的影响。实务界亟待统一客观、可操作性强的跨境数据流动安全评估办法、安全评估的主管部门以及具体的评估落地流程等，以满足各企业之间的数据特征差异较大的多种类合规需求。按照 2021 年《数据出境安全评估办法（征求意见稿）》的规定，评估的内容主要是合法性与正当性及必要性评估、敏感性及风险性评估、管理与技术方面的安全性评估、责任能力评估、权利救济渠道畅通性评估、合同规范性评估等。具体体现在第 5 条中，数据处理者在向境外提供数据前，应事先开展数据出境风险自评估，重点评估的内容具体包括：第一，评估数据出境计划的合法性和正当性，数据出境及境外接收方处理数据的目的、范围、方式等的合法性、正当性、必要性；第二，评估数据的属性，相当于传统风险评估中的资产重要性，② 出境数据的数量、范围、种类、敏感程度，数据出境可能对国家安全、公共利益、个人或者组织合法权益带来的风险；第三，评估数据出境发生安全事件的可能性，风险是否还在控制范围内，评估针对的具体环节包括数据处理者在数据转移环节的管理和技术措施、能力等能否防范数据泄露、毁损等风险，境外接收方承诺承担的责任义务，以及履行责任义务的管理和技术措施、能力等能否保障出境数据的安全，数据出境和再转移后泄露、毁损、篡改、滥用等风险，个人维护个人信息权益的渠道是否通畅

---

① 洪延青. 数据出境安全评估：保护我国基础性战略资源的重要一环［J］. 中国信息安全，2017（6）：73-76.

② 洪延青. 数据出境安全评估：保护我国基础性战略资源的重要一环［J］. 中国信息安全，2017（6）：73-76.

等，与境外接收方订立的数据出境相关合同是否充分约定了数据安全保护责任义务。

在风险自评估方面，需要建立企业内部数据安全评估机制，因业务需要，确需向境外提供数据时，应当按照国家网信部门会同国务院有关部门制定的办法进行安全评估。除此之外，关键信息基础设施的运营者采购网络产品和服务涉及国家安全时须通过国家安全审查、每年至少一次的网络安全检测评估等义务。相关企业应当及时建立、完善自身的数据安全评估机制，在相关部门安全评估之前先对涉及数据安全的行为进行自我评估。①

出境安全评估的有效期是2年，在2年有效期内出现某些特定情形，数据处理者应当重新申报评估，例如，向境外提供数据的目的、方式、范围、类型和境外接收方处理数据的用途、方式发生变化，或者延长了个人信息和重要数据境外保存期限；境外接收方所在国家或者地区法律环境发生变化，数据处理者或者境外接收方实际控制权发生变化，数据处理者与境外接收方合同变更等可能影响出境数据安全；等等。

在跨境数据传输合规问题日益突出的背景下，《数据安全法》规定了针对违反跨境数据传输限制的严重处罚。其中包括高达500万元人民币的罚款，以及暂停违规实体的经营或营业执照。为避免日常运营、投资和并购交易过程中的数据安全风险，企业应当关注尽职调查、交易结构设计和日常运营管理中的数据安全合规。在尽职调查中，企业应审查数据安全合规性，在投资与并购过程中确定目标公司的性质，尤其是其是否属于或可能属于关键信息基础设施运营商或数据处理者。

---

① 邓志松，戴健民．限制数据跨境传输的国际冲突与企业应对 [J]．网络信息法学研究，2018（1）：182-203，313.

第四章

算法安全监管

现阶段对于算法的行政规制，欧盟和美国都有着丰富的探索经验和立法实践，呈现出截然不同的两种规制模式。总的来说，欧盟侧重以数据保护为主，美国侧重以算法问责为主。

第一节　欧盟算法安全监管

一、以数据保护为核心的欧盟模式

随着人工智能和大数据的发展，当传统的规制路径无法规制日益发展的算法，欧盟开始探索以数据保护为核心的算法行政规制模式，致力于数据保护相关的立法工作。在2000年欧盟通过的《欧盟基本权利宪章》中规定，公民个人享有数据权利。直到2016年欧洲议会通过了关于个人信息收集、存储和使用的一系列综合性条例，其中包含《通用数据保护条例》（GDPR）、《非个人数据自由流动条例》（FFD）、《网络安全法》（CSA）。① 这些条例中详细规定了关于个人数据保护的相关要求，涉及了算法解释权制度，并且赋予个人数据主体一定条件下可以以算法解释权规制互联网平台的算法滥用现象，对于采集数据的处理方式制定了更为严格的要求，而其中最具前瞻性的当数对算法自动化决策进行规制的条款，保障了数据主体免受算法自动化决策影响的权利。② 2018年5月，欧盟全面施行《通用数据保护条例》，提供了有关算法自动化决策的行为指南，以个体赋权为主要形式的算法治理路径由此展开。2020年12月，欧盟委员

---

① 孙建丽. 算法自动化决策风险的法律规制研究［J］. 法治研究，2019（4）：108-117.
② 蒋林君. 欧盟数据生产者权及其对我国的启示［J］. 湖南科技大学学报（社会科学版），2021，24（2）：120-127.

会发布《数字市场法案》与《数字服务法案》提案，对其互联网领域的规则进行全面改革，构建了网络平台特别是大型平台的梯度算法责任体系。① 2021 年 4 月，欧盟委员会公布了《关于"欧洲议会和理事会条例：制定人工智能的统一规则（人工智能法案）并修订某些联盟立法"的提案》，确立了算法应用主体和政府在算法应用过程中应遵循的底线原则，并界定了基于风险等级的算法应用场景。

GDPR 的主要关注点在于"个人数据保护权"在收集和保护个人数据以及信息方面给数据收集者制定了严格的规则。比如，对于数据收集者和控制者来说，在收集数据之前必须说明收集数据的正当目的并且要采用合法的、透明的收集方式，以确保收集到的个人信息符合正当程序的要求，保证被收集者的知情权，同时对于在收集数据过程中造成的侵权，应当由数据收集者和控制者承担举证责任。并且在 GDPR 第 4 条第 11 款中也规定了对于举证责任的标准，即数据收集者和控制者必须要证明用户对于收集数据是明示的同意，系统默认的同意选项不能视为被收集者的同意。在电商平台中的网络经营者，必须事先征得消费者的同意才能收集个人数据、记录消费者的浏览记录和购物记录，否则将会按照"未经消费者同意"做违法处理。GDPR 第 17 条规定了网络用户具有"被遗忘权"，即用户有权要求互联网平台随时删除所收集的个人数据，并不得使用隐蔽的、难以理解、语言专业、冗长且晦涩的隐私政策诱导网络用户同意平台获取数据。此外，GDPR 不仅确立了对于算法行政规制独立的监管机构，并赋予其诸如处理数据主体提出的申诉等职权以保障数据主体合法权益，而且还规定了当数据遭受泄漏风险时，数据的收集者或控制者必须及时向监管机构和数据主体进行告知。

欧盟对人工智能伦理问题的研究也值得我们关注。欧盟委托人工智能领域专家对人工智能的伦理问题进行细致研究，并于 2019 年颁布《人工智能道德准则》（*Ethics Guidelines for Trustworthy AI*），即可信赖的 AI 伦理准则，提出来实现可信赖人工智能全生命周期的框架。② 对于算法的自主学习和深度分析能力应当归属道德准则规制而不是技术手段规制，所以，在该准则第一章中就规定了在实施算法的全周期内要符合道德伦理的要求。第二章中规定了四条原则，其中最重要的是可解释性原则，要求算法在设计、输入和输出等全周期内各个环节

① 魏露露 . 欧美网络平台监管制度的比较与借鉴 ［J］. 北京航空航天大学学报（社会科学版），2021，34（5）：47-48.

② 杨爱华 . 人工智能中的意识形态风险与应对 ［J］. 求索，2021（1）：66-72.

都应该是可解释的。第三章要求算法程序和人工智能算法要成为可信赖的系统，要具备非歧视性、可问责性以及透明性等七个要素。非歧视性要求数据收集者在收集过程中要尽可能多角度收集个人数据避免收集个性化数据，并且向网络用户推送信息的时候避免同类群体的不同对待。可问责性要求建立影响评价制度以及审计评估机制以确保侵权后果责任承担的归属。透明性要求数据收集者和控制者在收集数据过程中确保准确记录并提高透明性，同时要求在算法造成的侵权后果下具有合理的解释义务。

欧盟所采用的是以数据保护为核心的模式，通过 GDPR 的制定将数据权利视为个人基本权利，构建个人数据权利与数据保护相结合的规制体系。同时，欧盟从个人数据权利的视角出发，对于算法自动化决策中出现的负面问题进行了人为干预，保障了数据主体的自我决定权和数据权利。但是 GDPR 过度注重对数据权利的保障，忽视了收集数据中的"知情同意"原则，个人敏感数据的分类标准因为算法的自主学习和自动化决策而被架空失去作用。① GDPR 通过设置算法解释权对算法进行规制，这种单一的缺乏问责机制和惩罚措施的制度很难达到行政规制效果。整体而言，其对于我国算法行政规制提供了一定的借鉴思路，一方面，通过设置算法解释权增加互联网等网络平台的解释义务；另一方面，通过加强监管和行业自律保障社会公众的数据权利，最后通过规定算法程序在全周期内所要遵守的原则性标准来引导全行业的良性发展。②

二、欧盟"一般性禁止"例外下的算法"解释权"

（一）欧盟法对算法决策的"一般性禁止"

对于算法决策，欧盟《通用数据保护条例》（GDPR）第 22 条第 1 款规定："个人有权不受完全根据自动化处理做出的且对其产生法律或类似重大影响的决策的约束。"从语义上理解，这一规定要么意味着算法决策相对人被赋予了一项针对完全算法决策的"反对权"，要么意味着那些对个人具有重大影响的算法决策将被"一般性禁止"。若将第 22 条第 1 款解释为"反对权"，那么意味着算法控制者将被允许完全依赖算法进行决策，直至算法决策相对人提出反对；相反，若将该条解释为"一般性禁止"，那么算法控制者就应该对禁止之外的例外情形

---

① 林洹民. 个人信息保护中知情同意原则的困境与出路 [J]. 北京航空航天大学学报（社会科学版），2018，31（3）：13-21.

② 许可. GDPR 一周年的回顾和反思 [EB/OL]. 安全内参，2019-06-25.

进行评估，并采取"适当措施"保护例外情形下算法决策相对人的自由或权利。① 针对上述歧义，GDPR"解释性指南"明确将第 22 条第 1 款界定为对完全自动化决策的"一般性禁止"，而非仅仅是"反对权"。较之于"反对权"，"一般性禁止"或能更好地保护算法决策相对人利益，使其免受自动化数据处理的可能侵害，这也意味着算法控制者不得在例外情形之外进行完全的自动化决策。

文义上，GDPR 第 22 条第 1 款并未指明何谓"完全根据"及"法律或类似的重大影响"。因此，"完全根据"既可解释为自动化处理不包含任何的人为干预或影响，也可解释为虽有人为干预但对自动化处理结果本身不产生实质性影响。对此，欧盟立法者强调，算法控制者不得通过编造的人为干预而规避对自动化决策的一般性禁止，任何名义上或象征性的人工干预均不对自动化决策构成实质性影响。所谓"法律影响"，则指纯粹的自动化决策对个人与他人交往、投票或参加选举、采取法律行为的自由以及个人的法律地位或合同权利等法律权利构成影响，如合同撤销、社会福利丧失、被拒绝给予公民身份等；"类似重大影响"则指，即使个人法律权利或义务未因自动化决策而改变，但如果该决策对个人的境遇、行为或选择产生显著影响，或导致其被排除在某种机会之外而受到歧视（如金融服务、就业或教育机会丧失），那么该决策即可视为构成了"类似重大影响"。据此，备受质疑的在线行为广告或价格歧视、涉嫌消费操纵的诱导性广告以及根据用户"画像"做出的差异化定价等，都被涵盖在一般性禁止之列了，以便保护个人权利或其尊严及自主等重要利益不因自动化决策而受到损害。

（二）例外情形下的规制——算法"解释权"

为缓和"一般性禁止"之规定，同时也为促进数据利用尤其是算法决策的合理应用，GDPR 第 22 条第 2 款规定了"一般性禁止"的例外情形：一是"合同例外"，即算法决策为数据主体与算法/数据控制者订立合同或履行该合同所不可或缺；二是"同意例外"，即算法决策已获得数据主体的明确同意；三是"法律授权例外"，即算法决策获得法律授权且算法控制者已采取适当措施保护数据主体的权利、自由及正当利益。值得注意的是，GDPR 第 22 条第 3 款进一步规定：在"合同例外"或"同意例外"情形之下，算法控制者更应采取适当措施，确保公正、非歧视与准确性，以保障数据主体的权利、自由及正当利益，

---

① KAMINSKI M E. The Right to Explanation, Explained [J]. Berkeley Technology Law Journal, 2019, 34 (1)：196-197.

且至少应保证数据主体有权请求对算法决策进行人工干预、表达其观点以及对决策提出异议的权利。"至少"一词的语义表明，GDPR 第 22 条第 3 款赋予算法决策相对人请求人工干预并就对其不利的算法决策表达意见或提出异议的权利，只是欧盟立法者对算法控制者提出的最低要求，这也为要求算法控制者采取进一步措施（包括向算法决策相对人提供相应解释）以保护数据主体权益提供了立法解释的空间。

除上述"至少"应履行的义务外，欧盟立法者还要求算法控制者根据 GDPR 第 13 条第 2 款（f）项、第 14 条第 2 款（g）项的规定，向相对人提供关于算法决策的具体信息。尤为重要的是，算法决策相对人"有权获得算法决策的解释并据此提出异议"。此即 GDPR"序言"第 71 条规定的算法"解释权"。与此相比，GDPR 第 22 条第 3 款的规定则显得"委婉含蓄"。尽管如此，该条款仍被认为包含了针对算法决策的事后"解释权"。毕竟，算法决策相对人享有的请求人工干预、表达意见或提出异议等权利与其充分理解算法决策是如何以及根据何种基础做出的密不可分。只有这样，相对人才能针对于己不利的算法决策有效地行使异议权或发表意见。这也正是 GDPR"解释性指南"的基本立场。况且，GDPR 第 22 条第 3 款中"适当措施"与"至少"的表述，与"序言"第 71 条规定的算法"解释权"具有体系上的一致性与完整性。不过，应该注意的是，GDPR 第 13 条第 2 款（f）项、第 14 条第 2 款（g）项只是规定了数据处理开始前应向数据主体提供的信息，意在创建算法控制者的"通知义务"，从而使数据主体了解预期或未来的自动化处理，以便他们决定是否允许自己的个人数据被处理、评估自动化处理的合理性或行使更正权与反对权等其他数据权利。然而，与之不同的是，GDPR 第 15 条第 1 款（h）项的规定不仅包括算法系统功能的一般性事前解释，包括算法目的、架构与功能以及基础数据与算法输出之间的相关性说明等，而且还内含着针对具体算法决策的事后"解释权"。更重要的是，鉴于 GDPR 的目的在于增强对数据及数据主体权利的保护，因此，在立法逻辑上，也应对 GDPR 第 15 条第 1 款（h）项所规定的数据处理开始后算法控制者应提供的"有意义的信息"做宽泛解释，它意味着"相当高标准的可理解性"，对具体算法决策进行解释则是实现这种"可理解性"的最佳途径。

综上，欧盟 GDPR 第 22 条第 3 款以及第 15 条第 1 款（h）项虽都未在字面上规定算法"解释权"，但目的解释加上体系解释，以及对欧盟立法中"序言"解释性功能的正确理解，已使算法决策相对人享有这一权利变得清晰可见。

三、欧盟治理的特点

欧盟以前瞻性的立法和监管谋求规则主导权，从欧盟出台的政策文件看，其先通过政策建议或伦理指南进行"软性"治理，之后再发布带有惩罚措施的法律，其监管"硬度"呈现出由弱变强的趋势。在新兴技术领域，欧盟历来重视规则的制定，希望以高标准的法律和规制政策来重构全球新技术的发展模式。同时，欧盟高度关注公民数字人权的保护，强调打造可信人工智能，主要运用预防式规制手段防范技术风险。

欧盟的治理主体为数据保护机构，欧盟将具体的算法治理规则置于数据保护框架中，主要通过强化公民的个人权利来规避算法损害。"数据规则+算法原则"构成了欧盟治理算法的制度体系，即通过"数据规则"实现算法的源头治理，体现了治理的完整性。比如，欧盟《通用数据保护条例》（GDPR）第12条至第22条赋予数据主体获取数据处理相关信息的权利、对个人数据的访问权、对个人数据的更正权、对个人数据的删除权（被遗忘权）、限制处理权、数据携带权、一般反对权和反对自动化处理的权利。

治理对象：重视对市场私主体和公共管理机构相关算法问题的治理。在欧盟，2019年发布的《算法责任与透明治理框架》（*A Governance Framework for Algorithmic Accountability and Transparency*）提出对公共主体实施算法影响评估的强制要求；评估流程包括自我评估，如披露算法的目的、范围、预期用途等；公布评估结果，引入公众参与；根据社会监督情况调整应用规则。这一机制主要针对公共部门，要求公共部门制定公众参与和公众教育的指南，确保所有相关方参与算法评估，同时制定和实施采购算法系统的问责制和透明度要求。对于私营部门，主要根据算法的影响范围建立分级监管机制，仅对可能引发严重或不可逆后果的算法系统引入算法影响评估。2021年4月，欧盟发布的《人工智能法案》（*AI Act*）则主要从人工智能应用场景的维度对私营部门的算法问题进行系统性规定。

治理手段：欧盟提出了算法影响评估作为制度性工具。欧盟在算法治理中没有过分强调算法可解释性或算法透明的要求，而是以结果控制的原则，由责任人进行自我评估，算法影响评估（algorithmic impact assessment）是典型的结果控制型制度工具。算法影响评估要求设计或运营算法的主体阐述算法系统的技术特征和实现目标，识别其潜在风险的类型和程度，并准备提出对应补救措施。影响评估制度被广泛应用于环境保护、人权保护和数据保护等领域。在欧盟，GDPR规定了数据保护影响评估制度，欧盟《算法责任与透明治理框架》

也提出针对公共机构强制要求实施算法影响评估。

治理模式：欧盟采用多元主体参与、协同共治的模式。在欧盟，政府机构在算法治理中扮演了主要角色，其算法治理具有明显的行政主导色彩，同时，欧盟重视协同其他利益相关者参与治理。其一，对于私营部门，强调研发和创新过程对技术后果和伦理的反思，要求其主动承担道德和伦理责任，实现负责任创新。其二，提高公众的算法素养，建设算法问责的氛围。其三，对于技术人员，引入标准化的披露准则，要求算法系统的开发使用者主动披露算法的逻辑、使用目标、可能的影响等。其四，建立保护制度鼓励"吹哨人"发现和提出算法的漏洞与问题。

第二节 美国算法安全监管

一、以算法责任为核心的美国模式

美国对于算法行政规制的主要机构是联邦贸易委员会（FTC）和美国电气和电子工程师协会（IEEE），其都是独立的联邦机构。主要任务是保护消费者的合法权益和垄断性竞争行为的规制。由于美国在住房、医疗、教育、就业等领域由算法歧视引起的诉讼层出不穷，联邦贸易委员会认识到算法的发展可能会引发算法歧视，导致社会不公等现象的存在。在法院的审理过程中，其主要依据美国《民权法案》中的相关规定，形成了不同待遇审查和差异性审查两种基本模式。①在借贷领域，美国《平等信贷机会法》要求债权人向债务人明示借贷的资格和相关要求，并对拒贷的理由进行充分解释，如因种族、婚姻、宗教、国籍等因素被拒贷，债权人的拒贷行为将被认为是非法的，并且债权人有向债务人提供信用报告的义务，根据债务人的意见自查自纠，更正不合理的条款和做法。

美国电气和电子工程师协会（IEEE）于 2016 年发布了《合伦理设计：利用人工智能和自主系统（AI/AS）最大化人类福祉的愿景》，规定了算法设计者、应用者和部署者不同主体之间在运用算法过程中的职责、过错、问责等问题，以便社会公众知晓其自身拥有的权利和义务，方便合法权益的维护。但美国对于算法的行政规制多散见于各部门法之中，依赖传统的规制手段。2018 年，

---

① SIOAN R H, WARNER R. Algorithms and Human Freedom [J]. Santa Clara High Technology Law Jonural, 2019, 35（4）：1-34.

加利福尼亚州发布了《加州消费者隐私法案》（*The California Consumer Privacy Act of* 2018），要求互联网公司使用算法应当提前公布在线隐私政策，并说明其不向公众追踪个人隐私信息的做法和将数据信息共享给第三人的理由，明确收集数据信息的种类和范围。

算法滥用加剧了社会不公，对此，纽约市于 2017 年通过了《算法问责法》，该法案通过特别工作组对自动化决策系统的合理性进行审查。2019—2022 年，美国立法者相继提出并持续更新《算法责任法案》，旨在为软件、算法和其他自动化系统带来新的透明度和监督方式。中国近年来也愈加意识到算法监管的重要性。2019 年，美国参议院提出了《2019 年商业人脸识别隐私法案》，其主要规定了设计人脸识别技术的算法，一方面，必须通过第三方审查，另一方面必须符合安全性和稳定性和可解释性，从而符合该法案规定的标准，避免侵犯公民隐私。[1] 2019 年，罗恩·怀登（Ron Wyden）与科里·布克（Cory Booker）两位民主党成员提出了《2019 年算法问责法》，主要规定了以下四个方面的内容：第一，对于算法自动化决策的定义做出了明确的解释。第二，从营业额的收入规模和拥有用户的规模两个方面规定了具体的管辖对象。第三，规定了高风险算法的主要范围，主要包括可能遭受隐私泄漏和侵害信息安全的算法、设计重大公共领域的算法和有一定歧视性风险的算法。第四，规定了算法影响评估的主要内容。《2019 年算法问责法》赋予了联邦贸易委员会权力，并授权其根据实际需求制定配套实施细则。

2022 年 2 月，罗恩·怀登和科里·布克两名参议员联合众议员伊薇特·克拉克（Yvette Clarke）推出了 2022 年《算法责任法案》。该法案是 2019 年《算法责任法案》的更新版本，是对算法规制具有里程碑意义的一部法案，也是美国首个联邦层面的人工智能法案。本法案要求科技企业在使用自动化决策程序系统做出关键决策时，对偏见、有效性和相关因素进行系统化的影响评估。本法案还首次规定了联邦委员会应当创建自动化决策系统的公共存储库，里面包括自动化决策系统的数据源、参数以及对算法决策提出疑问的记录，同时，建议美国联邦贸易委员会增加 50~75 名工作人员，成立专门的技术局来执行该法案。

美国采用的以算法责任为核心的规制模式，并且采取的是自我评估和企业评估双轨并行。这种模式更加注重市场的自我调节性，强调企业要加强自身的算法审计和评估以规避算法滥用带来的不利影响，政府则尽量通过制定宏观性

---

[1]　何能高，王婧堃. 生物识别技术应用的法律风险与规则规范：以郭兵案为例［J］. 中国司法，2021（6）：41-49.

纲领政策减少对人工智能市场的干预。美国联邦政府认为，互联网企业发展需要依靠创新技术、高效率的智能服务、吸引广泛的市场和低廉的价格，而实现这些要素就必须要发挥市场自身的竞争机制，而不是过多的政府干预。面对一些特殊情况时，在可以采取强制性手段对侵犯个人隐私和歧视现象予以制止，而联邦贸易委员会并非专业的算法监管机构，也很难做出对算法侵权现象的专业性判断。美国的行政规制体系之所以能够取得良好的效果，究其原因有以下三点：第一，美国具有众多的互联网公司以及科技企业，硅谷众多且科技实力雄厚，创新文化氛围浓厚，始终不断推陈出新。第二，美国对于算法的行政规制虽然以算法责任为核心，但是同样也具有外部强有力的执法机构。第三，美国依然是当今世界的超级大国，其科技硬实力和文化软实力十分雄厚，为其价值观的输出奠定了重要基础，其可以多种方式向世界各国宣扬其价值观和法律体系。

二、美国法中的算法解释问题——兼与欧盟比较

从整体上看，源自欧洲人权公约与基本权利宪章的人的尊严、自由与自我决定等"权利话语"已深深植根于欧盟数据保护立法之中，因此，即便如信息自由这一如此重要的价值也得让位于它们。不难看出，"权利话语"下的欧盟数据保护立法赋予了数据主体对其个人数据较强的控制力，以尊重他们的尊严及自主性。鉴此，欧盟"一般性禁止"完全算法决策也就不难理解了。不过，为促进大数据产业的发展，欧盟立法并非绝对禁止算法决策，而是允许存在例外。只是，例外情形之下，欧盟立法者仍要求算法控制者确保数据主体免受操纵、歧视或不公平对待。这也是立法者赋予相对人算法"解释权"的根本出发点。与欧盟"'一般性禁止'+例外"式算法决策规制思路不同，美国法律并未对算法决策做出严格限制，而是采用市场主义的开放数据观，即在"市场话语"下，将个人数据视为一种应受保护的市场利益，立法着眼点在于数据公平交易，并将个人视为数据的交易者进而由联邦贸易委员会等执法机构保护其不受市场欺诈和不公平对待。实践中，除一般性要求算法决策不得违反平等原则外，美国法还要求在算法决策中排除种族、性别、肤色、信仰、国籍等可能构成歧视的敏感因素，这与欧盟法的要求相似。

更值得注意的是，与欧盟综合式立法不同，美国数据保护及算法规制立法呈现"碎片化"状态，其针对不同行业或领域单独立法，算法解释亦因此而有所不同。其中，最突出的要数金融领域的信用评分与量刑领域的风险评估两类算法决策的解释问题。

对于信用评分算法，美国《信贷机会均等法》（ECOA）与《公平信用报告

法》（FCRA）专门规定了"不利行动告知"条款，其要求贷方就不利的算法评分向金融消费者进行解释，包括拒绝提供信贷、拒绝录用或提供保险服务等其他信用评估输出结果的具体原因，并告知消费者有权就信用报告中不准确或不完全的信息提出疑问。这一规定授予了那些受算法评分不利影响的个人"自动获知被拒绝的原因的权利"。关于拒绝原因的通知，美国联邦储备委员会 B 条例进一步规定：该通知必须是具体的且应指明采取不利行动的主要原因，仅仅表明不利行动建基于内部标准/政策或仅表明申请人未能获得信用评分系统中的合格评分都是不充分的。就其目的而言，"不利行动告知"力图实现：第一，警示消费者一项对其不利的决策已然做出，以便消费者知晓他们的个人数据正在被自动处理系统使用；第二，教育消费者未来如何改变该不利结果；第三，防止歧视。所有这些恰恰也是欧盟 GDPR 创建算法"解释权"的部分目的。然而，美国法中的"不利行动告知"仅着眼于对特定输入如何产生特定输出进行解释，旨在提供与算法决策相关的事实而非对支配决策的算法规则本身进行描述。与之不同的是，欧盟 GDPR 采用"基于逻辑的解释"模式，即对自动决策系统的逻辑而非仅仅对决策结果本身进行解释说明，希望借此帮助个人理解算法决策，并为其向于己不利的算法决策提出疑问或确保个人获得更好的算法结果奠定基础。比较而言，美国法中的"不利行动告知"要求或能对传统的线性算法输出进行解释，但对非线性的机器学习算法也许就无能为力了。因为，当前的信用预测因大数据分析的加持从而转向相关性分析而非因果关系判断，简单的原因列举自然就无法对基于机器学习的自动化决策成因进行解释了。这意味着如果缺乏对系统逻辑的理解，那么算法决策相对人就无法审视决策进而判别是否存在歧视。

　　至于盛行于量刑领域的风险评估算法，美国并无成文法要求对该类算法决策进行解释。实践中，对是否以及如何对风险评分算法进行解释存在争议，"卢米斯案"就是最好的例证。案中被告认为：法院裁判借助了再犯风险评估算法报告（该算法全称为"以替代性制裁为目标的惩教犯管理画像"，其利用个人犯罪记录等公共数据以及当事人对 137 项问题所作回答而提供的信息，预测其再犯风险从而为其量刑或假释提供依据），且该算法做出的风险评估不充分并侵犯了他的正当程序权利。被告因此提出了"打开"再犯风险评估算法的请求。然而，上诉法院（威斯康星最高法院）并不认同卢米斯的诉请，相反，"在算法公平与商业秘密之间，法院……站在了商业秘密一边"，拒绝支持卢米斯"打开"算法的请求，并最终驳回了他的上诉。即便如此，其中有多数派法官还是坦承：对再犯风险评估算法缺乏理解仍是本案的一个重大问题，虽经法庭反复询问，但当事人对再犯风险评估算法的原理或功能要么三缄其口，要么只言片语。事

实上，对这一算法进行解释仍是必要的。批评者更是指出，"正当程序权利不仅包含知情权……而且还包括一项真正的'解释权'——被告毫无限制地获取源代码以及算法结果所依赖的逻辑的权利，"因此，如果"法庭承认'解释权'，那么被告将能获知到底是何种机制在支配这一量刑算法"。然而，纵观"卢米斯案"，无论是初审法院还是上诉法院，均未对再犯风险评估算法的使用做出任何实质性限制或采取措施要求算法控制者让渡其算法所有权，包括公开量刑算法的源代码或用简朴语言对算法的原理、功能及目的进行解释。显然，这难以让公众真正地信服利用算法做出的某项决定是公平公正的。毕竟，算法到底是"彻底根除了人类偏见，还是只不过用技术包装了人类偏见"尚存疑问，而且，与人类证词的易读性与可解释性相比，"再犯模型的运作完全由算法独立完成，顶多只有极少数专业人士才能够理解"。

三、美国治理的特点

美国秉持敏捷性的监管原则鼓励技术创新和发展。因产业发展状况的差异，美国重视人工智能技术的创新与发展，强调监管的科学性和灵活性，致力于确保和增强美国在高科技领域的领导地位。在美国白宫办公室发布的一份文件中，美国政府强调应保证其在人工智能的全球领导者地位，并避免采取预防式的规制方法。2020年，美国白宫科技政策办公室（OSTP）发布的《人工智能应用监管指南》（*Guidance for Regulation of Artificial Intelligence Applications*）重申了应少用"硬性"监管，鼓励行政机构与私营部门合作。

美国的治理主体较为分散和多元。在美国，从纵向看，治理主体较为分散。在联邦层面暂无统一的立法，由各个州出台区域性规则实现治理的先行先试。从横向看，治理主体较为多元。不同监管机构在自己的业务管辖范围内发布新规或对旧规进行解释，将算法纳入自己的职责范围。① 比如，美国联邦贸易委员会基于消费者保护和竞争执法的职权，关注算法垄断的问题，并针对算法歧视、欺诈和数据滥用等问题制定监管规则；美国食品和药物管理局就算法医疗软件发布一系列指导文件；美国证券交易委员会就算法交易颁布指引性文件；美国交通部研究将自动驾驶汽车的安全规制问题纳入现有的交通监管体系中；等等。

美国也重视对市场私主体和公共管理机构相关算法问题的治理。在美国，2017年，纽约市通过算法透明法案，并设立算法问责特别工作组（Algorithmic Accountability Task Fore），其专门监督市政府使用算法的情况，监督场景包括刑

---

① 陆凯 . 美国算法治理政策与实施进路 [J]. 环球法律评论，2020，42（3）：5-26.

事调查、教师评估、消防、公共住房等。特别是对于人脸识别技术，多个州和城市禁止在政府和司法机构使用该项技术，比如，纽约州暂时禁止在学校中使用各种生物识别技术。对于私营部门，2022 年，纽约市颁布《自动化就业决策工具法》（AEDT），要求在就业场景下使用的自动化决策工具必须确保无偏见，且应当由第三方审计团队进行"偏见审计"。2021 年，美国议员提出的《算法正义和在线平台透明度法案》（*Algorithmic Justice and Online Platform Transparency Bill*）禁止在线平台通过算法歧视性处理个人信息。

美国在治理手段上也是提出了算法影响评估作为制度性工具。在美国，2019 年《算法问责法案》明确了算法影响评估的主要内容，其中包括：算法的详细描述，包括设计、训练、数据及其目标；数据最小化的要求，个人信息及决策结果存储的时间；消费者对决策结果的获取权和修改权；评估算法对个人信息隐私和安全的影响，以及歧视性后果方面的风险；算法主体采取的降低风险的措施。① 纽约大学 AI Now 研究所发布的一份报告指出，开展算法影响评估的关键要素包括自动化决策系统对公平、公正、偏见等的潜在影响；开发外部研究员审核程序以发现、测量或追踪影响向公众披露关于自动化决策系统的定义，以及自我评估和外部研究员审核程序相关事项；征求公共评论以澄清相关担忧和答复相关问题，为受影响的个人或群体提供正当程序以便他们挑战不公平的、偏见的或具有其他损害的系统。②

美国在治理模式上也采用多元主体参与、协同共治的模式。在新兴科技领域，美国历来重视利用政府、企业、行业组织、第三方机构以及社会公众等不同主体的力量，构建起多主体共同参与治理的格局。2016 年，美国科技政策办公室（OSTP）发布报告建议人工智能的相关伦理问题可以通过透明度和自我规制伙伴关系来解决。在行政干预偏弱的环境下，非政府组织如第三方智库、行业组织和社会公众等发挥了重要作用，如第三方非营利组织"为了人民"（Pro-Publica）发现了一些量刑算法中存在的系统性歧视问题。消费者报告组织、美国公民自由联盟等加强研究人工智能和算法问题，引发了公众对算法治理的讨论。在行业自律方面，2016 年，亚马逊、微软、谷歌、IBM 和脸书联合成立了人工智能合作组织（Partnership on AI），共同推进了公众对人工智能技术的理解，并提出了人工智能行为准则。

---

① 汪庆华. 算法透明的多重维度和算法问责 [J]. 比较法研究，2020 (6)：163-173.

② REISMAN D，SCHULTZ J，CRAWFORD K，et al. Algorithmic Impact Assessments：A Practical Framework for Public Agency Accountability [EB/OL]. AI Now Institute，2022-10-11.

第五章

数字货币监管

第一节　数字货币监管概述

一、数字货币的概念

国际社会和学术界对数字货币的概念目前并无共识，因此，数字货币的定义也出现了多元化的特征，"虚拟货币""加密货币""电子货币"等概念混见于各类文献。"数字货币"是指一种基于互联网的、具有与实物货币类似特征的交换媒介。国际货币基金组织（International Monetary Fund，IMF）报告认为，数字货币是以数字化形式实现价格尺度、价值存储和支付交易等货币职能。国际清算银行（Bank for International Settlements，BIS）将数字货币定义为价值的数字表现形式，强调通过各方数据交换实现各项货币职能。[①] 数字货币从发行、储存到交易全部是数字化的，完全摆脱了原有的纸质、硬币等有形形态，具有摆脱金融中介的技术可能性，可以将数字货币理解为数字化的现金。[②]

近年来，以金融行动特别工作组（Financial Action Task Force，FATF）为代表的国际组织和部分国家开始在其发布的文件中以"虚拟资产""加密资产"代替"虚拟货币"和"加密货币"。以"资产"取代"货币"，主要是防止"虚拟货币"与"法定货币"产生混淆，同时"资产"也更具中性色彩，能够在一定程度上消除国际组织和各国为"虚拟货币"合法性背书的顾虑，两个术语在

---

① CPMI. Central Bank Digital Currencies［EB/OL］. Bank for International Settlements，2018–03–12.

② 吴云，朱玮. 数字货币和金融监管意义上的虚拟货币：法律、金融与技术的跨学科考察［J］. 上海政法学院学报（法治论丛），2021（6）：66–89.

内涵上并无大分歧。

二、数字货币的类型

就发行主体而言，数字货币可以分为私人数字货币与法定数字货币两大类。前者是数字货币市场自发秩序的产物，后者则代表着国家对货币发行权的规制和垄断。① 私人数字货币被称为"虚拟货币"，而虚拟货币按照技术特点可以分为加密虚拟货币和非加密虚拟货币。②

就数字货币技术形态的演进而言，数字货币的发展经历了加密货币、稳定币和法定数字货币三种形态，其中加密货币、稳定币属于私人数字货币，即虚拟货币。

（一）加密货币

加密货币是一种基于密码学去中心化和点对点技术的价值或交换媒介，其最重要的特征是通过加密或编码的加密货币是一种基于密码学去中心化和点对点技术的价值或交换媒介，其最重要的特征是通过加密或编码的方式进行隐藏的私密货币。FATF 将加密货币定义为"基于数学的、去中心化的，受密码学保护的可兑换虚拟货币"。加密货币的根本目的是确保基于加密证明的金融交易的撤销归于"在计算上不切实际"，即不允许撤销操作，以防止双重支付问题，保护当事人免受欺诈。

比特币是第一代加密货币，它的出现引起了国际社会的广泛关注。比特币的发明是革命性的，因为它首次在不需要第三方中介的情况下解决了重复支出的问题。比特币通过点对点网络将账本分发给所有系统用户，比特币经济中发生的每一笔交易都在公开的分布式账本上注册。因此，比特币使得第三方中介无须介入成为可能。

加密货币本身不具有锚定价值，其价值来自使用者的价值共识，不受任何政府或中央机构的支持，并不能可靠地提供货币的标准功能，其功能的实现很大程度上取决于现有货币系统满足这些功能的能力，而潜在的技术缺陷会影响加密货币履行其必要经济功能。缺乏政府或中央机构的信用背书和币值高波动性是加密货币的突出缺陷，将它们作为交易媒介或价值储存手段都是不安全的。

---

① 许多奇. 从监管走向治理：数字货币规制的全球格局与实践共识［J］. 法律科学（西北政法大学学报），2021（2）：93-106.

② 吴云，朱玮. 数字货币和金融监管意义上的虚拟货币：法律、金融与技术的跨学科考察［J］. 上海政法学院学报（法治论丛），2021（6）：66-89.

加密货币是投机而非货币。加密货币多被用于投机，存在威胁金融安全和社会稳定的潜在风险，并成为洗钱等非法活动的支付工具。加密货币还会助长勒索软件，是网络空间中增长最快的犯罪之一。监管机构应当针对加密货币采取保守审慎的处理方式和态度。

（二）稳定币

稳定币是一种特定的加密货币。与上述传统的加密货币相比，突破了其价值高波动性的局限。稳定币价值与法定货币或其他资产挂钩，锚定某一国家的法定货币或其他资产，每发行一个单位量，便会在公开账户储备等价的法币，以避免完全由市场驱动价格的传统加密货币所固有的价格波动性。这也使得它们能够用作分布式账本上的支付工具，被用于日常交易，成为一种数字化的现金形式。2014 年美国泰达公司（Tether）发行的 USDT 是世界上第一个稳定币。一些科技公司也将主流的稳定币整合到他们的支付服务中。VISA 卡和万事达卡允许使用美元代币结算交易。

稳定币为了实现其价格稳定性，一般有三种锚定机制：以法定货币为抵押进行担保的稳定币、以数字资产为抵押进行担保的稳定币和无担保的算法稳定币。

以法定货币为抵押进行担保的稳定币是指发行方以自身持有的资产（法定货币、黄金和债券等）为抵押对按照某一固定汇率发行的稳定币进行担保，也成为链下（Under-chain）资产支持型稳定币。其特点是以分布式账本之外的资产支持，通常由托管人保管。这种稳定币需要市场用户对发行方具有足够的信任。

以数字资产为抵押进行担保的稳定币是指作为稳定币担保的抵押品本身就是一种数字资产，作为抵押品的数字资产是在一种不需要可信中央第三方的智能合约中持有的，也被称为链上（On-chain）资产支持型稳定币。用户或投资者将数字资产存入智能合约以获取稳定币，智能合约根据一定算法对抵押物进行处置，以保证稳定币与法定货币的汇率稳定，维持稳定币的价格区间。以数字资产提供担保的优势在于去中心化，没有中心化信用风险，并且抵押物可以被随时审查。但由于数字资产抵押品的价格并不稳定，一般作为担保的数字资产往往需要超额担保。

无担保的算法稳定币没有任何外部抵押品为其提供担保，稳定币的价值是通过一个系统来维持，通过算法自动调节代币总量的供求关系而实现数字货币的稳定。它们具有很好的经济学模型支撑，理论也很漂亮，但通过抽象的规则

模拟复杂的现实经济运行，可能会陷入乌托邦式的陷阱。① 2019 年，美国证券交易委员会（Securities and Exchange Commission，SEC）曾把无担保的算法稳定币定义为庞氏骗局。2021 年，TerraUSD（UST）、Fei Protocol（FEI）等算法稳定币又逐渐崛起。

稳定币具有提高金融服务效率和促进金融包容性的优势，可以使支付更便宜、更快和更安全，市场用户也更容易对稳定币建立信任，同时，也有利于促进传统金融工具的改进。但是，其是否能够达到"绝对稳定"是其实现上述优势的前提，稳定币仅仅与法定货币挂钩并不足以保证其"绝对稳定"，它们的稳定性取决于支持代币的储备资产的质量。2022 年 5 月，全球第三大稳定TerraUSD（UST）的崩盘给数字货币市场和全球数千名投资者造成了难以估计的损失。UST 作为无担保的算法稳定币，并没有链下资产支撑，而是通过与另外一种加密货币的套利关系交易策略来维持其价值，即依靠算法通过与其无资产担保的姐妹加密货币 Luna 的复杂关系来控制其供应以实现稳定性，而非依赖现实世界安全的资产担保。因此，其支持代币的资产质量至关重要，稳定性是对稳定币监管的重要内容。有的商业机构计划推出全球性稳定币，这也将给国际货币体系、支付清算体系、货币政策、跨境资本流动管理等带来诸多风险和挑战。②

（三）法定数字货币

法定数字货币是指中央银行发行的数字货币，也被称为"中央银行数字货币"（Central Bank Digital Currencies，CBDC）。CBDC 由国家记账单位计价，是中央银行的直接负债和数字支付工具，③ 可以作为交易媒介和价值储藏手段。根据国际清算银行支付和市场基础设施委员会（Committee on Payments and Market Infrastructure，CPMI）的界定，法定数字货币具有四个属性：一是发行人为中央银行，二是货币形态数字化，三是可获取性较为广泛，四是技术上采用基于账户或代币的技术。④

CBDC 作为与现金、银行准备金并驾齐驱的第三种央行货币，与央行发行的纸币、硬币具有同等的法定清偿地位。CBDC 以中央银行作为支持，以国家信用背书，其支付系统有足够的流动性来保证运行，可以在金融体系中提供可信的

---

① 刘磊，吴之欧. 数字货币与法［M］. 北京：法律出版社，2022：40.
② 中国人民银行. 中国数字人民币研发进展白皮书［EB/OL］. 中国政府网，2021-07-16.
③ Bank for International Settlements. Annual Economic Report2021［EB/OL］. Bank for International Settlements，2021-06-29.
④ 姚前，陈华. 数字货币经济分析［M］. 北京：中国金融出版社，2018：182.

结算层，以维持稳定可靠的支付体系，因此具有较强的稳定性；它可以实现直接结算，改善跨境支付缓慢、昂贵且不透明的问题，提高跨境交易效率，同时能够防范网络和运营风险，保护敏感数据的隐私，并最大限度地降低非法金融交易的风险，兼有支付系统高效性和安全性的优势；它还可以通过为广泛的消费者提供便利来促进金融包容性和公平性，以实现其普惠金融、隐私保护和防止洗钱及非法融资的目标。

CBDC 一般作为"中央银行+商业银行"双层系统中的一部分发挥作用。在该系统中，中央银行和商业银行共同合作，各司其职。商业银行先向中央银行缴纳 100%准备金，申请兑换、发行法定数字货币；中央银行审批同意后，将法定数字货币发行给商业银行，并 1：1 扣减商业银行的准备金；最后，由商业银行将法定数字货币提供给公众。① 散户市场参与者（个人及企业）之间主要由商业银行之间的负债（存款）进行结算，而商业银行之间则由中央银行的负债（准备金）进行结算。中央银行运营该系统的核心，掌握发行决定权，并确保其安全和效率，而商业银行负责数字货币的流通和为客户提供服务。

CBDC 分为普通公众可用于日常消费和商业活动的"零售型 CBDC"和金融机构之间用来结算金融市场交易的"批发型 CBDC"。"批发型 CBDC"仅限于金融中介机构使用，在金融机构之间提供资金结算服务，在跨境支付和结算方面具有的优势成为研发此类 CBDC 的最主要的动力。"零售型 CBDC"是现金的替代品，一般有两种发行方式：一种是"基于账户"的 CBDC，用户用它在中央银行开设的账户之间进行转账；另一种是"基于令牌的"CBDC，用户将 CBDC 存入各种数字钱包中，在付款时将价值转移给其他用户。

"CBDC 正在从概念转向实用设计，并以一种专为数字时代设计的新形式，对货币制度进行更新。"② 截至 2022 年 7 月，已有近百个央行数字货币处于研究或开发阶段，有 2 个已完全投入使用，分别是 2021 年 10 月尼日利亚推出的"e 奈拉"（e-Naira）和 2020 年 10 月巴哈马推出的"沙元"（Sand Dollar）。③ 2022年 7 月，CPMI、国际清算银行创新中心、IMF 和世界银行发布了跨境支付 CBDC 的接入和互操作性方案，强调了 CBDC 目前在初始开发阶段就能够考虑跨境功能带来关键性的好处。

---

① 张乐，王淑敏．法定数字货币：重构跨境支付体系及中国因应［J］．财经问题研究，2021（7）：66-73.

② Bank for International Settlements. Annual Economic Report2021［EB/OL］. Bank for International Settlements，2021-06-29.

③ 斯坦利．央行数字货币的兴起［EB/OL］．国际货币基金组织，2022-09-21.

我国是 CBDC 探索和研究的先行者，数字人民币目前正处于试点阶段。2014 年，中国人民银行成立数字人民币研究小组，开始对发行框架、关键技术、发行流通环境及相关国际经验等进行专项研究。2016 年，成立数字货币研究所，完成数字人民币第一代原型系统搭建。2017 年末，经国务院批准，人民银行开始组织商业机构共同开展数字人民币研发试验。2019 年末以来，人民银行遵循稳步、安全、可控、创新、实用原则，在深圳、苏州、雄安、成都及 2022 北京冬奥会场景开展数字人民币试点测试，以检验理论可靠性、系统稳定性、功能可用性、流程便捷性、场景适用性和风险可控性。2020 年 11 月开始，增加上海、长沙、西安、青岛、大连和海南 6 个新的试点地区。① 下一步，央行将继续稳妥推进数字人民币研发试点。2022 年 10 月 26 日，内地和香港、泰国及阿拉伯联合酋长国的 20 家商业银行参与的央行数字货币跨境支付项目 mBridge 成功完成了试点测试。

各国央行由于探索或发展 CBDC 的目的各不相同，可能会采用不同的 CBDC 设计。瑞典推行数字货币以增加央行货币的整体流通量，以期扭转现金使用量不断下降的局面。巴哈马基于推动电子支付降低金融服务成本，同时促进普惠金融。而数字人民币属于零售型央行数字货币，以普惠金融、提升央行支付体系的运行效率、支持零售支付领域的公平、效率和安全及探索改善跨境支付为目标。

美国政府一直在探索美国的 CBDC，在其制定的《美国 CBDC 系统的政策目标》中提出了联邦政府对美国 CBDC 的优先关注事项。欧盟也一直在探索数字欧元的可能性，欧盟建议将数字欧元用于零售目的，为欧元区公民在现金之外提供额外选择。欧盟将易于获得、稳定性、安全性、隐私保护和合法性作为数字欧元的设计目标。各国都在积极探索 CBDC 的可行性、发展潜力和设计机制，以期其发挥有益的作用，成为社会和经济向数字时代转型的公共产品。

三、私人数字货币的技术特征

私人数字货币体系以区块链为其核心支撑技术，区块链的应用使得私人数字货币具备了下述特征。

（一）去中心化

私人数字货币独特的主要特征之一是去中心化，即没有单个个人或实体可

---

① 　中国人民银行. 中国数字人民币研发进展白皮书［EB/OL］. 新浪网，2021-7-16.

以完全控制区块链的功能，任意节点都是独立运作。这也意味着加密货币通常可以在没有国家的监管下运行，同时交易信任也并不需要依靠政府机构来建立。

通常，各国的金融模式都建立在中央银行的基础上，中央银行是控制金融机构的主要实体，而私人数字货币不受任何此类实体控制。实际上，这意味着交易可以在不使用银行等中介机构的情况下直接通过用户个人完成交易的处理和确认。

不同种类的私人数字货币在发行、支付和结算三个环节上体现了不同程度的非中心化。比如，比特币在三个环节都是完全非中心化的，而稳定币的非中心化则仅仅体现在支付和清算环节。这也导致了针对不同的私人数字货币在监管对象和内容上的差异。

（二）不可更改性

区块链上当前交易的验证取决于其链上的所有交易记录，即如果一个交易与链上的先前交易不一致，就无法得到确认。区块链上的每一笔交易都会产生一个独特的哈希值，以此来证明其是链上先前交易的合法继承者，[1] 对先前交易的任何更改都会导致非法的不一致的哈希值，即修改某一交易记录必须变更所有的后续交易记录。因此，对区块链底层体系结构的更改必须得到所有操作节点的同意，而不仅仅是一个中央权威机构的同意，所以，很难强制性进行更改。[2]

（三）匿名性

私人数字货币中的"加密"指的是在交易中隐藏数据的一种方法，称为密码学，其为消费者提供了特定的匿名性，通过加密的转换过程来实现保护信息的目的。数据被转换成一种不可读的格式，因此，只能使用特定的数字密钥对其进行解密。其本质上是使一个单位能够通过数字序列被识别，而不会暴露消费者的物理身份。

私人数字货币允许用户在不提供官方标识符（如姓名或身份识别号码，即无须实名认证）而仅仅提供其他标识码（如钱包地址）的情况下进行交易。交易各方可以随意改变自己的钱包地址来隐藏自己的真实身份。因此，交易双方的身份本身对任何第三方都是未知的，交易中对公众唯一可见的就是公钥。

匿名性的设计本意在于保护使用者的个人隐私，在一定程度上也维护了金

---

[1] Wirex. What is a Transaction Hash/Hash ID [EB/OL]. Wivex Help, 2019-12-05.

[2] SATOSHI N. Bitcoin：A Peer-To-Peer Electronic Cash System [EB/OL]. Bitcoin, 2008-11-01.

融安全，金融信息公开或半公开是极其危险的，① 因此，保持私人数字货币的匿名性都有很多合法的理由。

第二节　私人数字货币监管的发展态势

目前，国际社会对于数字货币的监管主要体现在私人数字货币上。

一、国际组织对数字货币监管的发展态势

国际组织在其各自负责的领域针对数字货币监管开展工作。它们主要集中于用户保护、市场诚信、银行风险敞口、金融稳定和反洗钱反恐怖融资（Anti-Money Laundering and Countering Financing of Terrorism，AML/CFT）。FATF、金融稳定委员会（Financial Stability Board，FSB）、巴塞尔行监管委员会（Basel Committee on Banking Supervision，BCBS）、CPMI、国际证监会组织（IOSCO）、经济合作与发展组织（OECD）一直致力于各自职责范围内的数字货币监管和规制工作。

（一）FATF

FATF 为打击数字货币洗钱进行了一系列探索。作为应对与虚拟货币相关的洗钱和恐怖主义融资风险的"分阶段方法"，2014 年，FATF 发布了《虚拟货币：关键定义和潜在反洗钱、反恐怖融资风险》报告；2015 年 6 月，FATF 发布的《以风险为基础的虚拟货币指南》（以下简称《2015 指南》）中，虚拟货币被理解为"价值的数字表示"，其功能是"交换媒介；及/或会计单位；和/或保值手段，但不具有法定的清偿物地位。"《2015 指南》主要关注可兑换虚拟货币，针对的是虚拟货币和传统银行系统之间的交叉点。然而，该指南仅针对虚拟货币市场的入口和出口进行了监管，并没有试图为内部市场的价值转移提供建议，因此，仍有数字货币交易处于不受监管的状态。

2018 年 10 月，FATF 对其建议和术语表进行了修改，明确指出"建议"适用于涉及虚拟资产的金融活动。FATF 使用"虚拟资产"这个词来指代可以进行数字化交易或转让、可用于支付或投资的价值的数字化表现，在形式上包括可转换和不可转换、集中和分散形式的数字资产以及首次代币发售（Initial Coin

---

① P BAKER. A Ban on Privacy Coins Could Be Disastrous［EB/OL］. Crypto Briefing，2018-05-03.

Offering，ICO）。为了实现 AML/CFT 的目的，虚拟资产服务提供商应受到监管，应当获得许可或注册，并受到有效的监测和监督系统的约束。

2019 年，FATF 发布了《以风险为基础的虚拟资产和虚拟资产服务提供商指南》（以下简称《2019 指南》），这是所有国际组织中，制定并通过的第一个针对虚拟货币的监管标准，形成了虚拟货币反洗钱监管的国际共识。

《2019 指南》正式采用了新的词汇，将"虚拟资产"和"虚拟资产服务供应商"（Virtual Asset Service Providers，VASP）纳入官方术语，围绕"虚拟资产"提供了一个全球框架。指南中对"虚拟资产"的定义也比《2015 指南》中的"虚拟货币"更为宽泛，包括任何"可由数字交易商转移并可用于支付或投资目的的数字价值表示"。FATF 指出可能预计各国将开始创建自己的或承认其他类型的虚拟资产。然而，最值得注意的是，这个术语包含了任何可以用于"投资目的"的数字价值。这一认识大大增加了 VASP 的强制性注册对象，将许多基于加密货币投资的服务纳入 FATF 监管框架。同时要求对 VASP 施加监督义务，与政府共享一定数额资金转账的客户数据。

FATF 的"四十项建议"围绕反洗钱设定了一系列要求，涉及刑事司法、反洗钱监管、国际合作和联合国定向金融制裁等内容。根据 FATF 规则，当用户在与 VASP 之间跨境转账数值超过 1000 美元/欧元时，VASP 必须与政府共享客户数据。客户数据包括转款用户姓名、用于处理交易的账户编号、转款人的出生地、国民身份号码等独特的客户识别号码以及收款人姓名和用于处理交易的账户账号。

FATF 成功地践行了 G20 在以下两方面的呼吁：监管虚拟资产和相关服务提供商在 AML/CFT 方面的合规情况，以及进一步阐明 FATF 对各国必须如何在这方面制定强有力的 AML/CFT 监管框架的预期。FATF 将继续采取措施，确保对新技术（包括虚拟资产）的使用进行有效的监管，以减轻相关的 AML/CFT 风险，并为整个金融服务部门负责任的创新提供支持。

（二）欧盟

欧盟委员会于 2020 年 9 月 24 日提出了针对加密资产市场的监管提案（MiCA）。MiCA 作为数字金融一揽子计划的一部分，旨在制定既可以促进技术进步又可以确保金融稳定和消费者保护的欧洲方法。该提案首次将加密资产、加密资产发行人和加密资产服务提供商纳入监管框架，涵盖了与任何类型的交易或服务相关的任何类型的市场滥用行为，以及建立足够的流动性储备来保护消费者，保证服务提供商的平等权利，并确保投资者的高标准。2022 年 6 月，欧洲理事会主席和欧洲议会就 MiCA 提案达成了临时协议。

2021 年 6 月，欧盟发布《关于规范加密资产市场及修订（欧盟）2019/1937号指令建议书的意见》，要求提供加密货币发行、交易、投资等服务的公司需要获得国家批准才能运营，并面临信息安全方面的监管。

在 AML/CFT 方面，欧洲中央银行在 2012 年发布了《虚拟货币体制》报告，要求各成员国对虚拟货币进行监管。2020 年 1 月由欧盟理事会通过了"新反洗钱 5 号指令"（后称 5 号令）。欧盟立法者在制定指令的过程中认为，确保新立法的适用范围和立法意图明确是至关重要的，以防止成员国的实践不一致，同时，指令应当能够促进合理的监管，既鼓励技术创新，又能有效防范风险。

欧盟将"从事虚拟货币与法定货币之间交换服务的提供商以及托管钱包提供商"纳入其 5 号令的监管范围。为加密货币的法定货币交换提供便利的托管钱包提供商和加密货币交易所现在将被视为 5 号令的"有义务的实体"。这些实体的新法律责任将包括：收集客户信息和进行客户尽职调查；记录有非法活动的可疑交易报告；保持必要的文件和信息的记录，以遵守客户尽职调查的要求；内部控制，培训和反馈。

5 号令遵循了 FATF 要求的将加密货币与法定货币兑换平台纳入监管对象的要求。试图通过交易所将加密货币转换为法定货币的用户也归为客户尽职调查的对象。但 5 号令并没有将洗钱监管对象扩展到不同的加密货币之间的兑换平台。

根据 5 号令，通过托管钱包提供商持有加密货币或通过虚拟交易平台进行加密货币交易的个人必须进行登记，不能再保持其匿名性。但那些使用软件或硬件钱包存储加密货币并使用纯数字交易所、交易平台或任何其他可用手段转移资金的用户仍将不在法律监管的范围内。

2022 年 4 月，欧洲议会经济和货币事务委员会和公民自由委员会的欧洲议会议员通过了对加强欧盟 AML/CFT 立法草案的立场。草案要求加密资产转移的可追溯性和高风险实体的公开登记册，以确保可以追踪加密货币转移并阻止可疑交易。

（三）其他国际组织

1. FSB

2019 年，FSB 关于加密资产的工作主要集中在两个方面：监控影响金融稳定的风险和拟定加密资产监管机构的目录。[①] 2019 年 10 月 18 日，FSB 发布了《稳定币的监管问题》的报告。报告提出，监管稳定币需要考虑稳定币的各要素及相互作用、现有的监管框架能否适用于稳定币、现有监管框架的跨境适用问

---

① FSB. Crypto-asset: Work Underway, Regulatory Approaches and Potential Gap [EB/OL]. Financial Stability Board, 2019-05-31.

题及国际社会的监管合作问题，而促进跨境监管协调和避免跨境监管套利将是
FSB 未来工作的重点，主张在"相同的业务、相同的风险、相同的规则"的原则下开展监管工作。① 2020 年 10 月 13 日，FSB 针对"全球稳定币"提出了 10项高级别建议，包括建立有效的风险管理架构、储备金管理、透明度和 AML/CFT 措施。② 2022 年 10 月，FSB 又发布了一份拟议的加密资产活动国际监管框架，以期为更广泛的加密资产（包括无担保加密资产）提供指引。

2. BCBS

2019 年 12 月 12 日，BCBS 就加密资产的审慎监管处理方法的相关问题发布了讨论文件，以向利益相关者征询意见。2021 年 6 月和 2022 年 9 月两次发布了关于审慎处理银行加密资产敞口的公开咨询意见。BCBS 针对数字货币的监管举措可分为三大类：（1）为从事加密资产活动的银行建立高水平的监管期望；（2）监测与加密资产有关的发展，包括量化银行对此类资产的直接和间接风险敞口；（3）明确对银行加密资产风险敞口的审慎处理。③

二、各国对数字货币监管的发展态势

（一）美国

美国一直在鼓励金融创新和防范数字货币风险之间寻求平衡。美国采用了联邦与州双层联动，集 AML/CFT、税务与投融资为一体的监管体系。美国联邦层面基本对数字货币的规定甚少，直至 2022 年 3 月才发布了针对数字货币的全面方案。而各州对数字货币的监管又存在着很大差异，有些州采取鼓励的政策，而有些州则严格限制。

2021 年 4 月，美国众议院提出立法提案，要求建立一个工作小组评估目前美国围绕数字资产的法律和监管框架，旨在强化美国证券交易委员会、美国商品期货交易委员会对特定代币或加密货币的管辖权。2022 年 3 月 9 日，美国总统拜登发布了关于确保数字资产负责任发展的行政命令。这是美国政府旨在有效利用数字资产和防控数字资产风险提出的全面方案。行政命令要求 SEC、商品期货交易委员会（Commodity Futures Trading Commission，CFTC）、消费者金融保护局（Consumer Financial Protection Bureau，CFPB）、联邦贸易委员会（Federal

---

① FSB. Regulatory Issues of Stablecoins［EB/OL］. Financal Stability Board，2019-10-18.

② FSB. Regulation，Supervision and Oversight of "Global Stablecoin" Arrangements［EB/OL］. Financial Stability Board，2020-10-13.

③ FSB. Crypto-asset：Work Underway，Regulatory Approaches and Potential Gap［EB/OL］. Financial Stability Board，2019-05-31.

Trade Commission，FTC）和金融知识教育委员会（Financial Literacy Education Council，FLEC）等机构各司其职和相互配合，以实现行政命令中确定的涉及数字资产负责任发展的六个关键优先事项：消费者和投资者保护、促进金融稳定、打击非法融资、美国在全球金融体系和经济竞争力中的领导地位、普惠金融和负责任的创新。2022 年 5 月，美国参议员提出《分布式账本技术国家研发战略法案》，旨在为加密货币行业创建一个基础广泛的监管框架。2022 年 6 月，民主党参议院提出《负责任金融创新法案》，旨在鼓励金融领域的创新，建议将数字资产纳入法律监管框架。

联邦层面，SEC、金融犯罪执法网络（Financial Crimes Enforcement Network，FinCEN）和国内税务局（Internal Revenue Service，IRS）规范各自职权范围内涉及数字货币的问题，但并未出台相关立法。

证券监管方面，SEC 对任何"构成证券的数字资产"的发行或转售进行监管。SEC 发布了指导意见，明确以数字资产证券形式的数字货币进行交易的交易所、投资工具、投资顾问和交易商将受到"证券法"的约束。该指导意见明确指出，作为证券的数字货币将受到"美国证券法"的约束，但是并不是很明确。根据美国法，"证券"被定义为"个人把金钱投入一项共同事业中，合理期待通过他人（项目发起人或第三人）的努力使自己获得收益"。SEC 做出的"证券定义"从对"投资合同"这一法律术语的解释发展而来，并最终形成了"豪威测试"（Howey Test）的标准，并以此来确定"联邦证券法是否适用于特定数字资产的要约、出售或转售"。《证券法》的适用范围取决于其实质，需要符合"被普遍认为是证券的所有收益或工具"的特征。其定义框架仍存在一定程度的模糊性和不确定性，对框架中各种定义要素的界定几乎很难提供指导；定义无法完全解决判断数字货币证券属性的问题，回避了"数字货币是不是合法出资形式"的问题，没有考虑到数字货币中"投资者"身份的复杂性，存在无法涵盖所有证券类型等缺陷。在司法实践中，除"豪威测试"标准外，SEC 和法院还会用"风险资本测试"和"里斯本测试"等标准来判定一项数字货币是否构成证券。

AML/CFT 监管方面，FinCEN 是美国负责实施反洗钱法律的主要机构，FinCEN 根据《银行保密法案》对"货币服务业"进行了监管。如果数字货币替代真实货币或具有与真实货币等值的价值，则数字货币的兑换商和交易所属于 FinCEN 法规下的货币服务业。所有服务业都必须到 FinCEN 登记，并要求货币服务业务评估其业务运营的洗钱风险，建立反洗钱计划（其中包括记录保存、报告以及客户识别和验证要求）以及维持一个防止 AML/CFT 的程序。2020 年

12 月 18 日，FinCEN 发布了针对使用非托管钱包的虚拟货币交易，旨在弥补非托管钱包"反洗钱"漏洞的新规则。

反逃税监管方面，IRS 在 2014 年 3 月宣布，虚拟货币将作为财产而不是货币来征税。纳税人每次使用虚拟货币的收益和损失都会被跟踪，个人和企业需要保持其参与的加密货币交易的完整记录，并对清算收益、使用加密货币支付的交易和加密货币挖矿纳税。提交联邦所得税申报单的个人需要报告其因出售作为资本资产持有的任何加密货币而产生的损益，其中持有一年或一年以下的人按普通收入税率纳税，而持有一年以上的人按资本收益税率纳税。2022 年，美国参议院银行委员会高级成员帕特·图米（Pat Toomey）和美国参议员基尔斯滕·西内玛（Kyrsten Sinema）提出了《虚拟货币税收公平法案》，免除了使用虚拟货币购买商品和服务的小额个人交易税，并将属于同一交易的所有销售或交换视为一个销售或交换。这既简化了数字货币在日常交易中的使用，又能够防止不法分子利用这一豁免逃税。

州层面，各州对加密货币的监管有严有松。怀俄明州颁布法案免除"加密货币财产税"，被认为是美国对加密货币最友好的司法管辖区；新墨西哥州则发布警告以提示与数字货币相关的高风险和价格波动；2021 年 7 月，美国得克萨斯州州长签署了一项为加密货币和区块链创建法律框架的立法，正式定义了虚拟货币，修订了该州的《统一商法典》，并为个人和企业提供了加密货币投资的法律环境，使商法更好地适应区块链和数字资产。而纽约州于 2015 年出台了《虚拟货币监管法案》，通过限制性法律对加密货币尤其是比特币进行了严格的监管，以降低机构投资者的风险，其监管内容包括登记备案、反洗钱措施等方面。2022 年 6 月，美国纽约州金融服务局宣布了新的监管指南，为监管实体发行的美元支持的稳定币设定了基本的标准。针对那些在纽约发行寻求美元支持的稳定币的虚拟货币公司制定了《关于美元支持的稳定币最低标准的监管指南》。

（二）中国

中国对加密货币采取了严格的监管政策，从目前的政策来看，中国认为加密货币对金融安全和社会稳定有潜在的风险。2013 年 12 月 5 日，中国人民银行、工业和信息化部、中国银行业监督管理委员会、中国证券监督管理委员会、中国保险监督管理委员会联合印发了《通知》（以下简称《通知》），对当时主要的加密货币——比特币，表示了否定态度，为当时如日中天的加密货币市场敲响了警钟。《通知》重申了人民币是唯一的官方货币，将比特币定性为虚拟商品，不具有与货币等同的法律地位，并要求各金融机构和支付

机构不得开展与比特币相关的业务，同时将防范洗钱风险的对象扩大到了其他加密货币。

2017 年 9 月 4 日，央行等七部委联合发布《关于防范代币发行融资风险的公告》，明确指出代币发行融资中使用的代币或虚拟货币不具有与一般货币等同的法律地位，定性 ICO 本质上是一种未经批准非法公开融资的行为，严重扰乱经济金融秩序，任何代币融资交易平台均为非法，严格限制加密货币交易。

2021 年，国家对虚拟货币的监管力度继续加强，针对虚拟货币交易炒作及"挖矿"活动，密集出台组合拳，明确了虚拟货币的非法金融性质。

2021 年 5 月，中国互联网金融协会等发布《关于防范虚拟货币交易炒作风险的公告》，明确金融机构、支付机构不得开展与虚拟货币相关的业务。

2021 年 9 月 15 日，央行等十大监管部门发布了《关于进一步防范和处置虚拟货币交易炒作风险的通知》，通知要求建立全方位监测预警、信息共享和快速反应机制，建立多维度、多层次的风险防范和处置体系，要求全面排查虚拟货币 OTC 交易，对相关境外虚拟货币交易所的境内工作人员等依法追究有关责任，明确投资虚拟货币及相关衍生品违背公序良俗的，相关民事法律行为无效，由此引发的损失自行承担。人民银行有关负责人在通知发布后就相关问题答记者问进一步指出，虚拟货币兑换、作为中央对手方买卖虚拟货币、为虚拟货币交易提供撮合服务、代币发行融资以及虚拟货币衍生品交易等虚拟货币相关业务全部属于非法金融活动，一律严格禁止，坚决依法取缔，境外虚拟货币交易所通过互联网向我国境内居民提供服务同样属于非法金融活动。

2021 年 9 月 24 日，国家发改委等十一个部门发布《关于整治虚拟货币"挖矿"活动的通知》，从防范处置风险隐患、深入推进节能减排出发，要求全面梳理排查虚拟货币"挖矿"项目，严禁新增项目投资建设，并加快存量项目有序退出。

2021 年 10 月 21 日，国家发展改革委发布了关于修改《产业结构调整指导目录（2019 年本）》公开征求意见的通知，其中在淘汰类"一、落后生产工艺装备""（十八）其他"中增加了第 7 项，内容为"虚拟货币'挖矿'活动"。

（三）其他国家

目前各国对私人数字货币采取的态度大相径庭。非常认可私人数字货币的国家，如萨尔瓦多，是世界上第一个赋予数字货币（比特币）法定地位的国家。2021 年 11 月，萨尔瓦多还计划建立第一个由比特币债券支持的"比特币城"。而土耳其则认为，加密货币市值波动风险巨大，中央银行禁止使用加密货币作为支付手段。

1. 俄罗斯

俄罗斯自 2018 年起开始针对加密货币起草法律，但难以确定加密货币的法律性质，由此导致了法律草案的起草者意见迥异，产生了完全禁止数字货币交易到完全自由化的根本不同的做法。根据《俄罗斯联邦宪法》第 75 条规定，卢布是货币单位，不允许发行其他货币。起草人使用了"数字金融资产"一词，将其称为财产，加密货币和代币被归类为数字金融财产类型。随后该草案被推翻，从而也显示了立法者对加密货币性质的意见不统一。

2021 年年初，俄罗斯杜马一读通过了关于加密货币征税的法律草案，建议出于税收目的将数字货币识别为财产。随后还通过了《数字金融资产法》，法律中对"数字货币"和"数字金融资产"进行了区分，加密货币被定性为"数字货币"，但其流通受限，被禁止作为支付手段。

2. 英国

2022 年 4 月，英国政府宣布将把稳定币视为一种有效的支付方式，以促进英国成为全球加密资产技术和投资中心。在 AML/CTF 方面，为了将欧盟 5 号令纳入转化为国内法，英国修订了洗钱、恐怖主义融资和资金转移法规，确定了英国金融市场行为监管局（FCA）为 AML/CTF 的监管机构，明确要求在英国运营的加密资产企业在英国境内提供服务之前向 FCA 注册。

3. 澳大利亚

2021 年 11 月，澳大利亚联邦银行成为澳大利亚首家允许客户通过其商业银行程序购买、出售和持有包括比特币在内多达十种虚拟资产的银行。2021 年 12 月，澳大利亚财政部长公布澳大利亚支付体系改革计划，计划包括加密货币交易平台许可机制和中央银行发行数字货币等内容。在打击涉虚拟货币犯罪方面，2022 年 2 月，澳大利亚发布《刑法（勒索软件行动计划）》修正案草案，授权对数字货币交易所进行调查和冻结，为警方根据逮捕令扣押加密货币和其他数字资产奠定了法律依据。

4. 印度

2021 年，印度计划制定一项规制加密货币的立法，该法律将禁止比特币等私人加密货币的使用，并建成一个由央行主导的官方数字货币框架，但在某些例外情况下允许推广加密货币技术的使用。在税收方面，2022 年 7 月，印度税务部门对包括加密货币在内的虚拟资产征税；在用户保护方面，2021 年，印度广告标准委员会提出了《加密货币广告指南》，涉及风险披露条款、禁止加密货币成为法定货币等内容。2022 年，该委员会表示涉及 400 余个加密货币社交网络广告不符合其指导方针。

第三节　私人数字货币监管核心问题

一、私人数字货币的监管内容

新的数字化资产和创新金融工具的引入，创造了新的渠道，也为全球资本流动带来了新问题。私人数字货币及构成其基础的区块链技术作为新生事物，也存在着潜在的风险。更重要的是，它在很大程度上处于不受监管或者监管无力的状态，逐渐暴露了在洗钱、恐怖主义融资、逃税、欺诈等犯罪方面的问题。总而言之，数字货币，尤其是私人数字货币导致了一个碎片化和脆弱的货币体系，其风险类型也构成了目前国际社会对私人数字货币的监管内容框架。

（一）维护金融稳定

私人数字货币的局限性是结构性的，一个由数字支付主导但没有强大货币锚定的经济本质上是不稳定的。分布式金融系统和P2P支付活动的增长也加剧了金融市场和国家的安全风险。无限制地发展私人数字货币会威胁主权国家的金融稳定，产生系统性风险。私人数字货币如果取代一国的法定货币会影响国家经济体系的稳定安全运转，其作为新的风险因素首先会影响到支付系统的运行，而支付系统的安全性是整个社会经济资金脉络正常运行的基石，进而冲击金融系统的稳定性。私人数字货币会从货币供应量、基础货币、货币流通速度、利率政策、货币政策传导机制等方面影响中央银行货币政策的制定和运行。[①] 私人数字货币可以在流通中取代法定货币，而发行私人数字货币又不需要经过央行，会导致国家调控金融和经济的能力被削弱以及政策工具失灵的后果。

私人数字货币价格波动剧烈，经常被作为投机工具，投资者和消费者都面临巨大的市场风险。私人数字货币缺乏国家信用背书的内在缺陷，在一旦出现挤兑的情况下就会出现流动性危机。而对私人数字货币的监管失灵和治理失效会导致其无序增长，一旦取代国家的法定货币就会威胁主权国家的金融主权。

涉及跨境支付层面，私营部门操作的支付结算缺少国际协调机制，跨境资本的高频流动可能会冲击到一国的汇率稳定，而私人数字货币的技术特征使得数字货币交易可以轻易绕开外汇管制，直接扰乱一国的外汇管理秩序。

---

① 李真，刘颖格，戴祎程 . Libra 稳定币对我国货币政策的影响及应对策略［J］. 西安交通大学学报（社会科学版），2020（3）：55-63.

（二）打击洗钱犯罪和非法融资

区块链的分布式账本技术的匿名性和去中心化的特性与货币结合时，可以说会成为犯罪分子洗钱的温床。私人数字货币的去中心化能够规避金融中介的监管，因此往往被视为对金融系统的主要威胁。理论上，这导致了用户个人可以在不与受监管的相关机构（如存款机构或货币服务企业）产生互动的情况下转移资金。因此，在传统洗钱类型中，去中心化的私人数字货币可以为犯罪分子轻松通过放置和分层阶段提供便利。

私人数字货币作为一种有效的媒介，其匿名性和由此产生的识别用户身份的复杂性，导致实名制是政府监管的重要手段。由于缺乏政府监管的有效途径，洗钱者可以轻易地通过它来掩盖"脏钱"转换为合法资金的踪迹，为洗钱提供了新的渠道。有效的反洗钱措施都依赖于身份识别和身份验证，而私人数字货币的匿名性使监管机构即使能够监测到可疑的交易，也很难将交易与特定个人联系起来。

私人数字货币的匿名性和解密技术的局限性也增加了侦查机关追查这些资金的负担，为犯罪分子在国际上转移资金和逃匿提供了时间，同时这种影响延伸到了毒品犯罪、走私犯罪等洗钱犯罪的上游犯罪。2022 年 8 月，美国纽约州金融服务部因涉嫌洗钱对 Robinhood 的加密货币交易部门处以 3000 万美元的罚款。

私人数字货币的匿名性、低成本和国际性使得资金能够高效率的实现跨境转移，因此备受恐怖主义分子推崇。这些交易记录分布在不同国家的司法管辖区，或者可能根本不存在，侦查机关在获取交易记录时总是陷入困境。与运送大量非法现金相比，恐怖主义分子可以通过携带包含在智能手机等便携式设备中的硬件钱包设备或软件钱包，轻松地将资金跨境转移。

暗网的出现为使用私人数字货币自由交易非法商品和服务（如毒品、武器、贩卖人口等）提供了有效的场所，为恐怖主义分子获得武器提供了渠道。

（三）防止逃避税收

OECD 曾在其报告《虚拟货币税收》中指出，正是由于虚拟货币缺乏集中控制、匿名性、估值困难、兼具金融工具及无形资产等特征，以及基础技术和虚拟资产形式的快速演变，给税收监管工作带来了许多新的挑战。① 2022 年 4 月，美国国税局计划向 NFT 投资者征税，国税局官员并表示将准备对欠税者进

---

① OECD. Taxing Virtual Currencies：An Overview of Tax Treatments and Emerging Tax Policy Issues ［EB/OL］. OECD，2020-10-14.

行打击。

私人数字货币的逃税问题也归因于其匿名性，国家防范逃税行为的推进主要是依靠银行账户的监控，而私人数字货币使用者的匿名显然削弱了国家对征税的监管能力。监管者很难知晓货币使用者的真实身份和地理位置。传统的基于销售产品与提供劳务的增值税与营业税区分原则、基于"常设机构"作为来源地税收管辖的依据以及基于国界而设立的关税制度等都面临着巨大冲击。①

私人数字货币的技术特征使得其具有排除中心化机构发行与流通、采取点对点匿名交易等特性，从而降低了贸易监管和协调成本，提高了交易效率，因而在跨境贸易中具有了先天优势。正是由于私人数字货币具备这些内在特性，给执法部门监测交易记录、识别交易方、探寻课税对象等方面的工作带来较大困难，导致私人数字货币成为国际偷税漏税的金融工具。②

（四）强化用户保护

用户保护体现在多个方面，包括保护用户资产、信息披露和用户的隐私保护。从这个角度来看，私人数字货币交易服务提供商，包括托管服务提供商，应该受到适当的监管。

在保护用户资产方面，监管要求一般包括服务提供商有义务保护用户资产，适当分离资产和审计财务报表；为保护消费者免受金融机构的破产风险，要求电子钱包提供商为消费者账户提供存款保险；对于安全和技术风险，监管机构应当将维护系统安全设置为义务，在安全协议的设计和技术实现方面保障用户的权利，设置技术和审计标准再降低技术障碍，包括原则上要求服务提供商在离线环境管理客户存放的数字资产，解决落后的安全设计选择等问题；数字货币的去中心化特征为确定风险的责任人带来了一定障碍，监管机构一般会要求中介机构必须与发行人签订合同协议，约定损失责任分担，以确保发行人与中介机构在发生事故时进行适当协调。

在信息披露方面，市场的失灵和信息不对称往往会给犯罪分子虚假宣传、蓄意诈骗、价格操纵、非法集资留下可乘之机，使得投资者和消费者面临较大的风险。监管要求应当包括有充分的信息披露机制以获得用户信任，发行人尤其应当保证相关风险的透明性，包括对平台数字资产广告进行严格监管，禁止进行欺骗性广告和招揽投机，以避免对缺乏有效知识的用户产生信息误导和对

①　曲磊，郭宏波．比特币等虚拟货币金融犯罪风险前瞻［J］．经济研究参考，2014（68）：60-63，72.

②　程雪军．区块链技术驱动下私人数字货币的发展风险与系统治理［J］．深圳大学学报（人文社科社会版），2022（3）：63-73.

风险的低估。

对于用户隐私保护，私人数字货币的技术特性导致用户的个人信息和交易信息都掌握在发行商手里或者都可以在链上轻易追踪，而私营公司也经常会在征得用户同意的情况下，寻求使用个人数据和交易来提供更好的服务，这都极易导致信息泄露或滥用。数字货币的数据和隐私保护风险成为其在通过国际金融组织、各主权国家审核过程中被考量的重要因素。[①] 发行人应当保证他们的数据处理和脱敏技术的透明性，采取措施避免外部（如区块链分析公司）对其账本的监控。

二、私人数字货币的监管特征

（一）在多元化监管模式中寻求共识

数字货币作为全新的现象并以日新月异的速度迭代发展，短期内不可能出现完美的监管方案。各国基于本国的国情和风险承受能力的差异，制定不同的政策法律，采取不同的态度和监管模式，因此，对数字货币的监管也呈现多元化的特征。

对私人数字货币的监管模式，国际社会采取了限制和禁止两种模式。美国和欧盟采取了限制的态度，即为数字货币的发展设置条件以防范风险；而我国则对私人数字货币采取了全面禁止的态度。

对于不同的数字货币，如加密货币、稳定币等不同币种，各国也采取了不同的宽严适度的监管模式，在防范现实风险与顺应国际货币发展趋势之间不断寻求平衡。

国际社会在不断地探索中也达到了一定的共识，比如监管应遵循"相同的风险，相同的监管结果"的原则，数字货币和中介机构与"传统"货币和传统金融部门实质上履行相同的经济职能，因此，对数字货币所构成的风险不应当被区别对待，应当受到同等的监管。技术性特征和履行经济职能的方式不同并不构成数字货币被区别监管的原因，反而应关注其技术特征带来的额外风险，虽然在监管模式问题上无法达成共识，但针对加密货币的反洗钱监管在国际社会首先形成共识的起点。2022 年 4 月，在 IMF 小组讨论会上，印度财政部长西塔拉曼（Sitharaman）就表示，应当对加密货币的洗钱风险采取全球行动，采取统一的监管方法，密切关注与洗钱有关的问题。

反洗钱监管能够为遏制私人数字货币市场的严重欺诈和操纵创造良好的前

---

① 刘磊，吴之欧 . 数字货币与法［M］. 北京：法律出版社，2022：40.

提，从而减少普通投资者的进入障碍。因此，打击私人数字货币价格操纵、欺诈和打击私人数字货币洗钱的两个诉求汇聚到了反洗钱监管，① 比如各国政府都致力于寻求数字货币发行或者运行中的政府主导权，健全加密数字货币制度体系，或者通过立法和法律解释将加密数字货币纳入既有的法律框架，或者通过反洗钱与反恐融资、公司治理以及税收制度，限制加密货币运行的场所与方式等。②

（二）风险与创新的平衡

"负责任的金融创新"旨在技术创新和风险防范之间寻求平衡，在监管边界内最大限度地鼓励有益的技术进步。私人数字货币自产生以来，逐渐实现了从支付工具、兑换法定货币和投融资工具的功能飞跃，其无国界性在经济、政治和法律一体化的背景下提供了全球使用和整合的机会。私人数字货币的合法使用可以促进国际支付更加高效、方便和安全，从而提高整体经济效率，显著降低生产和防止伪造的成本。

但各国在监管过程中都以审慎的态度持续关注私人数字货币的发展和迭代以及技术的更新，警惕其引发的金融安全和国家安全风险。监管制度的存在、发展和更新都是为了在技术创新与风险防范之间不断寻找平衡，是与技术创新不断博弈和优化完善的过程，都致力于在鼓励金融创新的同时，能够以全面具体明晰的严格监管来维护金融安全领域的国家利益。而从目前来看，国际社会在寻求技术创新和风险防范平衡的问题探索上，仅仅是刚迈出第一步。

（三）事关国家的竞争力

各国对私人数字货币的监管都提升至事关一国整体竞争力的高度。数字货币本身和技术是国际金融体系中新型支付和资金流动方式的基础，支付领域的数字创新是经济进步和发展的关键。

以美国为例，美国在《发展和加密资产技术竞争力框架》中提出的 17 个问题中有 11 个问题归在"竞争力"维度，涉及提高数字货币全球竞争力的障碍和挑战、监管变化及影响、人才竞争、挖矿能耗、央行数字货币和贸易协定等方方面面。从经济竞争力上看，美国可以通过加密货币支付手段加大全球对美元的需求量，像委内瑞拉和阿富汗这样经济落后的国家都可以通过持有加密货币

---

① 吴云，朱玮. 虚拟货币的国际监管：以反洗钱为起点走出自发秩序 [J]. 财经法学，2021（2）：79-97.

② 陈姿含. 加密数字货币行政监管的制度逻辑 [J]. 北京理工大学学报（社会科学版），2020（5）：134-143.

而间接持有美元。美国借助美元在全球货币体系内的地位提升来增强对全球经济系统的掌控程度，保持其在全球金融体系中的核心地位。据 CB Insight 发布的 2022 年第一季度《金融科技现状》报告，美国以 133 亿交易额和 489 项交易主导着金融科技领域的交易和融资市场。从技术竞争力上讲，私人数字货币的发展事关作为私人数字货币的扩展和延伸的"Web 3.0 革命"发生在美国，美国正在力图以全面监管保障革命性的技术创新。

国际组织和全球标准制定机构一直致力于推进制定数字货币政策和提出指南及监管建议。美国非常重视并擅长利用其在国际组织中及标准制定机构中的地位，根据国家利益、发展目标和价值观来输出和制定数字货币政策，并不断增强其在国际组织中的话语权和领导力，助力其数字货币政策目标的实现。

（四）国际合作避免监管套利

各国监管措施的比较揭示了各国监管规则上的差异。对于数字货币监管的关键性问题在国际社会并未形成统一的理解。犯罪分子都倾向于选择监管政策宽松或者缺乏监管的地区以进行洗钱、网络犯罪和其他非法活动。这为希望通过使用私人数字货币规避国家监管政策的恶意行为提供了潜在的监管套利机会，产生了利用不同国家和不同司法管辖区的监管漏洞和监管差异逃避监管的可能性，也增加了较高的合规负担。通过监管要求的充分覆盖和兼容性来避免"监管套利"，对防范非法活动风险至关重要。

各国的国家规制和监管框架调整都应该是全球层面更广泛调整的一部分。国际组织和各国政府都关注国际社会监管框架的协调和实践以及如何加强国际社会的监管合作，以确保数字货币的风险在任何国家和地区都可以被识别和处理，同时确保有效的规制监管和解决监管套利的风险。

第四篇

04

2021—2022年月度网络空间安全治理态势

第一章

2021 年 10 月治理月度报告和大事件

第一节　2021 年 10 月网络空间安全治理态势月度报告

一、法治监管持续深入，网络安全政策动态不断更新

法律治理作为网络安全治理的重要路径在各国广泛推进，本月治理动态中法治监管涉及个人信息保护、数据监管以及网络攻击三大方面。美国本月推出多项网络安全法案，加州签署参议院第 41 号法案，加强基因数据保护，同时美国国会引入《保护具有系统重要性的关键基础设施法案》《赎金支付法案》《反恶意算法法案》系列法案，众议院国土安全委员会还在考虑授权国土安全部网络与基础设施安全局制定事件报告细则，要求关键基础设施受害者在 72 小时内报告情况。在网络攻击预防方面则以发布备忘录方式，改进联邦政府系统网络安全漏洞和事件检测。在个人信息方面，新加坡议会通过《外国干涉（反制措施）法案》，日本更新《个人信息保护法》指南，其中新增了人脸识别信息使用、个人数据泄露报告、假名化处理信息和个人参考信息、个人数据跨境传输等相关具体规定。英国启动了进一步的改革计划，数字、文化、媒体和体育部（DCMS）就其对英国数据保护制度的改革草案《数据：新方向》发起了公众意见咨询，以调整其现有的基于欧盟 GDPR 的数据保护制度。

二、网络安全事件频发，各国网络攻防举措并进

网络攻击方面，在开源情报中各国一直致力于加强网络攻击防御能力。近期，美国考克斯媒体集团（Cox Media Group，CMG）证实，该公司遭到勒索软件攻击，导致用户个人信息在攻击中被泄露，伊朗黑客攻击美国国防科技公司，

医疗技术公司奥林巴斯（美国）系统遭到网络攻击等引发各国政府高度关注。本月与以往不同的是，在媒体上出现了主动宣布网络攻击进击举措的网络安全战略部署。英国宣布将耗资 50 亿英镑建立国家网络部队（NCF）总部，以发动"进攻性"网络攻击增强其发动报复性攻击的能力，包括通过网络追捕恐怖势力、犯罪分子以及敌对国家。美国则在网络攻击防御上着手关键基础设施，其国家标准与技术研究所（NIST）与国土安全部（DHS）联合发布了关键基础设施控制安全系统的初步网络安全绩效目标，同时，美国商务部以"有悖于美国国家安全或外交政策利益的活动"为由宣布制裁四家开发和销售间谍软件和其他黑客工具的公司。这四家公司包括以色列的 NSO 集团和 Candiru、俄罗斯安全公司 Positive Technologies 以及新加坡的计算机安全倡议咨询公司。

三、各国推进数据部署，积极抵御数据安全风险

进入数字时代以来，数据安全风险的危害性和外溢性已对政治、科技、经济和社会等多个领域产生了负面影响，全球数据安全治理议题的重要性和紧迫性不断上升，本月各国数据安全治理措施进一步推进。在规则上，新加坡网络安全局发布的《2021 年新加坡网络安全战略》概述了新加坡为适应快速发展的战略和技术环境而更新的目标和方法，强调主要以建设有弹性的基础设施、打造更安全的网络空间、加强国际网络合作为战略基础。在国际合作层面，2021 年 10 月 22 日，七国集团（G7）就管理跨境数据使用和数字贸易的原则达成一致。在具体战略上，2021 年 10 月 6 日，美国国家地理空间情报局（NGA）发布了该机构新的数据战略，概述了其转型和改进数据创建、管理和共享方式的计划，以保持其在提供地理空间情报（GEOINT）方面的主导地位。

第二节　2021 年 10 月网络空间安全治理态势大事件简介

一、微软发布安全报告①

近期，微软发布的第二份年度数字防御报告中指出，俄罗斯黑客在 2020 年 7 月到 2021 年 6 月，不仅攻击频率提高，成功入侵比例也从前一年的两成增加

---

① Microsoft Security Team. Microsoft Digital Defense Report 2020：Cyber Threat Sophistication on the Rise ［EB/OL］. Microsoft，2020-11-29.

到三成，并且渗透政府组织收集情报的行为也更加频繁，报告同时还将矛头指向朝鲜、伊朗和中国等。此外，报告还重点关注最新颖与社区相关的威胁。通过纵观威胁现状，以及来自跨公司团队的数据和信息，五个关键领域成为最关注的焦点：网络犯罪现状，国家威胁，供应商生态系统、物联网（IoT）和运营技术（OT）安全，混合的劳动力，虚假信息的趋势。最后，报告提出为了将攻击的影响降到最低，组织必须真正实践良好的网络卫生，实施支持零信任原则的架构，并确保网络风险管理整合到业务的各个方面等建议。

二、美国总统拜登签署《2021 年中小学生网络安全法案》①

2021 年 10 月 8 日，美国总统乔·拜登正式签署《2021 年 K-12 网络安全法案》，该法案旨在帮助改善中小学（K-12）学校的网络安全，降低勒索软件攻击风险。该法案指示网络安全和基础设施安全局（CISA）研究中小学面临的网络风险并制定建议，协助学校面对这些风险。研究将评估学校在保护其系统以及学生和工作人员信息方面所面临的挑战。法案规定 CISA 需在 120 天内完成审查并向国会报告。法案还要求联邦机构为学校官员开发在线培训工具，主要是因为学校一直受到网络犯罪分子的打击，一些地区已经沦为勒索软件攻击的受害者，自 2016 年以来，已经有超过 1200 起针对 K-12 公立学校网络攻击的事件曝光，美国 50 个州均受到影响，2021 年超 1200 家美国中小学数据在暗网泄露。

三、英国将建设新数字站中心以发动"进攻性"网络攻击②

英国国防大臣表示，英国政府将耗资 50 亿英镑建立国家网络部队（NCF）总部。新的数字战中心将设在兰开夏郡的萨姆斯伯里，由英国国防部和政府通信总部（GCHQ）共同运营，这将使英国处于能够发动进攻性网络攻击的国家的"前沿"。同时，英国官方表示网络已经成为"新战线、新战场"，英国能够在网络空间对抗潜在对手至关重要。部分国家每天都在对英国发动网络攻击，因此，英国有权根据国际法对此做出侵略性回应。虽然英国尚未遭受"顶级"和"灾难性"网络攻击，但如果政府无法以同样规模进行反击，将是"失职"，英国不仅希望加强其应对威胁的立场，而且还希望增强其发动报复性攻击的能

---

① CISA. President Biden Signs K-12 Cybersecurity Act［EB/OL］. Security Magazine，2021-10-08.

② CORDON G. UK to Build £5bn Digital Warfare Centre to Mount "offensive" Cyber Attacks［EB/OL］. Irish News，2021-10-02.

力，包括通过网络追捕恐怖势力、犯罪分子以及敌对国家。

四、美国 NIST 和 DHS 联合发布关键基础设施控制系统网络安全目标①

美国国家标准与技术研究所（NIST）与国土安全部（DHS）联合发布了关键基础设施控制安全系统的初步网络安全绩效目标，根据拜登总统关于改善关键基础设施控制系统网络安全的国家安全备忘录，该目标将推动有效实践和控制的采用。NIST 特别指出，它和国土安全部网络安全和基础设施安全局（CISA）已经确定了九类网络安全最佳实践，并将其作为网络安全性能目标的基础，九个目标中的每一个都有部署和运行安全控制系统的具体目标，这些目标进一步组织为基线和强化目标。具体而言，NIST 强调最佳实践的主题包括风险管理和网络安全治理，架构和设计，配置和变更管理，实体安全，系统和数据的完整性、可用性和保密性，持续监测和漏洞管理，培训和意识，事件响应和恢复，供应链风险管理。

五、英国发布脱欧后的数据改革草案②

英国脱欧后一直在进行数据改革。尽管 DCMS 已表示其提议的修正案将建立并完善现有的英国框架，而不是重新制定，但改革是广泛的，法案包含了对英国数据保护制度的"一揽子"修正，该制度仍以泛欧盟框架为基础——调整个人数据处理方面的规则，如在线跟踪的同意、科学研究的数据、公共部门数据的使用和共享，放宽对小企业的某些规定，以及酝酿对数据监管机构本身的改变：政府预计这将在十年内为企业节省超过 10 亿英镑。

六、美国宣布制裁四大黑客工具公司③

美国商务部宣布制裁四家开发和销售间谍软件及其他黑客工具的公司。这四家公司包括以色列的 NSO 集团和 Candiru、俄罗斯安全公司 Positive Technologies 以及新加坡的计算机安全倡议咨询公司。商务部表示，这四家公司从事了"有悖于美国国家安全或外交政策利益的活动"。美国政府指控 NSO 集团和 Candiru 开发并向外国政府提供间谍软件，这些公司利用这些工具恶意攻击政府官

---

① NIST. DHS, NIST Coordinate in Releasing Preliminary Cybersecurity Performance Goals for Critical Infrastructure Control Systems［EB/OL］. NIST, 2021-09-23.

② GOV. UK. Data：a new direction-GOV. UK［EB/OL］. GOV. UK, 2021-09-30.

③ GOV. UK. Data：a new direction-GOV. UK［EB/OL］. GOV. UK, 2021-09-30.

员、记者、商人、活动家、学者和使馆工作人员，甚至在这些政府的主权边界之外对记者和活动家进行跨国镇压。同样，Positive Technologies 和中国船舶集团有限公司（CSIC）被指控创造和销售"网络工具"，这些工具后来被用于入侵世界各地的个人和组织。这四家公司，包括它们的别名被添加到一份从事恶意网络活动的实体名单中，该名单目前由商务部工业与安全局（BIS）维护。

七、日本更新《个人信息保护法》指南①

日本个人信息保护委员会（PPC）宣布更新关于《个人信息保护法》指南的问答，新增了人脸识别信息使用、个人数据泄露报告、假名化处理信息和个人参考信息、个人数据跨境传输等相关具体规定。这些具体规定从总体上扩大了个人信息的保护范围，明确了人脸识别信息的保护要求，增加了数据处理者泄露报告和通知个人的法律义务，解析了假名化处理信息和个人参考信息的概念和用法，加强了个人数据跨境传输中的安全监管。由于修订后的《个人信息保护法》预计将于 2022 年 4 月 1 日生效，更新后的问答现在也处于尚未生效的状态。问答的这次更新旨在与《个人信息保护法》及其指南之前的修订相配套，具体有以下四大焦点问题值得关注：一是重点关注人脸识别信息使用；二是完善细化数据泄露报告制度；三是引入两类新的信息类型，即"假名化处理信息"与"个人参考信息"概念；四是加强数据跨境传输监管。

八、七国集团国家同意数字贸易原则②

2021 年 10 月 22 日，七国集团（G7）就管理跨境数据使用和数字贸易的原则达成一致，这被称为是一项突破，可以使数千亿美元的国际商业自由化。该协议在欧洲国家使用的高度管制的数据保护制度和美国更开放的方式之间确定了一个中间立场。英国发表的公报表示，"我们反对数字保护主义和专制主义，今天我们通过了 G7 数字贸易原则，这将指导 G7 的数字贸易做法"。数字贸易被广泛定义为以数字方式实现或交付的商品和服务贸易，包括从电影和电视发行到专业服务的活动。然而，关于客户数据使用的不同规则可能会造成重大障碍，特别是对中小企业来说，遵守这些规则是复杂而昂贵的。

---

① ISHIAKA T. The Privacy, Data Protection and Cybersecurity Law Review：Japan ［EB/OL］. The Law Reviews, 2022-10-27.

② GOV. UK. G7 Trade Ministers' Digital Trade Principles ［EB/OL］. GOV. UK, 2021-10-22.

九、美国国家地理空间情报局发布 2021 版数据战略①

2021 年 10 月 6 日，美国国家地理空间情报局（NGA）发布了该机构新的数据战略，概述了其转型和改进数据创建、管理和共享方式的计划，以保持其在提供地理空间情报（GEOINT）方面的主导地位。NGA 2021 年数据战略是一份 28 页的公开文件，包括该机构的战略目标和行动方针，因为它在面临越来越多的数据、风险和竞争的同时，将继续制定安全和创新的前进道路。NGA 2021 年数据战略与既定的协作数据治理计划相结合，通过加速四个重点领域的发展，指导该机构缩小当前和未来能力之间的差距，使数据易于访问、提高数据可重用性、提高跨域效率和启用下一代 GEOINT。

十、英、美等 30 余国就反勒索软件倡议发表联合声明②

2021 年，白宫于 10 月 13 日至 14 日召集来自 30 个国家的代表和欧洲联盟的代表，针对这一跨国威胁举行了抗击勒索软件倡议（Counter Ransomware Initiative）会议。来自六大洲的有关官员出席了线上会议，承诺共同制止并迅速应对相关事件，挫败肇事者并追究他们的责任，同时解决使勒索攻击有利可图的金融系统问题。抗击勒索软件的国际行动包括建设抗御力、制止滥用虚拟货币、打击黑客、以国际合作为优先重点等。与会人士还建议公司和个人遵循网络安全最佳做法，其中包括在线下备份数据、使用高强度密码和多重要素验证、及时更新软件补丁，而且只打开值得信任的链接和文件。

---

① NGA. NGA Releases New Data Strategy to Navigate Digital，GEOINT Revolution［EB/OL］. NGA，2021-10-06.

② The White House. Joint Statement of the Ministers and Representatives from the Counter Ransomware Initiative Meeting［EB/OL］. The White House，2021-10-14.

第二章

2021 年 11 月治理月度报告和大事件

第一节 2021 年 11 月网络空间安全治理态势月度报告

一、法治监管持续深入

一是网络安全相关报告的出台逐渐增多。随着欧洲方面网络攻击数量不断增加，再加上欧盟缺乏相应的针对防范网络攻击的方针，使得欧盟对网络安全意识的需求越来越大。在这一背景下，欧盟网络安全署发布了网络安全意识报告。该报告以提高公民对网络安全意识的实践能力、协助欧盟成员国进一步建设其网络安全能力为目的，深入探讨了欧盟成员国维护网络安全的方法，并就如何提高网络安全意识提出了建议。二是有关网络安全的相关法律法规的出台逐渐增加。2021 年 11 月 5 日，美国众议院批准了 1.2 万亿美元的基础设施法案，其中 19 亿美元将用于提升整个联邦政府内的网络安全水平。这一法案的通过，将极大促进美国的网络安全水平，同时规范了美国的网络安全建设。三是美国众议院和参议院对互联网平台的算法推荐进行规制，并且对结果排序、个性化内容推荐、社交媒体帖子呈现等内容也进行了规制。同时对"不透明算法"做了具体定义。四是网络大国之间的博弈日益激烈复杂，其中以美国的行动最具代表性。美国参议院在 2021 年 10 月 28 日投票通过了《2021 年安全设备法》，加强对华为、中兴的限制。该法案以安全威胁为借口，对华为和中兴等公司进行审议或颁发新的设备执照。

二、国家网络安全战略部署逐步推进

一是各个国家不断地对已出台的指南和法律进行更新，以提高本国法律的

适应性。2021 年 11 月 29 日，美国国家标准与技术研究院发布了最终的《物联网具体指南》，该指南对物联网设备网络安全的要求已经根据针对物联网设备网络安全要求的反馈进行了更新。同时根据各类危险源和网络安全事件的影响，确定了新的风险评估标准。二是由于物联网的普及和当前无线设备使用的迅速增长，无线设备也逐渐成为黑客攻击的主要目标。在这一背景下，欧盟委员会通过了新的《无线设备网络安全规则》，以预防在线支付诈骗活动并更好地保护公民的个人数据安全。《无线设备网络安全规则》涵盖了所有能够通过互联网进行通信的设备、玩具和儿童保育设备以及各类能够收集生物特征的可穿戴设备。这一规则要求制造商必须建立更好的用户身份验证控制系统，同时，要求他们在设计过程中还必须实施新功能，以防止未经授权访问去交换个人数据或使用该设备破坏网站的可能性。

三、网络国际合作推进

一是 2021 年 11 月 25 日德国联邦信息安全办公室（BSI）与法国国家安全网络局（ANSSI）一起通过了一份关于勒索软件的报告。网络经济犯罪极大促进了勒索软件的攻击与发展，勒索软件的攻击也因此变得越来越普遍，攻击者也更加专业。为了保证网络空间的安全稳定，德国与法国通过了这一联合报告。报告反映了不同勒索软件所带来的不同风险与挑战，总结了勒索软件攻击的感染链，分析了勒索软件攻击的多种感染媒介。ANSSI 和 BSI 也分别总结了各自对勒索软件威胁的反应。BSI 在报告中就预防勒索软件的攻击提出以下方式：第一，通过经常性出版物提高对勒索软件和网络威胁的普遍认识；第二，在关键基础设施供应商之间建立和促进公私合作；第三，支持网络安全联盟并建立网络安全。在网络防御和响应方面，ANSSI 则提出了以下三点看法：第一，通过各种渠道传播有关勒索软件攻击的信息；第二，通过不同方式和渠道搜索法国受害者，引导法国计算机应急准备小组（CERT-FR）向实体发出警报；第三，主动扫描易受漏洞攻击影响的系统，从预测攻击。二是新加坡与英国签署了关于数字贸易便利化、数字身份和网络安全的谅解备忘录。英国和新加坡签订的谅解备忘录将为双方密切的数字合作提供基础，并帮助数字合作的高标准设定全球基准，同时为两国带来了一定的经济和社会利益。三是各科技公司之间进行了合作，以保证网络安全与稳定。亚马逊、微软、谷歌等科技巨头建立了可信云原则，以解决各科技公司在与世界各国政府合作中遇到的阻碍以及国家法律冲突。除此之外，还对从事云端存储和处理数据的企业提供基本保护。

第二节　2021年11月网络空间安全治理态势大事件简介

一、亚马逊、微软、谷歌等科技巨头建立可信云原则①

微软、亚马逊、谷歌等全球主要科技巨头联合建立可信云原则，宣称致力于保护客户的各项权利。各科技公司明确表示，可信云原则是他们为了解决在与世界各国政府合作中遇到的阻碍以及有关创新、安全和隐私的国际法律冲突，并为在云端存储和处理数据的企业提供基本保护。其中的一些具体原则包括：除非遇到"特殊情况"，否则各国政府应首先从企业客户那里直接获取数据，而不是找云服务提供商拿取；如果政府寻求直接通过云服务提供商访问客户数据，客户应有权得到通知，并且应该有一个明确的流程供云服务提供商挑战政府对客户数据的访问请求，从而保护客户的利益，如通知相关数据保护机构。同时，云服务提供商承认，在此原则下他们认同《国际人权法》规定的隐私权，并承认客户信任与控制及其数据安全的重要性。

二、欧盟网络安全署发布网络安全意识报告，加强SBA应对和处理企业网络威胁方面的能力②

欧盟网络安全署在其第九届国家网络安全战略研讨会的框架内发布了一份关于网络安全意识的报告，旨在协助欧盟成员国培养公民的网络安全能力。随着每年不断增加的网络攻击数量，再加上缺乏适当的指导方针和培训，凸显了对网络安全意识的迫切需要。与此同时，就提高网络安全意识进行沟通并不是一项简单的工作，欧盟成员国需要采取具体行动来实现这一目标。在这一背景下，欧盟网络安全署提出了网络安全意识报告，该报告的最终目的是通过分析提高公民网络安全意识的最佳实践，协助欧盟成员国进一步建立网络安全能力。该报告对欧盟成员国的国家意识活动和计划进行了概述和分析。报告还就如何提高网络安全意识提出了建议：（一）通过国家网络安全战略建设提高网络安全

---

① MAREK S. Amazon, Google, Microsoft Agree with Trusted Cloud Principles [EB/OL]. Fierce Telecom, 2021-09-30.

② EU. ENISA Publishes Report on Cybersecurity Awareness [EB/OL]. Data Guidance, 2021-11-29.

意识；（二）通过对威胁环境进行分析和报告，定期评估网络安全趋势和挑战；（三）通过考虑欧盟公民对网络安全的思维和行为模式，衡量网络安全行为，提供网络安全的定量衡量；（四）通过以专业方式启用适当的消息传递来规划网络安全意识活动。

三、美国参议院投票通过《安全设备法案》，加强对华为、中兴的限制①

据路透社等外媒当地时间 2021 年 10 月 28 日消息，美国参议院当天通过了《2021 年安全设备法》（*Secure Equipment Act of 2021*），该法案以所谓"安全威胁"为借口，禁止美国联邦通讯委员会（FCC）对华为和中兴等公司进行审议或颁发新的设备执照。美国联邦通讯委员会 2020 年制定了新规则，要求美国电信公司拆除并替换所谓"对国家安全构成威胁的通信设备和服务清单"所涵盖的公司所提供的设备。2021 年 3 月，美国将华为和中兴等五家中国企业列入这份"黑名单"。但该规则目前仅适用于使用美国联邦资金购买的设备，如果用民间资金或非联邦政府资金购买同样的设备，该设备仍可使用。新法案旨在堵住这一"漏洞"，美国联邦通讯委员会已在 2021 年 8 月按照议员的建议启动修改这一规则。

四、美国众议院和参议院提出过滤气泡透明度法案②

众议院两党立法者组成的小组提出了一项法案，该法案要求在线平台向用户提供不使用个性化算法推荐的选项。该法案最早在 2019 年就曾被参议员提出，此次是在脸书的算法操纵危机的背景下被重提。这项法案名为《过滤气泡透明度法案》（*Filter Bubble Transparency Act*），其内容是对互联网平台的算法推荐进行规制，其中，搜索结果排序、个性化内容推荐、社交媒体帖子呈现等都被包含在内。该法案针对的核心问题是"算法是否使用了用户的特定数据"，如果平台基于用户的特定数据，如历史浏览记录、转账记录等来向用户进行个性化内容推荐，而这些信息不是用户为了实现特定目的主动提供给平台的，这样的算法在这份文件中被定义为"不透明算法"。

---

① SHEPARDSON D. Biden Signs Legislation to Tighten U. S. Restrictions on Huawei, ZTE [EB/OL]. News & Insights, 2021-11-21.

② Congress. Bipartisan Bill Seeks to Curb Recommendation Algorithms [EB/OL]. Tech Crunch, 2021-11-09.

五、美国基建法案获两院通过，将投入 19 亿美元建设网络安全①

2021 年 11 月 5 日，美国众议院批准了 1.2 万亿美元的基础设施法案，其中 19 亿美元将被用于提升整个联邦政府内的网络安全水平。这笔资金将由联邦紧急事务管理局（一直负责国土安全部的各项拨款计划）负责管理，从 2022 年开始并持续四年，网络安全与基础设施安全局（CISA）为资金调配提供指导意见。该法案将分配 19 亿美元的网络安全资金，其中约 10 亿美元将用于建立新的资助计划，帮助各州、地方、部落及领地政府提升网络安全水平。拜登大力称赞了法案的通过，"我们做出了早该做出的重要决定，这些事情在华盛顿被谈论了很久，但一直没能真正落地"。拜登表示，他相信国会未来还将通过独立的安全网络议案。

六、新加坡和英国签署关于数字贸易便利化、数字身份和网络安全的谅解备忘录②

新加坡和英国政府在数字贸易便利化、数字身份和网络安全领域签署了三份谅解备忘录，这些谅解备忘录加强了英国和新加坡之间的数字连接，并将支持英国—新加坡数字经济协议（DEA）的共同目标和关键原则。新加坡和英国之间的谅解备忘录将进一步支持新加坡和英国之间跨境服务的数字交付增长的机会，为与志同道合的数字合作伙伴密切合作提供基础，并帮助为数字合作的高标准设定全球基准，为两国带来经济和社会利益。谅解备忘录主要包括三个方面：第一，数字贸易便利化备忘录；第二，数字身份合作备忘录；第三，网络安全备忘录。

七、德国联邦信息安全办公室与法国国家网络安全局宣布通过关于勒索软件的联合报告③

德国联邦信息安全办公室（BSI）于 2021 年 11 月 25 日宣布，它已与法国国家网络安全局（ANSSI）一起通过了一份关于勒索软件的报告。BSI 强调，除

---

① CISA. Infrastructure Bill Includes ＄1.9 Billion for Cybersecurity ［EB/OL］. CSO Online，2021-11-06.

② MCI. International：Singapore and UK Sign MoUs on Digital Trade Facilitation，Digital Identities，and Cybersecurity ［EB/OL］. Data Guidance，2021-11-30.

③ BSI. BSI and ANSSI Announce Adoption of Joint Report on Ransomware ［EB/OL］. Data Guidance，2021-11-26.

其他事项外，勒索软件攻击正变得越来越普遍，攻击者变得更加专业，导致攻击产生越来越严重的后果。此外，该报告还指出，攻击者已经投入最大化勒索压力，并且不断扩大的网络犯罪经济的出现极大地促进了勒索软件攻击。因此，该代表强调了与国家和国际合作伙伴关系打击勒索软件的重要性。ANSSI 总干事表示："随着勒索软件攻击的数量和质量不断提高，ANSSI 和整个法国生态系统正在努力应对这一威胁。鉴于日益严重的全球威胁，国际合作比以往任何时候都更加必要。我们必须继续与 BSI 等欧洲合作伙伴合作，为网络空间的稳定做出贡献。"

八、欧盟理事会就委员会关于《数字服务法案》的提案达成一致①

欧盟理事会于 2021 年 11 月 25 日宣布，它已就欧盟委员会关于《数字服务法案》（DSA）的提案达成一致，并建议对此进行进一步修订。特别是理事会指出，委员会拟议的法案的主要目的是保护用户免受非法商品、内容和服务的侵害，并保护他们在网上的基本权利。理事会进一步强调，委员会提议的法案还旨在使 2000 年 6 月 8 日关于信息社会服务的某些法律方面，特别是内部市场电子商务的第 2000/31/EC 号指令的部分现代化。此外，理事会强调，DSA 下制定的规则旨在扩大和澄清从世界任何地方在欧盟提供服务的在线企业的一套共同责任，并且该提案遵循的原则是非法的线下也应该是非法的在线。

九、NIST 更新联邦组织的物联网网络安全指南②

美国国家标准与技术研究院（NIST）于 2021 年 11 月 29 日宣布，它已向联邦组织发布了最终的物联网具体指南以支持其风险管理流程，将物联网设备纳入联邦系统。特别是，特别出版物 SP800—213《联邦政府物联网设备网络安全指南：建立物联网设备网络安全要求》是根据收到的有关识别物联网设备网络安全要求的反馈（包括对威胁来源和事件的影响，以及确定更新的风险评估）进行了更新。此外，SP800—213，物联网设备网络安全要求目录进行了更新，使其在演示上更加一致，在技术和非技术方面之间更加平衡，并且更容易引用。

----

① EUC. EU：Council of the EU Agrees Position on Commission Proposal for a Digital Services Act［EB/OL］. Data Guidance，2021-11-25.

② NIST. NIST Updates IoT Cybersecurity Guidance for Federal Organisations［EB/OL］. Data Guidance，2021-11-29.

十、欧盟理事会就数字金融"一揽子"提案采取立场①

欧盟理事会于 2021 年 11 月 24 日宣布，它已就作为数字金融"一揽子"计划一部分的两项提案采取了立场：加密资产市场监管（MiCA）和数字运营弹性法案（DORA）。理事会特别强调，MiCA 是为加密资产市场创建一个监管框架，以支持创新并利用加密资产的潜力，以保持金融稳定和保护投资者，而 DORA 旨在建立一个数字运营弹性监管框架，让所有公司确保他们能够承受所有类型的、与 ICT 相关的中断和威胁，以预防和减轻网络威胁。理事会和欧洲议会现在就将这些提案进行"三部曲"谈判。一旦他们的谈判达成临时政治协议，两个机构将正式通过这些规定。

① EUC. Council Adopts Position on Digital Finance Package Proposals［EB/OL］. Data Guidance，2021-11-25.

第三章

2021年12月治理月度报告和大事件

第一节　2021年12月网络空间安全治理态势月度报告

一、各国稳步推进本国网络安全战略部署

一是在战略全局的高度上明确提出对本国网络安全产生威胁的"敌对"势力。英国政府于2021年12月15日发布的《2022年国家网络战略》中特别强调了英国及其全球范围内的盟友的一致威胁来自俄罗斯和中国。英国政府认为，中国在网络空间中仍然是一个高度成熟的参与者，越来越雄心勃勃地将其影响力投射到境外，并且对英国的商业机密有着明显的兴趣。

二是针对可能遇到的网络安全威胁设立并发展壮大了诸多专门机构。英国在兰开夏郡的萨姆斯伯里建立并扩展了国家网络部队（NCF），利用NCF的能力瓦解来自国家和非国家行为者的威胁，并支持英国更广泛的国家安全利益；与此同时，建立一个新的国家网络咨询委员会，邀请私营和第三方部门的高级领导人来提供政策咨询。美国网络安全和基础设施安全局（CISA）网络安全咨询委员会选举并产生了新一届领导小组成员，其中特别强调了着手启动黑客社区小组委员会，带头组建一个由黑客、漏洞研究人员和威胁情报专家组成的技术咨询委员会，以获得对国家的安全至关重要的一线从业人员的直接反馈。

三是持续加强本国内网络安全领域的公私合作关系。英国政府在战略报告中指出要深化政府、学术界和工业界之间的伙伴关系，利用已经强大的网络增长和弹性伙伴关系网络以及网络安全研究和教育卓越学术中心，与工业界、学术界和公民进行更具包容性和战略性的国家网络对话。乌克兰政府在2021年12月29日发布的《网络安全组织和技术模式条例》指出，要提高国家网络安全系统的有效性，特别是使企业和政府机构能够开发、实施和不断改进结构统一性，

并根据他们的需求和能力定制系统。

二、网络安全事件持续发酵，政治色彩明显

一是中国作为西方网络战略围堵的对象接连受到不公正对待。包括全球最大的商用无人机制造商大疆创新在内的八家中国公司（人脸识别软件公司云从科技、与执法部门合作的网络安全集团厦门美亚笔克、人工智能公司依图科技、云计算公司 Leon Technology 和生产商 NetPosa Technologies 基于云的监控系统），因被美方恶意指控而被拜登政府列入投资黑名单。同时，大疆创新和其他集团也将被列入美国的"中国军工企业"黑名单。

二是无差别的网络攻击行动对全球网络生态造成破坏性打击。2021 年 12 月 10 日公开的核弹级漏洞 Log4Shell 席卷全球。新西兰计算机紧急响应中心（CERT）、美国国家安全局、德国电信（CERT）、中国国家互联网应急中心（CERT/CC）等多国机构相继发出警告。全球近一半企业因为该漏洞受到了黑客的攻击，已证实服务器易受到漏洞攻击的公司包括苹果、亚马逊、特斯拉、谷歌、百度、腾讯、网易、京东、推特、Steam 等。据统计，共有 6921 个应用程序有被攻击的风险，其危害程度之高，影响范围之大，以至于不少业内人士将其形容为"无处不在的零日漏洞"。并且，Log4j 漏洞可能需要数月甚至数年时间才能妥善解决。

三、网络大国在全球范围内合纵连横、博弈激烈

一方面，美国持续扩充自己在网络安全与技术方面的战略合作伙伴。作为"五眼联盟"的成员，美国分别与澳大利亚、英国等国达成网络战略合作协议。此外，美国国务院政治军事事务局（PM）在全球范围内建立网络防御和网络安全伙伴关系，与厄瓜多尔、阿根廷、保加利亚和北马其顿的 GDRP 顾问与伙伴政府国防部（MOD）达成合作协议，共同起草国家层面的战略、政策和程序；简化各自政府中涉及网络问题的机构之间的协调；建立有效的"指挥和控制"系统；招募、培训、维持和留住熟练的网络劳动力，以应对网络防御和网络安全挑战。

另一方面，其他政治势力也依托自身地缘战略优势开展网络安全合作。欧盟委员会司法专员和个人信息保护委员会（PIPC）主席于 2021 年 12 月 17 日在一份联合声明中宣布，根据《通用数据保护条例》〔条例（EU）2016/679〕（GDPR），委员会通过了委员会关于将个人数据从欧盟传输到大韩民国的充分性

决定。特别是，两国当局在其声明中澄清说，根据充分性决定，个人数据将能够安全地从欧盟传输到韩国，以造福双方的公民和经济，而无须任何进一步的授权或其他工具。俄罗斯联邦安全委员会于 2021 年 12 月 14 日宣布，俄罗斯联邦政府与印度尼西亚共和国政府签署了一项协议，在确保国际信息安全领域开展合作。根据签署的协议，俄罗斯和印度尼西亚同意在国际信息安全领域开展合作，就非法使用信息通信技术、计算机事件、恶意软件、计算机攻击和其他非法使用信息通信技术的方式等方面交换信息，以维护国际和平、安全与稳定。

第二节　2021 年 12 月网络空间安全治理态势大事件简介

一、英国：政府发布 2022 年国家网络战略①

英国政府于 2021 年 12 月 15 日发布了《2022 年国家网络战略》，其中阐述了英国巩固其作为全球网络大国地位并实现关键国家目标的愿景，包括成为一个更安全、更有弹性的国家，能够保护公民免受不断变化的威胁和风险。政府概述了五项优先行动作为其战略的支柱，包括：（一）加强英国网络生态系统，投资于人员和技能，深化政府、学术界和工业界之间的伙伴关系；（二）建立一个有弹性和繁荣的数字英国，降低网络风险，使企业能够最大限度地发挥数字技术的经济效益，确保公民在网上更安全，并可以确信他们的数据受到保护；（三）在对网络力量至关重要的技术方面处于领先地位；（四）推进英国的全球领导地位和影响力，以实现更安全、繁荣和开放的国际秩序；（五）检测、破坏和威慑对手，以加强英国在网络空间内和通过网络空间的安全。

二、美国推出新的国际网络安全和隐私资源网站②

美国国家标准与技术研究院（NIST）于 2021 年 12 月 15 日宣布，它已经推出了一个新的国际网络安全和隐私资源网站。NIST 强调，这个新网站旨在改善 NIST 资源的国际成果。此外，由于 NIST 文件在国际上的广泛使用，现有 NIST 网络安全和隐私资源如网络安全框架的多种翻译和改编，随着 NIST

---

① UK. National Cyber Strategy 2022［EB/OL］. GOV. UK，2022-10-14.

② MAHN A. NIST Launches New International Cybersecurity and Privacy Resources Website［EB/OL］. NIST，2021-12-15.

影响力的增加及其参与和协作机会的增多，这一国际趋势正在随着时间的推移而继续增长。

三、欧盟和韩国当局宣布通过充分性决定①

欧盟委员会司法专员和个人信息保护委员会（PIPC）主席于 2021 年 12 月 17 日在一份联合声明中宣布，根据《通用数据保护条例》［条例（EU）2016/ 679］（GDPR），委员会通过了关于将个人数据从欧盟传输到大韩民国的充分性决定。充分性决定将在个人数据流动方面补充欧盟—韩国自由贸易协定。因此，它表明，在数字时代，促进个人隐私和个人数据保护标准以及促进国际贸易可以齐头并进。此外，通过涵盖公共当局之间的数据交换，充分性决定也将促进监管合作。双方一致认为，充分性调查结果为加强欧盟和大韩民国在这一领域的双边和多边论坛的战略伙伴关系提供了一个独特的机会。

四、美国和澳大利亚签署 CLOUD 协议②

美国司法部（DoJ）于 2021 年 12 月 15 日宣布，美国和澳大利亚政府已签署一项协议，以促进对 2018 年"澄清合法海外数据使用（CLOUD）法案"授权的调查访问电子数据的访问（云法案协议）。该协议确保及时访问电子数据，以减轻、检测和调查严重犯罪，包括勒索软件攻击、恐怖主义以及破坏互联网关键基础设施的犯罪。美国司法部长梅里克·加兰（Merrick Garland）和澳大利亚内政部长凯伦·安德鲁斯（Karen Andrews）表示，该协议将加强执法合作，帮助维护两国社区安全，同时保护美国和澳大利亚的价值观、原则和主权。此外，美国司法部长梅里克·加兰（Merrick Garland）指出，"该协议为美国和澳大利亚之间更有效的数据跨境传输铺平了道路，以便我们的政府能够更有效地打击包括恐怖主义在内的严重犯罪，同时遵守我们共同的隐私和公民自由价值观"。CLOUD 法案协议将在两国接受议会和国会审查程序。

---

① European Commission. Joint Press Statement by Didier Reynders, Commissioner for Justice of the European Commission, and Yoon Jong In, Chairperson of the Personal Information Protection Commission of the Republic of Korea ［EB/OL］. European Commission, 2021-12-17.

② U. S. Department of Justice. United States and Australia Enter CLOUD Act Agreement to Facilitate Investigations of Serious Crime ［EB/OL］. U. S. Department of Justice, 2021-12-15.

五、俄罗斯与印度尼西亚签署国际信息安全合作协议①

俄罗斯联邦安全委员会于 2021 年 12 月 14 日宣布，俄罗斯联邦政府与印度尼西亚共和国政府签署了一项协议，在确保国际信息安全领域开展合作。根据签署的协议，俄罗斯和印度尼西亚同意在国际信息安全领域开展合作，以维护国际和平、安全与稳定。双方确定了互动领域，包括在确保国际信息安全领域的必要联合措施的定义、制定、协调和实施；声明了建立一个系统来预防、监测和共同应对这一领域出现的威胁。双方同意就非法使用信息通信技术、计算机事件、恶意软件、计算机攻击和其他非法使用信息通信技术的方式交换信息。该协议指出，各方需要进行互动以改进当前的互联网网络管理模式，包括确保各国平等参与互联网网络管理的权利，并加强国际电信联盟的作用。俄罗斯和印度尼西亚商定在使用有助于确保国际信息安全的技术领域制定和实施联合建立信任措施，商定保护信息的政策，包括保护个人数据和边境信息交流。

六、美国召开新网络安全咨询委员会成立大会②

美国网络安全和基础设施安全局（CISA）为该机构网络安全咨询委员会的新任命成员举行了第一次会议。成员讨论了委员会的目标和倡议，收到了分类威胁简报，选出了委员会的领导层，并成立了小组委员会以专注于关键目标。网络安全咨询委员会小组委员会包括：转变网络劳动力小组委员会、转向网络卫生小组委员会、启动黑客社区小组委员会、保护关键基础设施免受误传和恶意信息小组委员会、建立弹性并降低关键基础设施的系统性风险管理工作组委员会。CISA 的核心是降低国家网络和物理基础设施的系统性风险。当政府面临来自许多实体的支持请求时，了解哪些对国家安全、经济繁荣以及公共健康和安全最重要，将使 CISA 能够通过两种方式优化风险降低，对网络战的前线主要参与者的协作运营支持，并为那些国家需要但尚未准备好战斗的小型组织提供响应式技术支持。

---

① Новости и информация. Россия и Индонезия заключили межправительственное соглашение о сотрудничестве в области обеспечения международной информационной безопасности［EB/OL］. Scrf，2021-12-14.

② Cybersecurity & Infrastructure Security Agency. CISA Holds Inaugural Meeting of New Cybersecurity Advisory Committee［EB/OL］. CISA，2022-02-01.

七、英国和美国就深化数据伙伴关系发表联合声明①

英国数字、文化、媒体和体育大臣纳丁·多里斯（Nadine Dorries）和美国商务大臣吉娜·雷蒙多（Gina M. Raimondo）于 2021 年 12 月 8 日发表了一份联合声明，其中概述了两国政府的共同承诺深化英美数据伙伴关系，通过促进跨境数据的可靠使用和交换，实现更加和平繁荣的未来。特别是，联合声明欢迎双方在双边数据流动方面取得的进展，并概述了他们对实现成功和持久伙伴关系的承诺，包括在充分性方面，以及在两国政府为公共安全、国家安全和执法调查为目的获取信息的重要方式上建立信任。此外，联合声明指出，除其他外，美国和英国寻求塑造全球数据生态系统，以促进和推进不同数据保护框架之间的互操作性，促进数据跨境流动，同时保持高标准的数据保护和信任。

八、美国政府问责局发布关于保护关键基础设施的报告②

美国政府问责局（GAO）于 2021 年 12 月 2 日发布了一份关于联邦为更好地保护国家关键基础设施而需要采取的行动的报告。GAO 表示，最近发生的事件，包括对美国主要燃料管道的勒索软件攻击，表明有必要加强国家关键基础设施的网络安全。此外，GAO 强调了政府为解决关键基础设施网络安全需要采取的关键行动，其中包括：（一）制定和执行全面的国家网络战略；（二）加强联邦在保护关键基础设施网络安全方面的作用。

九、美国将商汤科技等八家中国科技公司列入投资黑名单③

拜登政府将包括全球最大的商用无人机制造商大疆创新在内的八家中国公司列入非 SDN 中国军事综合体清单，限制美国投资者对上述公司投资。据两位知情人士透露，美国财政部将于 2021 年 12 月 16 日将大疆创新和其他集团列入其"中国军工企业"黑名单。美国投资者被禁止入股已列入黑名单的 60 家中国集团。面部识别软件公司商汤科技推迟了在中国香港的首次公开募股计划，此

---

① DORRIES N, RAIMONDO. UK-US Joint Statement on Deepening the Data Partnership［EB/OL］. GOV. UK, 2021-11-08.

② United States Government. Accountability Office Federal Actions Urgently Needed to Better Protect the Nation's Critical Infrastructure［EB/OL］. U. S. Government Accountability Office, 2021-12-02.

③ U. S. Department of the Treasury. Treasury Identifies Eight Chinese Tech Firms as Part of the Chinese Military-Industrial Complex［EB/OL］. Treasury, 2021-12-16.

前英国《金融时报》报道称，美国将把该公司列入黑名单。2021 年 12 月 16 日将被列入黑名单的其他中国公司包括商汤科技的主要竞争对手旷视科技，去年在被美国单独列入黑名单后停止了在中国香港上市的计划，以及在中国香港运营云计算服务的超级计算机制造商曙光信息产业。此外，还有人脸识别软件公司云从科技、与执法部门合作的网络安全集团厦门美亚笔克、人工智能公司依图科技、云计算公司 Leon Technology 和生产商 NetPosa Technologies 基于云的监控系统。

十、欧盟议会和欧盟理事会就《欧盟数据治理法案》达成一致①

2021 年 11 月 30 日，欧盟委员会发布新闻稿，表示欧洲议会和欧盟理事会（欧盟成员国的代表）就拟议中的《欧盟数据治理法案》达成政治协议。《欧盟数据治理法案》旨在通过增加对数据中介的信任和加强整个欧盟和部门之间的数据共享来促进数据的可用性。预计它将根据欧盟关于个人数据保护的规则（如《欧盟通用数据保护条例》《消费者保护和竞争法》），为新的数据治理方式奠定基础。它是欧洲数据战略的一部分，旨在将欧盟置于我们日益数据驱动的社会的最前沿。欧盟委员会在其新闻稿中强调了《数据治理法》的主要内容，其中包括：（一）由于缺乏信任目前是主要障碍并导致高成本，因此提高对数据共享的信任的措施；（二）新的欧盟中立规则允许新的数据中介作为值得信赖的数据共享组织者；（三）促进公共部门持有的某些数据的再利用的措施，例如，在明确的条件下重复使用健康数据可以推动研究以找到治疗罕见或慢性疾病的方法；（四）通过使公司和个人更容易、更安全地在明确的条件下自愿为更广泛的共同利益提供数据，使欧洲人能够控制他们生成数据的使用工具。欧盟委员会还表示，它将进一步开发和资助欧洲数据空间，以"汇集关键战略部门和公共利益领域的数据，如健康、农业和制造业"。

---

① U. S. Department of the Treasury. Commission Welcomes Political Agreement to Boost Data Sharing and Support European Data Spaces［EB/OL］. European Commission，2021-12-01.

第四章

2022 年 1 月治理月度报告和大事件

第一节　2022 年 1 月网络空间安全治理态势月度报告

一、多国加强对大型互联网公司的数据治理与审查

一是加强互联网平台非法信息治理。2022 年 1 月，欧洲议会以 530 票赞成、78 票反对、80 票弃权的表决结果通过《数字服务法》。该法案将要求谷歌和 Meta 等科技巨头更积极地监管其平台上的非法内容，并要求科技公司执行新程序以取缔涉及仇恨言论、煽动恐怖主义和儿童性虐待等非法信息。菲律宾参议院提交《反垃圾邮件法案》，以打击借助邮件进行传播虚假、暴力、色情、煽动性言论等违法信息内容的行为。二是加强大型互联网平台个人信息侵害行为惩处力度。法国国家信息技术和自由委员会对谷歌公司和脸书公司处以 2.1 亿欧元罚款并进行为期 3 个月的整改，旨在惩罚其违反用户隐私规则、未经同意搜集用户上网痕迹行为。巴西公共部门对电信公司不当共享个人数据提起民事诉讼。中国信息通信研究院发布《人脸信息合规操作指南》，首次系统地提出了人脸信息合规处理的总体视图，明确互联网平台等处理人脸信息时要遵循的原则。英国与 Meta 公司讨论虚拟现实服务中的儿童隐私问题。意大利命令谷歌删除带有过时信息的刑事诉讼搜索引擎结果。欧盟委员会要求 Meta 旗下即时通信应用 WhatsApp 必须在一个月内澄清其服务条款和隐私政策的变化，以确保符合欧盟的《消费者保护法》。

二、数字发展与网络空间战略持续推进

一是国防相关网络安全战略加紧部署。2022 年 1 月 19 日，美国总统拜登签

署《关于改善国家安全、国防和情报系统网络安全的备忘录》，旨在改善国防、情报系统和其他联邦机构的网络安全保护能力，细化美国国家安全系统的网络安全标准，推进新形势下美国网络安全防御现代化。二是数字一体化、网络安全等战略不断更新。英国政府内阁办公室正式发布专门针对公共政府部门的首部网络安全战略《2022—2030 年英国政府网络安全战略》，涉及多项具体安全保障措施。战略首次明确强调了政府机构等公共部门涉及的安全保障措施和要求，推动英国各政府部门通过共享数据、专长和能力，实现"一体化防御"。欧盟委员会提议签署欧盟数字权利与原则宣言，该宣言旨在促进和捍卫欧盟的数字转型路径，强化以数字单一市场为核心的数字生态的人文底蕴，构筑欧洲数字转型路径。该宣言将植根于欧盟法律，通过后将向全世界推广欧盟的数字转型方案。中国国务院印发了《"十四五"数字经济发展规划》，明确了至 2025 年中国数字经济产业发展的目标和信息网络基础设施优化升级等 11 个专项工程。

三、网络空间大国博弈日趋复杂

一是各国深化网络空间合作。2022 年 1 月 25 日，日本与印度尼西亚签署了《智慧工业安全领域合作备忘录》，基于此合作，日本将利用人工智能、物联网和其他技术不断深化和拓展在印尼智能数字工业设备、机械领域的话语权。英国与澳大利亚宣布建立新的网络和关键技术伙伴关系，深化澳英在印太地区基础设施投资方面的合作。二是网络空间对华敌对态势不断增强。拜登政府下令审查中国电子商务巨头阿里巴巴的在美云业务，以确定其是否对美国国家安全构成风险。拜登政府声称怀疑中国可能破坏美国用户存储在阿里巴巴云上的隐私信息，根据这种毫无根据的怀疑，美国监管机构最终可能完全禁止国内外的美国机构或个人使用阿里云服务，将中国公司挤出美国云服务市场。澳英部长级"2+2"磋商将重点放在了网络安全问题上，澳英官方声明中虽并未指明所谓的"敌对国家"，但澳防长达顿（Peter Dutton）当天声称两国将联合"反击"来自中国、俄罗斯、伊朗的"网络攻击"。英防长接受澳媒专访时更是不加掩饰地将矛头直指中国，声称中国对立陶宛和澳大利亚的"经济胁迫"行为有所增加，建立更深层次的防务关系对于对抗中国的影响力至关重要。

第二节 2022 年 1 月网络空间安全治理态势大事件简介

一、英国与澳大利亚宣布建立新的网络和关键技术伙伴关系①

为参加 2022 年度澳英部长级"2+2"磋商，时任英国外交大臣的特拉斯于 2022 年 1 月 19 日提前抵澳开始访问行程，并与时任澳外长的佩恩举行双边会谈。在会谈中，双方同意建立、深化网络和关键技术合作伙伴关系，联手在印太地区进行"清洁、可靠和透明的"基础设施投资。澳英已就新的"战略基础设施与发展对话"达成一致，这将深化澳英在印太地区基础设施投资方面的合作。澳外长在声明中称，这将有助于塑造"积极的技术环境并维护开放、自由、和平和安全的互联网环境"，以及利用技术"来维护和保护自由民主价值观"。据佩恩描述，澳英两国将通过提高网络空间中敌对国家活动的成本，来增强威慑力。

二、美国政府对阿里云开展安全审查②

2022 年 1 月 19 日消息，路透社报道，拜登政府正在审查电子商务巨头阿里巴巴的云业务，以确定其是否对美国国家安全构成风险。知情人士表示调查的重点是该公司如何存储美国客户的数据，包括个人信息和知识产权，以及中国政府是否可以获得这些数据。拜登政府怀疑中国有可能破坏美国用户存储在阿里巴巴云上的隐私信息。美国监管机构最终可能会选择迫使该公司采取措施降低云计算业务带来的风险，或者完全禁止国内外的美国人使用该服务。根据研究公司的数据，阿里巴巴的美国云业务规模很小，年收入估计不到 5000 万美元。但如果监管机构最终决定阻止美国公司与阿里云的交易，将对整个公司的声誉造成严重打击。

---

① Minister for Foreign Affairs. Statement on the UK-Australia Cyber and Critical Technology Partnership [EB/OL]. Foreign Minister，2022-01-20.

② Ministry of Economy. Exclusive-U. S. Examining Alibaba's Cloud Unit for National Security Risks [EB/OL]. Thomson Reuters Foundation，2022-10-19.

三、拜登签署《关于改善国家安全、国防和情报系统网络安全的备忘录》①

2022 年 1 月 19 日，美国总统拜登签署《关于改善国家安全、国防和情报系统网络安全的备忘录》（以下简称《备忘录》），旨在改善国家安全系统的网络安全。该《备忘录》是落实第 14028 号《改善国家网络安全》行政令的政策文件，提出国家安全系统的多项网络安全新要求，旨在强化美国国家安全局、国防部、情报机构和其他联邦机构的网络安全保护能力，推进新形势下美国网络安全防御现代化。《备忘录》从明确网络安全技术落地应用时间安排与指导方针、强化国家安全局对国家安全系统的管理与指导地位、确保跨域解决方案安全性、提升网络安全风险感知能力、构建国家安全系统云技术网络安全和事件响应协作机制、引入基于特殊任务需求的例外情况六大维度，加强网络安全保障，细化美国国家安全系统的网络安全标准。

四、日本与印尼政府签署《智能工业安全领域合作备忘录》②

2022 年 1 月 25 日，印度尼西亚共和国经济产业省（METI）和日本工业部（MOI）签署了《智慧工业安全领域合作备忘录》，两国于 2020 年开始在智能工业安全领域开展合作，并举办了智能工业安全研讨会等活动，同时希望通过签署该备忘录以切实、持续地落实这些措施。此次合作亮点主要包括通过人力资源开发计划（如教育、培训、研讨会和讲习班）就智能工业安全和能力建设召开日本—印度尼西亚政策对话。预计基于此合作，日本将利用人工智能、物联网和其他技术，不断提高印度尼西亚工厂和其他设施的安全性和高效性。

五、欧盟委员会发布欧盟数字权利和原则宣言③

2022 年 1 月 26 日，欧盟委员会向欧洲议会和理事会提议签署欧盟数字权利与原则宣言。该宣言旨在为每个人提供一个明确的参照点，以说明欧洲想要促进和捍卫的数字转型路径，它还将为政策的制定者和公司在运用新技术时提供

---

① Briefing Room. President Biden Signs Cybersecurity National Security Memorandum［EB/OL］. The White House，2022-01-19.

② Ministry of Economy. METI and Indonesian Government Sign Memorandum of Cooperation in the Field of Smart Industrial Safety［EB/OL］. Ministry of Economy Trade and Industry，2022-01-26.

③ EURACTIV. Commission Puts Forward Declaration on Digital Rights and Principles for Everyone in the EU［EB/OL］. Europa，2022-01-26.

一个指南。宣言的草案表明，欧盟法律框架中规定的各项权利和自由以及原则所承载的欧洲价值观，在线上的场景应该像在线下一样得到遵从。一旦得到共同的认可，该宣言还将确定欧盟向全世界推广的数字转型方案。宣言草案涵盖了数字转型中的关键权利和原则，这些权利和原则应该伴随着欧盟人民的日常生活。该宣言将植根于欧盟法律，从欧盟条约到《基本权利宪章》，也包括欧盟法院的判例法，从而强化以数字单一市场为核心的数字生态的人文底蕴，构筑欧洲数字转型路径。

六、英国发布首部针对政府机构的网络安全战略①

2022 年 1 月 25 日，英国政府内阁办公室正式发布专门针对公共政府部门的首部网络安全战略——《2022—2030 年英国政府网络安全战略》。该战略涉及多项具体安全保障措施，并设立两大关键性战略目标：一是致力于为英国政府部门的网络安全弹性夯下坚实基础，并辅以采用国家网络安全中心的《网络评估框架》（CAF）；二是批准并推动英国各政府部门通过共享数据、专长和能力，实现"一体化防御"。此次发布《政府网络安全战略》，首次明确强调了政府机构等公共部门战略涉及的安全保障措施和要求，实现政府机构间一体化的安全防护。据了解，此次发布的《政府网络安全战略》共分九章，从背景、方法、网络安全风险管理、网络攻击防御、网络安全事件检测、网络安全事件影响控制、网络安全知识技能及文化培养、成果评估、战略执行方面，确定了五个安全防护目标，以提供一致性的安全框架和通用原则，包括管理网络安全和风险、防范网络攻击、检测网络安全事件、尽量减小事件的影响以及培养合适的网络安全技能、知识和文化。但上述目标的实现还需要依赖一系列关键绩效指标的支撑，这些指标仍有待开发。

七、欧盟委员会要求 WhatsApp 明确消费者数据保护措施②

2022 年 1 月 27 日晚间消息，据报道，欧盟委员会今日宣布，Meta（脸书）旗下即时通信应用 WhatsApp 必须在一个月内澄清其服务条款和隐私政策的变化，以确保符合《欧盟消费者保护法》。根据《欧盟消费者保护法》，企业必须

---

① UK Cyber Security Council. The UK Government Launches Its First Ever Cyber Security Strategy [EB/OL]. UK Cyber Security Council，2022-01-25.

② EURACTIV. EU Commission Requires WhatsApp to Clarify How It Processes Personal Data [EB/OL]. EURACTIV，2022-01-27.

使用明确、透明的合同条款和商业通信。因此，WhatsApp 这种模棱两可的做法，违反了欧盟消费者保护的相关法律。此前，欧盟委员会表示担心消费者缺乏明确的信息，以了解他们决定接受或拒绝 WhatsApp 新服务条款的后果。2021年9月，欧盟的主要监管机构、爱尔兰数据保护委员会（DPC）对 WhatsApp 处以创纪录的 2.25 亿欧元的罚款，原因是在分享个人数据方面不够透明。

八、国务院发布《"十四五"数字经济发展规划》①

国务院日前印发的《"十四五"数字经济发展规划》（以下简称《规划》）提出，到 2025 年，数字经济核心产业增加值占国内生产总值比重达到 10%，数据要素市场体系初步建立，产业数字化转型迈上新台阶，数字产业化水平显著提升，数字化公共服务更加普惠均等，数字经济治理体系更加完善。展望 2035年，力争形成统一公平、竞争有序、成熟完备的数字经济现代市场体系，数字经济发展水平位居世界前列。《规划》提出了优化升级数字基础设施、充分发挥数据要素作用、大力推进产业数字化转型、加快推动数字产业化、持续提升公共服务数字化水平、健全完善数字经济治理体系、着力强化数字经济安全体系、有效拓展数字经济国际合作八方面重点任务，明确了信息网络基础设施优化升级等 11 个专项工程。《规划》提出，立足不同产业特点和差异化需求，推动传统产业全方位、全链条数字化转型，提高全要素生产率。加快推动智慧能源建设应用，促进能源生产、运输、消费等各环节智能化升级，推动能源行业低碳转型。

九、法国国务委员会批准对谷歌的 1 亿欧元制裁②

据法新社 2022 年 1 月 6 日报道，法国监管机构当日对谷歌公司和脸书公司处以 2.1 亿欧元罚款，原因是违反隐私规则，用户无法轻易拒绝上网痕迹被跟踪。据报道，法国国家信息技术和自由委员会（CNIL）此次对谷歌处以 1.5 亿欧元的罚款，这是谷歌公司第二次被法国开出罚单。两家企业将有 3 个月时间来进行整改，否则将面临每天 10 万欧元的额外罚款。2020 年 12 月，CNIL 曾对美国谷歌公司及其下属企业和亚马逊公司分别处以 1 亿欧元和 3500 万欧元的罚款，理由同样是未经同意收集用户上网痕迹，违反了用户隐私规则。

---

① 国务院. 国务院印发《"十四五"数字经济发展规划》［EB/OL］. 中国政府网，2022-01-12.

② EURACTIV. CNIL Posed By the CNIL in 2020 on Google LLC and Google Ireland Limited ［EB/OL］. CNIL，2022-01-28.

十、欧洲议会通过《数字服务法案》①

欧洲议会以530票赞成、78票反对、80票弃权通过了一项解决平台非法内容的法案，以确保平台对其算法负责，并改善内容审核机制。该法案主要内容包括：（一）打击在线非法产品、服务和内容的措施，包括明确规定的删除程序；（二）更多免跟踪广告选项和禁止将未成年人数据用于定向广告；（三）服务接受者有权要求赔偿损失；（四）强制性风险评估和提高算法透明度，以打击有害内容和虚假信息。在打击虚假信息方面，因在线平台存在传播非法和有害内容的特定风险，《数字服务法案》为社交媒体等互联网超级平台定义了明确的责任和义务。该法案将通过包括强制性风险评估、建立"通知和行动"机制、独立审计和审查所谓的"推荐系统"等措施来减少虚假信息的传播。

---

① European Parliament. Digital Services Act：Regulating Platforms for a Safer Online Space for Users [EB/OL]. European Union，2022-01-20.

第五章

2022 年 2 月治理月度报告和大事件

第一节　2022 年 2 月网络空间安全治理态势月度报告

一、网络安全事件持续高发，政治色彩明显

一是受俄乌冲突等国际局势影响，网络攻击事件频发，网络安全形势严峻，网络安全事件的政治性凸显。全球最大的政治性黑客组织"匿名者"（Anonymous）就俄罗斯对乌克兰采取军事行动后正式宣布对俄罗斯发动"网络战"。多家俄政府网站、国家媒体和银行网站遭到 DDoS（Distributed Denial of Service，中文为分布式拒绝服务）攻击，大约 27% 的攻击地址来自美国，攻击时间持续数日。二是针对全球性关键基础设施的勒索攻击增加，多国连续发布警报，要求本国组织尤其是关键基础设施运营者保持警惕。美、英、澳三国联合发布《勒索软件全球化威胁升级》警报。俄罗斯发布警报称对俄罗斯信息资源的网络攻击强度可能增加。美国三部门发布警报，要求国防承包商警惕来自俄罗斯国家支持的网络行为者的安全威胁。日本、澳大利亚、新加坡发布警报，要求组织对网络安全形势保持警惕，强化网络防御。

二、各国推进国家战略部署，强化关键基础设施安全，提升全球供应链竞争优势

为强化自身关键基础设施保护，美国参议院引入《2022 年提升美国网络安全法案》，赋予关键基础设施运营者网络攻击报告义务。美国国防部发布《软件现代化战略》，旨在建立一个企业级的软件开发生态系统，帮助美军快速开发出安全可靠的软件。澳大利亚议会引入《2022 年安全立法修正案（关键基础设施保护）法案》，为关键基础设施实体引入风险管理计划。欧盟提出"天基安全通

信系统"计划，保证其在通信系统基础设施方面的安全独立，减少欧洲对非欧洲解决方案的依赖。此外，各国纷纷布局半导体芯片产业，加强本土制造业和供应链。美国众议院通过《2022 年美国竞争法案》，旨在加速美国关键半导体芯片的生产，达到提升美国在科学、技术和贸易等方面全球竞争力的目的。欧盟委员会公布《欧洲芯片法案》，加强半导体生态系统，提高供应弹性和安全，减少外部依赖的紧迫性。日本新能源产业技术综合开发机构（NEDO）启动"下一代数字基础设施建设"项目，旨在开发下一代绿色功率半导体和绿色数据中心。

三、持续推进对互联网平台的治理与监管

一是多举措推进数据治理体系，加强个人信息保护力度，维护数据安全。欧盟委员会发布《数据法案》草案，致力于消除私营和公共部门获取数据的障碍，强化个人和企业对其数据的控制，推动数据市场发展，为数据创新提供机会。美国参议院引入《健康数据使用和隐私委员会法案》，既增强了个人数据权利的保护，又考虑了数据价值的释放，反映出美国数据隐私保护的价值理念。美国参议院引入《删除法案》，要求所有数据经纪人、商业公司，删除经纪人可能收集的任何个人数据，且保证将来不再收集。巴西国会颁布一项宪法修正案，将个人数据保护作为宪法权利，加强了法律确定性，改善了巴西技术和通信领域的投资环境。二是加强对超大平台有害内容的监管，提升用户体验。美国参议院引入《2022 年算法问责法案》，加强平台网络自动化决策系统的监管。美国参议院引入《推动用户在社交媒体获得良好体验法案》，要求平台积极治理在线有害内容。澳大利亚议会引入《2022 年社交媒体（反网络暴力）法案》，要求平台在某些情况下向申请人提供联系方式和国家位置数据，要求在澳大利亚注册的公司履行相关义务。三是特别关注对青少年群体的保护，明确相关责任。美国参议院引入《儿童在线安全法案》，要求平台提供限制未成年人使用平台的设置并限制平台对其个人数据的使用，明确了平台保护未成年人应承担的责任。美国加州引入《加州适龄设计规范法案》，要求科技公司重视儿童福祉，在商业利益与儿童利益发生冲突时，公司应将儿童福祉置于商业利益之上。

第二节   2022 年 2 月网络空间安全治理态势大事件简介

一、中俄发表联合声明，重申将深化国际信息安全领域协作①

2022 年 2 月 4 日，中俄两国元首举行会谈，发表《中华人民共和国和俄罗斯联邦关于新时代国际关系和全球可持续发展的联合声明》，集中阐述中俄在民主观、发展观、安全观、秩序观方面的共同立场，其中包括数字经济、国际科技发展环境、国际信息安全领域协作等方面的合作发展规划。两国有关部门还签署了《信息化和数字化领域合作协议》等一系列重点领域合作文件。在声明中，双方认为，应联合国际社会制定信息网络空间新的国家行为准则。双方认为，《全球数据安全倡议》为工作组讨论制定数据安全等国际信息安全威胁的应对措施提供了基础。双方支持打造国际化的互联网治理体系，认为各国平等享有互联网治理权，主权国家有权管控和保障本国网络安全，任何企图限制国家网络主权的行为不可接受，应促进国际电信联盟在解决有关问题上发挥更加积极的作用。

二、欧盟委员会公布《欧洲芯片法案》②

2022 年 2 月 8 日，欧盟委员会公布《欧洲芯片法案》，强调加强半导体生态系统，提高供应弹性和安全，并减少外部依赖的紧迫性，重申其到 2030 年将全球半导体生产份额提高到 20% 的目标。法案指出，欧洲需注入前所未有的资金水平，尽可能整合人才，充分利用自身优势，并聚焦未来最有前景的技术。从市场增长和循环经济的需求来看，这些技术涉及新一代处理器、人工智能和边缘计算、5G/6G 组件，以及更集成的电力电子设备。同时还应聚焦专注于满足上述需求的技术。欧洲必须提高其在这些领域的能力，以确保技术竞争力。为支持《欧盟芯片法案》，政策驱动的总投资估计将超过 430 亿欧元。其中，110

---

① 中华人民共和国和俄罗斯联邦. 中华人民共和国和俄罗斯联邦关于新时代国际关系和全球可持续发展的联合声明 [EB/OL]. 中国政府网，2022-02-04.

② European Commission. Digital sovereignty：Commission Proposes Chips Act to Confront Semi-conductor Shortages and Strengthen Europe's Technological Leadership [EB/OL]. European Commission，2022-02-08.

亿欧元将用于"欧洲芯片计划",用于资助到 2030 年在研究、设计和制造能力方面的技术领先。此外,将通过"芯片基金"对早期阶段的初创企业、快速成长的初创企业和供应链上的其他企业提供股权支持,预计总投资至少为 20 亿欧元。

三、美国众议院通过《2022 年美国竞争法案》①

2022 年 2 月 4 日,美国众议院通过了《2022 年美国竞争法案》(以下简称《法案》)。该法案旨在加速美国关键半导体芯片的生产,加强本土制造业和供应链,推进科学研究和技术创新,以及支撑引进国际人才,以达到提升美国在科学、技术和贸易等方面全球竞争力的目的。《法案》共计 12 个主要部分,涉及半导体、研究与创新、供应链、外交、国土安全和人才等多个领域,批准了近 3000 亿美元的投资,以全面提升美国的全球竞争力。《法案》还提出,未来 6 年内投入 450 亿美元,缓解供应链短缺加剧的问题。该法案旨在提升美国对中国的经济竞争力,包括加强美国芯片制造等方面的能力。此外,《法案》还包括了外交、引才、金融服务、自然资源、司法、教育以及交通和基础设施等多个方面的内容。例如,加强美国在亚太经济合作中的领导地位,使美国经济进一步与中国脱钩,制订吸引顶级网络人才的计划等。

四、欧盟委员会公布《数据法案》草案②

2022 年 2 月 23 日,欧盟委员会正式公布《数据法案》(*Data Act*)草案全文,涉及数据共享、公共机构访问、国际数据传输、云转换和互操作性等方面规定,致力于保障数字环境的公平,推动数据市场发展,为数据创新提供机会,并使所有人更容易获得数据。《数据法案》的重点内容主要包括三个方面:一是界定了公共部门使用数据主体的相关数据的权利和约束,完善了企业对政府(B2G)数据共享规则的结构和专用功能;二是系统构建了企业对企业(B2B)数据共享的权责体系和实现路径,切实推动产业价值链上的企业数据流通与共享;三是在合同公平、数据交换、云服务互操作、数据跨境、中小微企业豁免等方面进行了切实可行的详细规定,形成了强有力的落地实施保障。

---

① Speaker of the House. America Competes Act of 2022 [EB/OL]. Speaker House, 2022-02-04.

② European Commission. Data Act [EB/OL]. Shaping Europe's Digital Future, 2022-02-23.

五、全球最大黑客组织对俄发起"网络战"①

2022 年 2 月 25 日，全球最大的政治性黑客组织"匿名者"就俄罗斯在乌克兰的军事行动宣布对俄罗斯发动"网络战"。随后，"匿名者"宣布了过去 48 小时的"战果"：300 多家俄政府网站、国家媒体和银行网站遭到攻击。"匿名者"通过控制系统将所有频道同时播放反战内容，包括乌克兰被炸毁的居民楼、装甲车及乌克兰国歌等；俄罗斯克里姆林宫、俄联邦委员会、俄罗斯杜马、俄罗斯外交部以及俄罗斯安全委员会等多个网站无法打开；俄罗斯国防部疑似被入侵，匿名者在媒体声称已入侵俄罗斯国防部并窃取大量数据，甚至通过某种方式成功拦截俄罗斯军方通信；俄罗斯南部某气动控制系统被入侵，并修改系统日期致使该气动控制气压过高临近爆炸；多家俄罗斯银行被"匿名者"利用 DDOS 攻击，致其服务器瘫痪。

六、美国国土安全部成立网络安全审查委员会②

2022 年 2 月 3 日，美国国土安全部（DHS）宣布成立网络安全审查委员会（CSRB）。委员会成员囊括公共权力部门官员和私营企业相关负责人，负责审查和评估政府和私营部门发生的重大网络安全事件。DHS 网络安全与基础设施安全局（CISA）负责管理该委员会，并为其提供资金与支持。CISA 局长 Jen Easterly 负责与 Silvers 协商任命 CSRB 成员，并在发生重大网络安全事件后负责召集委员会。DHS 表示，CSRB 将作为专供政府部门和私营企业主管之间共同探讨的合作论坛，为总统和国土安全部长提供战略性建议。根据 CSRB 章程，发生重大网络安全事件后，委员会将在 CISA 局长的领导下召开会议，成立统一协调小组（UCG），负责处理紧急威胁。CSRB 年度运营成本预计在 280 万美元左右，包括行政费用、合约支持和五名全职员工的开支。

七、英国和新加坡签署创新性数字贸易协定③

2022 年 2 月 25 日，英国国际贸易大臣安妮-玛丽·特里维廉（Anne-Marie

---

① European Commission. Anonymous Hacktivist Group Declares Cyberwar on Russia ［EB/OL］. USA Herald，2022-02-25.

② Homeland Security. DHS Launches First－Ever Cyber Safety Review Board ［EB/OL］. Homeland Security，2022-02-07.

③ Data Guidance. International：UK and Singapore Sign Digital Economy Agreement ［EB/OL］. Data Guidance，2022-02-25.

Trevelyan）在结束对印度尼西亚和日本的访问后，与新加坡签署了英国—新加坡数字经济协定（UKS DEA）。USK DEA 是英国有史以来最具创新性的贸易协定，也是欧洲国家与新加坡签署的第一个贸易协定。它将加强英国与新加坡的贸易关系，给予新加坡的英国企业更多机会。该协定还将简化商品出口程序，简化烦琐的边境流程，使用电子签名和电子合同取代传统文书。除签署数字经济协定外，英国和新加坡还同意加强现有金融科技联系，支持创新金融服务并加强新兴技术合作。两国部长还举行了英国—新加坡自由贸易协定贸易委员会第一次会议，同意深化绿色经济合作，包括共同努力支持更广泛的印太地区实现净零转型，并加强两国重要的双边投资关系。

八、美国国防部发布《国防部软件现代化战略》①

2022 年 2 月 4 日，美国国防部（DoD）发布《国防部软件现代化战略》，旨在帮助美国建立一个企业级的软件开发生态系统，规范国防部软件开发过程中使用的工具和应用程序，帮助美军快速开发出安全可靠的软件。该战略设定了三个长期目标：（一）加快 DoD 企业云环境建设，包括改进云服务的签约程序；通过改进授权流程和在云端建立防御性网络空间行动（DCO）来保护云端数据；建设美国本土的云计算基础设施。（二）建立国防部软件工厂生态系统，包括通过"持续授权"加速软件部署；建立并及时向用户提供安全的软件开发工具库；精简审批流程和控制点，实现无缝的端到端软件交付；加快技术创新向实际应用的转变。（三）改革流程以提升速度和弹性，包括通过制定政策、法规和标准实现软件现代化；通过自适应采购框架等方式缩短采购周期；将软件代码视为数据资产，加以管理和保护；吸引人才以提高国防部的软件技术能力。

九、欧盟提出"天基安全通信系统"计划②

2022 年 2 月 15 日，欧盟提出"天基安全通信系统"计划，旨在使欧盟能在全球范围内获得安全、低成本的卫星通信服务，以保证其在通信系统基础设施方面的安全独立。该计划预计总投资 60 亿欧元，其总体目标：建立一个安全自主的天基连接系统，以提供有保障和弹性的卫星通信服务。特别是向政府用户

---

① U. S. Department of Defense. DoD Software Modernization Strategy Approved ［EB/OL］. U. S. Department of Defense，2022-02-04.

② European Commission. EU Space-based Secure Connectivity System ［EB/OL］. Defence Industry and Space，2022-02-15.

长期提供世界范围内不间断的安全和低成本的卫星通信服务，以保护关键基础设施，支持监视、对外行动、危机管理以及对经济、环境、安全和国防至关重要的应用。欧盟"天基安全通信系统"的三大支柱功能是监控、危机管理以及关键基础设施的通信和保护。该计划主要有四大特点：着重防御网络威胁，整合欧洲量子通信基础设施（EuroQCI），实现安全通信；使用创新技术，将航天工业的成熟技术和新太空生态系统技术整合；加强多轨道服务能力，与现有的通信设施互补；不依赖第三方服务，减少欧洲对非欧洲解决方案的依赖。

十、日本 NEDO 支持开发下一代绿色功率半导体和绿色数据中心①

2022 年 2 月 25 日，日本 NEDO 宣布在"绿色创新基金"框架下，投入 1376 亿日元启动"下一代数字基础设施建设"项目，旨在开发下一代绿色功率半导体和绿色数据中心，助力实现碳中和目标。该项目的实施期为 2021—2030 年，目前已确定资助三个主题：（一）下一代功率半导体器件制造技术开发。开发可应用于电动汽车、工业设备、可再生能源发电、服务器等电力设备的功率半导体，实现到 2030 年使用下一代功率半导体的转换器功率损耗降低 50%以上，并量产实现与传统硅功率半导体相同的成本。（二）下一代功率半导体晶圆技术开发。将开发大尺寸、高质量碳化硅晶圆的低成本量产技术，到 2030 年将 8 英寸碳化硅晶圆的缺陷密度降低一个数量级以上，并降低生产成本。（三）下一代绿色数据中心技术开发。将光电融合技术用于数据中心，实现节能、大容量、低延迟，目标是比当前技术节能 40%以上。

---

① NEDO. グリーンイノベーション基金事業、「次世代デジタルインフラの構築」に着手 [EB/OL]. NEDO，2022-02-25.

第六章

2022 年 3 月治理月度报告和大事件

第一节　2022 年 3 月网络空间安全治理态势月度报告

一、网络安全事件持续高发

一是网络攻击活动显著增加。美国政府监管机构在近日发布的一份报告中指出，美国电网中的配电系统越来越容易受到网络攻击，部分原因是引入和依赖于监视和控制技术。根据互联网犯罪投诉中心（IC3）2021 年互联网犯罪报告，联邦调查局（FBI）表示，勒索软件团伙 2021 年已经破坏了来自美国多个关键基础设施部门的至少 649 个组织的网络。根据英国政府发布的《2022 年网络安全漏洞调查》报告中公布的新数据，大约 1/3（31%）的企业每周至少经历 1 次网络攻击或违规行为。二是信息泄露事件屡禁不止，尤其是医疗领域的相关信息。美国卫生与公众服务部（HHS）违规门户中的条目表明，有超过 8 万名成员受到影响，受影响的信息包括姓名、出生日期、社会安全号码、驾驶执照号码、财务账号、健康保险信息和医疗信息。法国国民健康保险基金遭遇大规模数据泄露，19 名医护人员的账户遭到黑客攻击，导致至少 51 万人的详细信息被盗。从法国健康保险机构受影响的成员那里窃取的数据包括姓名、姓氏、出生日期、社会安全号码、GP 详细信息和报销水平。

二、多措并举推进数据治理

各国采取各类措施完善数据治理体系，加强政府针对个人信息的保护力度，推进数据共享机制建立，维护数据安全。一是推进数据跨境流动。美欧就《跨大西洋数据隐私框架》达成原则性协议，该框架强调了美欧双方对隐私、数据

保护和法治的共同承诺，将促进跨大西洋数据流动。二是加强数据安全保护，有关数据治理法律法规和战略计划逐渐增加。美国参议院通过《加强美国网络安全法》（*Strengthening American Cybersecurity Act*），法案的通过将有助于确保银行、电网、供水网络和交通系统等关键基础设施实体能够在网络遭到破坏时迅速恢复并向人们提供基本服务。法国数据保护机构（CNIL）发布《2022—2024年战略计划》，概述 CNIL 三个优先事项：促进对个人权利的控制和尊重，将《通用数据保护条例》（*General Data Protection Regulation*）推广为组织的信任资产，优先针对隐私风险高的主体采取有针对性的监管行动。欧盟委员会提出《网络安全条例》与《信息安全条例》议案，以在欧盟各机构、机关、办事处之间建立共同的网络安全和信息安全措施，增强欧盟对网络威胁和事件的复原力和响应能力，并确保在全球恶意网络活动不断上升的情况下，建立一个有弹性、安全的欧盟公共行政。

三、持续推进对超大互联网平台的治理与监管

一是加强对关键信息基础设施的治理。首先是加强立法。美国正式通过《2022 年关键基础设施网络事件报告法》，其作为美国关键基础设施保护的重要法案，旨在加强联邦政府与关键基础设施实体以及联邦政府机构之间的网络事件信息共享。澳大利亚通过《关键基础设施保护法案》，该法案将提高国家关键基础设施框架的安全性和弹性，以保护澳大利亚公民所依赖的基本服务免受物理、供应链、网络和人员威胁。其次是加强执法。俄罗斯总统普京签署总统令，禁止关键基础设施购买、使用外国软件。美国国家安全局（NSA）发布《网络基础设施安全指南》，旨在向全美所有政府机构提供最新的网络基础设施抵御网络攻击的通用技术建议。二是加强对虚假信息和错误信息的打击和监管。澳大利亚政府 2022 年将出台立法，打击网上有害的虚假信息和错误信息，该立法将赋予澳大利亚通信和媒体管理局（ACMA）新的监管权力，让大型科技公司对其平台上的有害内容负责。俄罗斯总统普京签署俄罗斯联邦刑法修正案，严惩故意公开传播俄罗斯武装部队虚假信息行为。

第二节 2022 年 3 月网络空间安全治理态势大事件简介

一、美国参议院通过《加强美国网络安全法》①

2022 年 3 月 1 日，美国参议院通过《加强美国网络安全法》。法案于 2022 年 2 月 8 日由参议员罗伯·波特曼（Rob Portman）和参议院国土安全和政府事务委员会主席加里·彼得斯（Gary Peters）提出，旨在加强美国的网络安全。在俄乌冲突升级背景下，美国参议院选择一致通过《加强美国网络安全法》。该法由《网络事件报告法案》《2021 年联邦信息安全现代化法案》和《联邦安全云改进和就业法案》三项网络安全法案措施组成。《网络事件报告法案》更新了各机构向国会报告网络事件的规定，并赋予 CISA 更多权力，以确保其是民用网络安全事件主要负责机构。总体来看，《加强美国网络安全法》包含旨在使美国联邦政府的网络安全态势现代化的若干措施，试图通过简化之前的网络安全法案来改善联邦机构之间的协调，并要求所有民事机构向 CISA 报告网络攻击。法案的通过将有助于确保银行、电网、供水网络和交通系统等关键基础设施实体能够在网络遭到破坏时迅速恢复并向人们提供基本服务。

二、美国 NSA 发布《网络基础设施安全指南》②

2022 年 3 月 1 日，美国国家安全局（NSA）发布《网络基础设施安全指南》，旨在向全美所有政府机构提供最新的网络基础设施抵御网络攻击的通用技术建议。《网络基础设施安全指南》介绍了总体网络安全和保护单个网络设备的最佳做法，并指导管理员阻止对手利用其网络。《网络基础设施安全指南》建议涵盖网络设计、设备密码和密码管理、远程登录、安全更新、密钥交换算法，以及 NTP、SSH、HTTP、SNMP 协议等重要的协议。主要包括以下内容：（一）网络体系架构与设计采用多层防御；（二）定期进行安全维护；（三）采用认证、授权和审计来实施访问控制和减少维护；（四）创建具有复杂口令的唯一本地账户；（五）实施远程记录和监控；（六）实施远程管理和网络业务；（七）

---

① Congress. S. 3600-Strengthening American Cybersecurity Act of 2022 ［EB/OL］. ProPublica, 2022-03-06.

② NSA. NSA Details Network Infrastructure Best Practices ［EB/OL］. Berkcon, 2022-03-01.

配置网络应用路由器以对抗恶意滥用；（八）正确配置接口端口。

三、法国数据保护机构（CNIL）发布《2022—2024年战略计划》①

法国数据保护机构（CNIL）于2022年3月14日发布《2022—2024年战略计划》，概述CNIL三个优先事项：一是促进对个人权利的控制和尊重，二是将《通用数据保护条例》（GDPR）推广为组织的信任资产，三是优先针对隐私风险高的主体采取有针对性的监管行动。关于第一个优先事项，CNIL强调了以下目标：强化个体信息和意识，以促进权力的行使；提高执法行动的有效性；加强CNIL在欧洲监管中的作用和欧洲集体监管行动的有效性；优先采取旨在保护日常数字生活的行动。关于第二个优先事项，CNIL强调了以下目标：通过实用和明确的指导方针加强数据控制者的法律确定性；开发认证和行为准则工具；确保遵守GDPR是应对网络风险的最有效措施；发展和加强其支持组织的战略；发挥具有经济影响的监管作用。关于第三个优先事项，CNIL强调了"智能"或"增强"相机、云端数据传输、智能手机应用程序中个人数据的收集三个重点监管领域。

四、美国正式通过《2022年关键基础设施网络事件报告法》②

在美国总统拜登于2022年3月15日签署的《2022年综合拨款法案》中，美国《2022年关键基础设施网络事件报告法》得以通过，并提出了新的数据泄露报告要求。美国《2022年关键基础设施网络事件报告法》明确了关键基础设施实体报告网络事件的流程及基本要求，要求政府部门对网络事件报告进行审查并及时共享，以保证联邦政府对即时网络事件态势的感知。《2022年关键基础设施网络事件报告法》还突出强调了对勒索软件攻击的应对，要求建立勒索软件漏洞预警试点程序并协商成立勒索软件防护工作组。其还要求关键基础设施领域的运营实体向美国国土安全部（DHS）报告：法案所规定的网络事件，在不迟于法案所管辖的实体有理由相信事件发生后的72小时内，以及因勒索软件攻击而在支付赎金后24小时内支付的任何赎金（即使勒索软件攻击不属于前一点中要报告的网络事件）。《2022年关键基础设施网络事件报告法》作为美国关键基础设施保护的重要法案，旨在加强联邦政府与关键基础设施实体以及联邦

---

① CNIL. The CNIL Publishes its 2022—2024 Strategic Plan［EB/OL］. CNIL, 2022-03-14.

② The U. S. Government Publishing Office. H. R. 2471-Consolidated Appropriations Act, 2022［EB/OL］. Congress, 2022-03-15.

政府机构之间的网络事件信息共享。

五、澳大利亚政府 2022 年将出台立法，打击网上有害的虚假信息和错误信息①

2022 年 3 月 21 日，澳大利亚联邦政府表示，澳大利亚通信和媒体管理局（ACMA）将对不合作的科技平台执行互联网行业准则。ACMA 发布的报告指出，76% 的人认为在线平台应该采取更多措施来减少在线共享的虚假和误导性内容数量。因此，澳大利亚政府拟出台相关的法律草案。澳大利亚方面出台的法律草案与欧洲同行所提出的内容大体一致，后者在 2022 年年底生效成为正式法律。该立法将赋予澳大利亚通信和媒体管理局（ACMA）新的监管权力，让大型科技公司对其平台上的有害内容负责。政府在 2022 年下半年向议会提交立法之前就新权力的范围进行磋商。

六、欧盟委员会提出《网络安全条例》和《信息安全条例》②

2022 年 3 月 22 日，欧盟委员会提出《网络安全条例》与《信息安全条例》议案，以在欧盟各机构、机关、办事处之间建立共同的网络安全和信息安全措施，增强欧盟对网络威胁和事件的复原力和响应能力，并确保在全球恶意网络活动不断上升的情况下，建立一个有弹性、安全的欧盟公共行政。《网络安全条例》旨在建立一个网络安全领域的治理、风险管理和控制框架，关键内容包括：（一）加强 CERT-EU 的任务，并提供完成任务所需的资源；（二）提出对欧盟各机构、机关、办事处的要求；（三）成立一个新的机构间网络安全委员会；（四）将 CERT-EU 从"计算机应急小组"更名为"网络安全中心"。《信息安全条例》旨在为所有欧盟各机构、机关、办事处制定一套最低限度的信息安全规则和标准，以在信息威胁不断演变的情况下为它们提供有力与一致的保护，关键内容包括：（一）建立机构间信息安全协调小组；（二）根据保密程度建立统一的信息分类方法；（三）促进信息安全政策现代化；（四）简化当前实践，提高相关系统和设备之间的兼容性。

---

① Australian Government. New Disinformation Laws ［EB/OL］. Infrastructure. gov, 2022-03-21.

② EC. New Rules to Boost Cybersecurity and Information Security in EU Institutions, Bodies, Offices and Agencies ［EB/OL］. Die Europäische Kommission, 2022-03-22.

七、美欧就《跨大西洋数据隐私框架》达成原则性协议①

2022 年 3 月 25 日，美国与欧盟就新跨大西洋数据传输的《跨大西洋数据隐私框架》（Trans-Atlantic Data Privacy Framework）达成了原则性一致，该框架强调了美欧双方对隐私、数据保护和法治的共同承诺，将促进跨大西洋数据流动，并解决欧盟法院在 2020 年 7 月的 Schrems II 裁决中提出的关切。新框架标志着美国方面做出了前所未有的承诺，将实施改革，加强适用于美国信号情报活动的隐私和公民自由保护。根据《跨大西洋数据隐私框架》，美国将制定新的保障措施，以确保信号情报监视活动在追求确定的国家安全目标方面是必要的和相称的，建立一个具有指导补救措施的有约束力的两级独立补救机制，并加强对信号情报活动的严格和分层监督，以确保遵守对监视活动的限制。

八、美国国防部提交 2022 年《国防战略》②

2022 年 3 月 28 日，美国国防部向国会提交了 2022 年《国防战略》（NDS）机密版。美国国防部首次以完全一体化的方式进行战略评估，即将核态势评估和导弹防御评估纳入《国防战略》，以确保美国的战略和资源紧密联系。2022 年《国防战略》（NDS）机密版阐述了美国国防部将如何促进和维护重要的国家利益——保护美国人民、扩大美国的繁荣，以及实现并捍卫美国的民主价值观。作为国防部最高战略性指导文件，2022 年《国防战略》（NDS）机密版是根据美国总统拜登 2021 年 3 月发布的《国家安全战略临时指南》制定的，是美国国防部最重要的战略指导文件，将总统的国家安全战略目标及优先事项转化为在军事规划和活动方面的指导。

九、俄罗斯总统普京签署总统令：禁止关键基础设施购买、使用外国软件③

2022 年 3 月 30 日，俄罗斯总统普京签署保障技术独立性的总统令，要求从

---

① EC. European Commission and United States Joint Statement on Trans-Atlantic Data Privacy Framework［EB/OL］. Die Europäische Kommission，2022-03-25.

② DHS. DoD Transmits 2022 National Defense Strategy［EB/OL］. U. S. Department of Defense，2022-03-08.

③ President of Russia. Decree of the President of the Russian Federation of March 30, 2022 No. 166 "On Measures to Ensure the Technological Independence and Security of the Critical Information Infrastructure of the Russian Federation"［EB/OL］. Official Internet Portal of Legal Information，2022-03-30.

2022 年 3 月 31 日起，禁止在国家采购中未经相关部门许可为重要国家基础设施部门购买外国软件。自 2025 年 1 月 1 日起，国家关键信息基础设施部门将完全禁用外国软件。根据法令，任何客户如果没有获得"俄罗斯联邦政府授权的执行机构"的批准，不能购买用于"俄罗斯联邦关键信息基础设施重要网站"的外国软件，也不能购买"在这些网站上使用此类软件所需的服务"。这类基础设施包括对关键领域（医疗保健、制造业、通信、交通、能源、金融部门和市政设施）的运营至关重要的信息系统和电信网络。此外，这项新签署的总统令还寻求优先使用国内无线电、电子和电信相关技术，而非外国设备，并将在 6 个月内公布实现这一目标的具体措施。与此同时，俄罗斯有望在 2022 年 9 月底之前成立一个专注于制造"关键信息基础设施可信软件和硬件系统"的研究和生产协会。

十、澳大利亚通过《关键基础设施保护法案》①

2022 年 3 月 31 日，澳大利亚政府通过了 2022 年安全立法修正案《关键基础设施保护法案》（SLACIP 修正案）。SLACIP 修正案将提高国家关键基础设施框架的安全性和弹性，以保护澳大利亚公民所依赖的基本服务免受物理、供应链、网络和人员威胁。SLACIP 修正案的改革旨在加强关键基础设施资产的所有者和运营者的风险管理、准备、预防和复原能力，以保障正常经营活动。他们还寻求改善行业和政府之间的信息交流，以更全面地了解威胁。修正案还有助于确保执法机构拥有打击暗网上犯罪急需的权力，以及通过勒索软件行动计划打击和保护澳大利亚公民免受勒索软件侵害的能力。修正案也促进与美国当局的数字信息交换，通过与美国签署 CLOUD 法案协议并发起公共信息运动以提高澳大利亚的网络安全。

---

① Data Guidance. Critical Infrastructure Protection Bill Passes Both Houses of Parliament［EB/OL］. Data Guidance，2022-03-31.

第七章

2022 年 4 月治理月度报告和大事件

第一节　2022 年 4 月网络空间安全治理态势月度报告

一、网络攻击事件频发

一是疫情时代下，针对防疫展开攻击。例如，对中国的防疫基础设施展开攻击。北京健康宝在使用高峰期遭受了来自境外的网络攻击，这是一起典型的网络拒绝服务攻击（DDoS 攻击）事件，攻击者利用大量被入侵的网络设备，向被攻击对象服务器发送海量的网络流量，影响其正常服务。二是政府机构受到网络攻击。加拿大数字权利监督组织公民实验室警告英国官员，连接到政府网络的电子设备疑似遭到了以色列制造的"飞马"间谍软件的攻击，怀疑有关的攻击事件与阿联酋、印度、塞浦路斯和约旦的运营商有关。

二、多措并举推进数据治理

一是政府采取措施来加强网络防御。美国国务院宣布成立第一个"网络空间与数字政策局"，强调联邦领域的数字现代化，重点提高对网络外交的认识，以应对类似乌克兰战争等突发事件。美国司法部成功清除俄方"沙虫"开发的恶意软件，"沙虫"组织被视为俄罗斯最具威胁的黑客组织之一，隶属于俄罗斯总参谋部情报总局。澳大利亚发布《2021 年国家研究基础设施（NRI）路线图》，将数据、人工智能和量子计算作为优先研究方向。澳大利亚启动新计划以增强网络防御能力，计划通过支持 ADF 信息战和网络攻击力的整合，深化与盟国和合作伙伴的技术合作。二是政府加强对网络安全的财政支持。美国政府提高对网络安全的财务支持，拜登预算要求大幅增加网络安全，联邦民事机构将获得 109 亿美元用于网

络安全，比上一年增加 11%；美国国防部将获得 112 亿美元用于非机密网络行动，为网络领域申请了 112 亿美元的国防预算，申请额同比增长 8%，此外还新增了一些网络试点及相关服务。三是出台相关的法律法规。欧盟议会就《数据治理法案》（*Data Governance Act*）进行投票表决，以 501 票赞成、12 票反对、40 票弃权，获得议会批准。该法案旨在促进整个欧盟内部和跨部门之间的数据共享，增强公民和公司对其数据的信任和控制。美国参议院通过《国家网络安全准备联盟法案（NCPC）》，授权国土安全部提供网络安全培训，主要的措施包括强化对网络安全风险和事件的准备及响应等。拜登政府发布《促进使用公平数据》的建议书，目的在于促进美国制定一项可用于增加公平统计和代表美国公众数据多样性的数据治理战略，体现了美国政府在国内行政数据治理上的新思路。

三、持续推进对超大互联网平台的治理与监管

一是多举措加强对互联网平台的治理，加强个人信息保护力度。新加坡针对网络安全实施严格的许可证制度，CSA 将许可两类网络安全服务提供商，即提供渗透测试和托管安全运营中心监控服务的提供商，这两项服务被优先考虑是因为执行此类服务的服务商可以大量访问其客户的计算机系统和敏感信息。中国工信部研究制定 APP 手机使用个人信息、车联网、人工智能等重要领域的安全标准，强化个人信息和数据安全监管。二是出台相关文件，提升数据管理能力。我国发布了《数据防泄露技术指南》，旨在提升数据安全管理能力，对指导厂商、服务商等发展将发挥重要作用，更能够在选择、管理等数据防泄露相关方面指引广大的企事业用户，推动数据安全迈向新的台阶。中国国家网信办提出拟修改《中华人民共和国网络安全法》，完善违反网络运行安全一般规定的法律责任制度，修改关键信息基础设施安全保护的法律责任制度，调整网络信息安全法律责任制度，修改个人信息保护法律责任制度。

第二节　2022 年 4 月网络空间安全治理态势大事件简介

一、美国国务院宣布成立网络空间与数字政策局①

2022 年 4 月 4 日，美国国务院宣布成立新机构"网络空间与数字政策局"

---

① CNIL. The CNIL Publishes its 2022—2024 Strategic Plan [EB/OL]. Ecas, 2022-03-14.

（Bureau of Cyberspace and Digital Policy，CDP），将负责牵头落实美国的网络外交政策，统筹美国针对其盟友及伙伴的"网络能力援助"，聚焦国家网络安全、信息经济发展和数字技术三大领域，强化美国在全球网络及新兴技术规范标准领域的话语权，国务院首席副助理国务卿詹妮弗·巴楚斯（Jennifer Bachus）将代行负责人职权。据悉，该局包括三个政策部门：国际网络空间安全处（International Cyberspace Security）、国际信息与通信政策处（International Information and Communications Policy）、数字自由处（Digital Freedom）。目前，已配备 60 多名工作人员，大多数来自国务院网络协调和国际通信办公室，国务院目前还计划再增加 30 个新职位。国务卿安东尼·布林肯（Antony Blinken）表示，CDP 将通过新兴技术纳入政策决策，为美国外交和国内安全带来新的关注点。同时，美国国务院将要求其信息技术预算增加 50%，并制定更完善的数据环境，以便在 CDP 内建立一个强大的技术环境。

二、欧盟网络安全局发布了欧盟成员国国家协调漏洞披露政策地图①

2022 年 4 月 13 日，欧盟网络安全局（ENISA）发布了欧盟成员国国家协调漏洞披露（CVD）政策地图，并对 19 个欧盟成员国的分析提出主要建议，包括：修订刑法的《网络犯罪指令》，为参与漏洞发现的安全研究人员提供法律保护；在为安全研究人员建立任何法律保护之前，明确区分"道德黑客"和"黑帽"活动的具体标准；通过国家或欧洲"漏洞赏金"计划，或通过促进和开展网络安全培训，为安全研究人员积极参与 CVD 研究制定激励措施。除上述建议外，还就经济和警务挑战提出了其他建议，涉及业务和危机管理活动。欧盟委员会修订《网络和信息安全指令》提出，欧盟国家应该实施国家心血管疾病政策。ENISA 还需要开发和维护一个欧盟漏洞数据库（EUVDB）。这项工作将补充现有的国际脆弱性数据库。ENISA 将在 NIS2 提案通过后开始与欧盟委员会和欧盟成员国讨论数据库的实施。

三、北约合作网络防御卓越中心举行 2022 年度"锁盾"网络演习②

北约合作网络防御卓越中心（CCDCOE）于 2022 年 4 月 19 日至 22 日组织

---

① The European Union Agency for Cybersecurity（ENISA）. Coordinated Vulnerability Disclosure policies in the EU［EB/OL］. Europa，2022-04-13.

② EC. New Rules to Boost Cybersecurity and Information Security in EU Institutions，Bodies，Offices and Agencies［EB/OL］. Die Europäische Kommission，2022-04-23.

2022 年度"锁盾"网络演习。该演习是世界上年度规模最大、最复杂的国际实弹网络防御演习，将会集来自北约联盟国家和乌克兰的技术专家。根据演习场景，虚构岛国"贝里利亚"正在经历不断恶化的安全局势，众多敌对事件与针对该国的主要军事和民用 IT 系统的协同网络攻击同时发生。演习将采取红蓝对抗方式：蓝队作为国家网络团队运作，被部署来报告网络攻击事件并实时处理事件影响，以保护虚构国家民用和军用 IT 系统和关键基础设施；红队由来自北约网络中心、盟国和行业专家提供资源，负责针对目标开展多次复杂网络攻击。

四、美英澳同盟重申发展先进网络、人工智能及量子技术①

2022 年 4 月 5 日，美国白宫重申，由美国、英国和澳大利亚围绕防务合作组成的美英澳同盟（AUKUS）将合作开发包括先进网络、人工智能和量子技术在内的高端能力。在先进网络方面，AUKUS 将着重加强网络能力，包括保护关键的通信和操作系统；在人工智能方面，AUKUS 将着重提高系统自主决策过程的速度和精度，以保持联盟的技术优势和抵御来自敌对人工智能的威胁，而早期的工作重点将是加快各类自主系统和人工智能系统在对抗性环境下的运用，并改善此类系统的弹性；在量子技术方面，AUKUS 将落实《AUKUS 量子安排》（AQuA），而 AQuA 初期将重点关注用于定位、导航和授时的量子技术。AUKUS 的首要目标是发展澳大利亚的核潜艇能力，而在其他方面，除发展先进网络、人工智能和量子技术之外，AUKUS 也将发展水下能力、高超音武器及其防御能力以及电子战能力等。

五、北京健康宝使用高峰期间遭受网络攻击②

北京市委宣传部对外新闻处副处长隗斌表示，4 月 28 日，北京健康宝使用高峰期间遭受网络攻击，经初步分析，网络攻击源头来自境外，北京健康宝保障团队进行及时有效应对，受攻击期间，北京健康宝相关服务未受影响。此前，在北京冬奥会、冬残奥会期间，北京健康宝也遭受过类似网络攻击，均得到有效处置。

---

① DHS. DoD Transmits 2022 National Defense Strategy ［EB/OL］. U. S. Department to Defense，2022-04-05.

② YANG F. The CCP Official Said That Beijing Health Treasure was Attacked, Many Questions Emerged Beijing Epidemic Network Attack ［EB/OL］. Breaking News English，2022-04-28.

六、美国与 60 个国家及地区推出《互联网未来的宣言》①

美国与其拉拢的 60 个国家及地区在 2022 年 4 月 28 日宣布推出《互联网未来的宣言》(*Declaration for the Future of the Internet*)，声称将为对抗威权主义在网络空间中扩散而采取维护数字人权，提倡信息自由流动，推动包容性和可承受的互联互通，增进全球数字生态系统内信任，保护及强化互联网多边治理体系五项主张共 22 个措施。这份签署者包括英国、加拿大、以色列、乌克兰等美国军事盟友及经济伙伴，也是拜登政府继其 2021 年年底组织民主峰会后，打着美西方价值观旗号破坏冷战后国际秩序的又一新动作，国际网络空间被意识形态割裂的趋势已经越发明显。这份文件列出了旨在维护"自由与开放互联网"的五项主张共 22 个措施，包括：（一）保护人权和基础自由。将文件签署者与威权主义进行区分；提升网络安全性并继续打击网络暴力，推进互联网的安全与平等使用，重申打击非法网络有害内容及活动的承诺，保护并尊重数字生态系统中的人权和基础自由，约束互联网及算法工具的滥用。（二）全球性互联网。限制政府下令的互联网封锁，限制对合法内容的屏蔽，推动符合美西方价值观，信息自由流动，加强研发合作及标准制定，鼓励安全威胁信息共享。（三）包容性和可承受的互联网。推动可承受、包容性及可靠的网络访问，支持数字技能获得与提升，培养网络的多样性文化及多语种内容信息资讯。（四）数字生态系统中的信任。合作打击网络犯罪，保护个人隐私及数据，推动消费者保护，提倡和使用可靠的网络基础设施及服务提供商，打击虚假信息宣传，支持基于规则的全球数字经济，推进旨在最大化应对气候变化及保护环境效果的工作。（五）互联网多边治理。保护和强化互联网多边治理体系，打击旨在削弱互联网技术基础设施的行为。

七、俄乌冲突加剧了美国军方的数据隐私漏洞②

2022 年 4 月 15 日，美国陆军网络研究所信息战研究小组负责人杰西卡·道森（Jessica Denson）及 R 街研究院网络安全和新兴威胁团队高级研究员兼政策顾问布兰登·普（Brandon Pugh）联合撰文指出，俄乌冲突加剧了美军的数据隐

---

① U. S. Depantment of State. Declaration for the Future of the Internet [EB/OL]. U. S. Department of State, 2022-04-28.

② DAWSOW J, PUGH B. Ukraine Conflict Heightens US Military's Data Privacy Vulnerabilities [EB/OL]. Defense, 2022-04-14.

私漏洞风险。俄乌冲突中具有针对性的网络钓鱼和恶意数据挖掘活动需要密切关注。俄罗斯网络战人员向乌克兰发送大量附有恶意软件的电子邮件，尤其是针对乌克兰军人和警察，旨在散布虚假信息和收集个人数据。因此，美国也必须采取措施保护美军免遭类似策略的侵害。俄罗斯的虚假信息攻击已经瞄准美国，其策略包括在社交媒体上创建退伍军人个人和服务机构的虚假账户等。其针对性活动将对军事行动构成重大风险，收集到的数据可用于传递错误信息和虚假信息。

八、欧洲议会通过《数据治理法案》，促进欧盟数据共享新规则①

2022 年 4 月 6 日，欧洲议会就欧盟《数据治理法案》（DGA）进行投票表决。最终，《数据治理法案》以 501 票赞成、12 票反对、40 票弃权，获得会议批准。根据欧盟委员会的数据，公共机构、企业和公民产生的数据量预计在 2018 年至 2025 年增加 5 倍。基于《数据治理法案》形成的新规则将允许欧盟更好地使用这些数据，预计到 2028 年，通过法案新措施将数据的经济价值提高至 70 亿~110 亿欧元，从而使社会、公民和企业受益。《数据治理法案》旨在促进整个欧盟内部和跨部门之间的数据共享，增强公民和公司对其数据的控制和信任，并为主要技术平台的技术处理实践提供一种新的欧洲模式，帮助释放人工智能的潜力。通过立法，欧盟将建立关于数据市场中立性的新规则，促进公共数据的再利用，并在战略领域创建共同的欧洲数据空间。

九、拜登政府发布《促进使用公平数据》的建议书②

2022 年 4 月 22 日，拜登政府发布《促进使用公平数据》的建议书，该建议书是拜登 2021 年 1 月 20 日签署的"通过联邦政府促进种族平等和对服务欠佳社区的支持"第 13985 号行政命令的后续成果。由此前拜登成立的"公平数据工作组"在调研美国数据收集政策、数据监管和数据应用设施情况的基础上撰写而成，其目的在于促进美国制定一项可用于增加公平统计和代表美国公众数据多样性的数据治理战略。该公平数据战略提出了五项实施建议：（一）隐私保护和数据分类的常态化。（二）完善现有基础设施以利用未充分使用的数据。

---

① Press Room. Data Governance：Parliament Approves New Rules boosting Intra-EU Data Sharing［EB/OL］. European Parliament，2022-04-06.

② Briefing Room. FACT SHEET：Biden-Harris Administration Releases Recommendations for Advancing Use of Equitable Data［EB/OL］. The White House，2022-04-22.

（三）为政策制定和计划实施建立强有力的公平评估机制。（四）激励各级政府和学界建立多样化伙伴关系。（五）对美国公众负责。该公平数据战略展示了美国政府在国内行政数据上的新思路：一是通过多种方式加强对少数群体数据信息的采集；二是投资建立新系统和完善数据采集基础设施，加强数据分类管理；三是建立更加透明的数据共享和公开机制，以提高数据的使用效率。

十、美国主战网络攻击武器曝光：世界重要信息基础设施已成美"情报站"①

2022 年 4 月 19 日，中国国家计算机病毒应急处理中心对"蜂巢"（Hive）恶意代码攻击控制武器平台（以下简称"蜂巢平台"）进行了分析。蜂巢平台由美国中央情报局（CIA）数字创新中心（DDI）下属的信息作战中心工程开发组（EDG）和美国著名军工企业诺斯罗普·格鲁曼（NOC）旗下的 XETRON 公司联合研发，由美国中央情报局（CIA）专用。蜂巢平台属于"轻量化"的网络武器，其战术目的是在目标网络中建立隐蔽立足点，秘密定向投放恶意代码程序，利用该平台对多种恶意代码程序进行集中控制，为后续持续投放"重型"武器网络攻击创造条件。美国中央情报局（CIA）运用该武器平台根据攻击目标特征定制适配多种操作系统的恶意代码程序，对受害单位信息系统的边界路由器和内部主机实施攻击入侵、植入各类木马、后门，实施远程控制，对全球范围内的信息系统实施无差别网络攻击。

---

① Data Guidance. Critical Infrastructure Protection Bill Passes Both Houses of Parliament［EB/OL］. Data Guidance，2022-04-19.

第八章

2022 年 5 月治理月度报告和大事件

第一节　2022 年 5 月网络空间安全治理态势月度报告

一、国家网络安全战略部署推进

一是普京针对网络安全防御发布政策。俄罗斯总统普京表示，外国"国家结构"对俄罗斯的网络攻击数量增加了数倍，俄罗斯必须通过减少使用外国软件和硬件来加强其网络防御。二是美国出台相应法律规范来治理网络危险。美国总统拜登签署了《国家网络安全防范联盟法案》，该法案将使国土安全部能够与非营利实体合作，开发、更新和主办网络安全培训，以支持防御和应对网络安全风险。

二、多措并举推进数据治理

一是多国出台相应法律和组织会议，更加注重对数据的保护。2022 年 5 月 10 日，威尔士亲王向议会两院发表了《女王陛下对议会两院的最亲切讲话》（以下简称《2022 年女王演讲》），提及了 38 项预计在未来一年内通过的法案，其中包括《数据改革法案》（*Data Reform Bill*）。《2022 年女王演讲》这一简报的执行摘要指出，GDPR 和《数据保护法》是非常复杂且具有规定性的立法。它们鼓励过多的文书工作，给企业造成负担，对公民几乎没有好处。七国集团（G7，即美国、英国、法国、德国、日本、意大利和加拿大）的数字部长举行会议，通过了一项关于当前与数字转型和相关框架有关的问题的部长级宣言。该宣言承诺在数字化和环境、数据、数字市场竞争和电子安全等多个主题上实现共同的政策目标，并指出七国集团已通过了相关行动计划——《促进可信数

据自由流动计划》。二是国家间通过加强联合和合作，共同改善网络空间安全。第 48 次美韩安全磋商会议于 2022 年 5 月 20 日在美国国防部举行。时任美国国防部长阿什顿·卡特（Ashton Baldwin Carter）与韩国国防部长韩民求在会后举行的联合记者会上宣布，两国决定进一步强化在朝鲜半岛的威慑力量，加强网络与海上安全领域的合作。卡特表示，他与韩民求在此次会议中主要讨论了三方面议题。

三、数据安全监管加强保护

一是加强对通信公司的数据安全监管，提升通信公司的安全能力。以色列通信公司周一被指示加强网络安全，因为政府推出了一项新举措，以保护该国免受在线攻击。这将把该国的安全能力提升到一个新的水平，并将提供一种"铁穹"系统，为覆盖整个国家的额外保护层提供一层保护，以识别和防止未来针对通信网络的网络攻击。二是总统签署法案，加强网络安全和数据保护。

第二节　2022 年 5 月网络空间安全治理态势大事件简介

一、加拿大宣布禁止电信系统使用华为、中兴公司的产品和服务①

加拿大表示将禁止华为和中兴通讯在该国提供 5G 服务，这是美国盟友针对中国设备电信制造商的最新举措。加拿大打算禁止将华为和中兴通讯的产品和服务纳入加拿大电信系统，已经安装了此设备的提供商将被要求停止使用并将其删除，并且联邦政府不会赔偿公司拆除华为和中兴通讯的设备，用于 4G 网络的设备也需要拆除。近年来，美国及其许多盟国对华为的全球扩张表示强烈关注，因为担心该公司与中国军方有联系，并为北京在世界各地的网络间谍活动提供便利。

二、日美两国承诺将加强在网络、航天及新兴技术等领域的合作②

据日经中文网 2022 年 5 月 24 日消息，日本首相与美国总统于 2022 年 5 月

---

① NSA. NSA Details Network Infrastructure Best Practices［EB/OL］. FT，2022-05-17.
② Congress. GOV. S. 3600 – Strengthening American Cybersecurity Act of 2022［EB/OL］. SoHu，2022-05-24.

23日在东京举行首脑会谈，并于会后发表联合声明。声明指出，双方决定加快在网络、航天领域及新兴技术领域的合作，两国将共同保护和支持重要技术，重点发展各自优势，并加强供应链韧性。两国还将设立新一代半导体开发的共同特别调查委员会和工作小组，该工作小组将研发次世代半导体（芯片），尤其是着手进行2nm以下先进半导体研发，并为强化经济安全保障进一步合作。此外，两国还承诺将加强气候伙伴关系合作及人文交流，通过恢复人才培养计划，推动建设"自由和开放的印太地区"。

三、美韩合作改善网络安全解决方案①

第48次美韩安全磋商会议于2022年5月20日在美国国防部举行。时任美国国防部长卡特与韩国国防部长韩民求在会后举行的联合记者会上宣布，两国决定进一步强化在朝鲜半岛的威慑力量，加强网络与海上安全领域的合作。卡特表示，他与韩民求在此次会议中主要讨论了三方面议题：一是强化在朝鲜半岛的威慑力量，应对朝鲜的导弹威胁，美韩近期决定在韩部署"萨德"反导系统正是出于这一目的；二是加强两国在网络安全和海上安全的合作；三是两国决定加强在阿富汗问题、南苏丹问题以及打击"伊斯兰国"等方面的合作。卡特当天重申了美国对韩国的安全承诺。他还表示，希望进一步加强美日韩同盟关系，共同应对来自朝鲜的威胁。

四、七国集团签署声明，通过《促进可信数据自由流动计划》②

2022年5月10日至11日，七国集团的数字部长举行会议，通过了一项关于当前与数字转型和相关框架有关的问题的部长级宣言。该宣言承诺在数字化和环境、数据、数字市场竞争和电子安全等多个主题上实现共同的政策目标，并指出七国集团已通过了相关行动计划——《促进可信数据自由流动计划》。该计划指出：以互联网安全原则指导工作，提高网络安全；建立使用电子可转移记录的框架，解决法律障碍并协调国内改革；达成共识，以一种更加联合的方式来监管和促进数字市场中的竞争，更好地为消费者和企业服务；开展合作，抓住可信数据自由流动的机会，为人民、企业和经济创造价值；民主政府和利

---

① Data Guidance. Critical Infrastructure Protection Bill Passes Both Houses of Parliament［EB/OL］. China News，2016-10-21.

② European Council. Joint Statement EU – Japan Summit 2022［EB/OL］. Council of the European Union，2022-05-12.

益相关者就支持开发数字技术标准开展协作。

五、英国首次公布《数据改革法案》，革新现有 GDPR 和《数据保护法》①

2022 年 5 月 10 日，威尔士亲王向议会两院发表了《女王陛下对议会两院的最亲切讲话》（简称《2022 年女王演讲》），提及了 38 项预计在未来一年内通过的法案，其中包括《数据改革法案》。《2022 年女王演讲》这一简报的执行摘要指出，GDPR 和《数据保护法》是非常复杂且具有规定性的立法。它们鼓励过多的文书工作，给企业造成负担，对公民几乎没有好处。既然英国已经离开欧盟，现在就有机会改革数据保护框架。此外，简报的执行摘要还概述了数据改革法案的目的及意义：（一）借助英国脱欧，创建一个世界级的数据权利制度，从而建立一个新的有利于增长和值得信赖的英国数据保护框架，以减轻企业负担、促进经济发展、帮助科学创新并改进英国人民的生活；（二）对信息专员办公室（ICO）进行现代化改造，确保其有能力和权力对违反数据规则的机构采取更有力的行动，同时要求其对议会和公众更加负责；（三）增加行业对智能数据计划的参与度，将使公民和小企业对他们的数据有更多的控制权，并通过帮助改善在健康和社会护理环境中对数据的适当访问来帮助那些需要医疗保健的人。

六、拜登签署《国家网络安全防范联盟法案》，加大网络安全培训力度②

日前，美国总统拜登签署了《国家网络安全防范联盟法案》。该法案将使国土安全部能够与非营利实体合作，开发、更新和主办网络安全培训，以支持防御和应对网络安全风险。参议员约翰·科尔尼（John Cornyn）和帕特里克·莱希（Patrick Leahy）在周四发表的一份声明中说，新法律的目的是确保关键基础设施免受网络攻击，网络准备就绪。国土安全部和由得克萨斯大学圣安东尼奥分校、得克萨斯农工大学工程推广服务中心、阿肯色大学、孟菲斯大学、诺维奇大学和其他大学培训组织组成的国家网络安全防范联盟（NCPC）将合作，对州及地方政府的响应责任人（first responders）和官员进行网络安全培训，支持创建信息共享计划，并帮助扩大州和地方应急计划的网络安全风险和事件预防

---

① BERTUZZI L. UK Announces Data Protection Reform［EB/OL］. International Association of Privacy Professionals，2022-05-11.

② HARDCASTLE J L. Biden Signs Cybercrime Tracking Bill Into Law［EB/OL］. The Register，2022-05-10.

及响应。

七、普京承诺在面对网络攻击时加强俄罗斯的IT安全①

2022年5月20日，俄罗斯总统普京表示，外国"国家结构"对俄罗斯的网络攻击数量增加了数倍，俄罗斯必须通过减少使用外国软件和硬件来加强其网络防御。自2022年2月24日俄罗斯派遣武装部队进入乌克兰以来，许多国有企业的网站和新闻网站遭受了零星的黑客攻击，通常是为了显示与莫斯科关于冲突的官方路线不一致的信息。

普京在与安理会的会晤中表示，俄罗斯需要改善关键部门的信息安全，转而使用国内技术和设备。对外国IT、软件和产品的限制已成为对俄罗斯施加制裁压力的工具之一，一些西方供应商单方面停止了对其在俄罗斯的设备的技术支持。

八、黑客攻击呈上升趋势，以色列下令电信公司竖立"网络铁穹"②

以色列通信公司周一被指示加强网络安全，政府推出了一项新举措，以保护该国免受在线攻击，因为针对以色列网站的黑客攻击有所增加。推出该计划的官员表示，他们希望创建一个网络防御伞，就像"铁穹"系统对抗导弹一样有效。这家合资企业将把该国的安全能力提升到一个新的水平，并提供一种"铁穹"系统，为覆盖整个国家的额外保护层提供一层保护。根据改革，以色列的主要通信公司被要求实施详细的计划，以识别和防止未来针对通信网络的网络攻击。根据宣布该计划的声明，这些公司需要遵守统一的标准。通信公司被要求开发监控机制，以提供正在进行的网络安全工作的实时图像，同时确保所收集数据的隐私和完整性。这些公司被要求购买最先进的技术能力，以识别、遏制和从潜在的网络攻击中恢复。改革还要求这些公司实施五个级别的信息安全，尽管其具体细节尚未公布，并指出黑客攻击既针对重要的基础设施，也试图窃取私人数据。虽然通信公司有时是攻击目标，但它们也被用作黑客寻求渗透和感染其他战略资产的门户。最新的袭击表明，政治行为者和其他人将通信基础设施确定为导致战略目标的首选目标。

---

① AFIFI-SABET K. UK unveils Data Reform Bill, scrapping parts of GDPR and promising £1 billion in savings [EB/OL]. ITPro, 2022-05-16.

② Israel. Seeing Hack Attacks on the Rise, Israel Orders Telecoms to Erect "Cyber Iron Dome" [EB/OL]. The Times of Israel, 2022-05-03.

九、网络攻击：安理会将制裁制度延长至 2025 年 5 月 18 日①

理事会于 2022 年 5 月 16 日决定将针对威胁欧盟及其成员国的网络攻击的限制性措施框架再延长三年，直至 2025 年 5 月 18 日。该框架允许欧盟对参与网络攻击的个人或实体实施有针对性的限制性措施，这些攻击会造成重大影响，并对欧盟或其成员国构成外部威胁。对于针对第三国或国际组织的网络攻击，如果这些措施对实现共同外交和安全政策（CFSP）的目标是必要的，也可以实施限制性措施。制裁目前适用于八名个人和四个实体，包括资产冻结和旅行禁令。此外，禁止欧盟个人和实体向清单所列人员提供资金。这些单独的列表将继续每 12 个月审核一次。将限制性措施延长三年的决定表明，欧盟坚定地致力于加强其抵御、阻止、威慑和应对网络威胁和恶意网络活动的韧性和能力，以维护欧洲的安全和利益。

---

① Bill. H. R. 2471-Consolidated Appropriations Act, 2022 ［EB/OL］. Consilium, 2022-05-16.

第九章

2022 年 6 月治理月度报告和大事件

第一节　2022 年 6 月网络空间安全治理态势月度报告

一、网络安全事件持续高发

一是网络攻击黑客入侵显著增加，尤以俄乌冲突为主题的攻击最为频繁。俄罗斯联邦建设、住房和公用事业部的网站遭到黑客入侵，其网站标题被改为乌克兰语的"荣耀属于乌克兰"。名为"网络游击队"的白俄罗斯反政府黑客组织盗取白俄罗斯内政部的音频文件并予以公开。俄罗斯圣彼得堡国际经济论坛服务器遭到 DDoS 攻击，普京将会议演讲推迟 1 小时。立陶宛对俄罗斯实施铁路货物禁令后遭到了网络攻击。此外，俄乌冲突导致业余勒索软件泛滥成灾。二是网络攻击目标重心由政府向重点高校、企业转移。我国西北工业大学遭到境外黑客组织和不法分子攻击。伊朗三家钢铁生产企业遭到重大网络攻击，导致部分生产线停止运作。以色列重点军工产业疑似遭到网络攻击，触发导弹袭击警报。三是情报窃取事件频发。美国国家安全局（NSA）通过其下属的网络战情报搜集部门——接入技术行动处（TAO）的"黑手行动"，在 30 天内远程窃取了超过 970 亿条全球互联网数据和 1240 亿条电话记录，涉及世界各国的大量公民个人隐私，这些数据正在成为美国以及其他"五眼联盟"国家的情报来源。

二、各国多措并举推进数据法治建设

各国采取各类措施推进数据法制建设，打击虚假信息，加强网络安全。一是推动数据隐私保护。美国立法机构中的一个跨党派团队公布了一项名为《美

国数据隐私与保护法案》的法律草案，以保护美国人的网上信息。中国国家互联网信息办公室审议通过了《互联网用户账号信息管理规定》，以维护国家安全和社会公共利益，保护公民、法人和其他组织的合法权益，促进互联网信息服务健康发展。英国政府向下议院提交了《数据保护和数字信息法案》，旨在更新和简化英国的数据保护框架，保持英国高标准的数据保护。二是加强数字政府的建设。中国国务院印发《关于加强数字政府建设的指导意见》，就主动顺应经济社会数字化转型趋势，充分释放数字化发展红利，全面开创数字政府建设新局面做出布局。英国国防部发布《国防人工智能战略》，旨在使英国国防部成为世界上最有效、最高效、最可信的数字国防机构，促进国防领域采用人工智能实现决策优势，提高效率，解锁新能力。

三、各国积极推进国家安全战略的部署

一是加强区域合作，实现互利共赢。美国司法部与欧盟刑事司法机构最近展开合作以推动勒索软件犯罪的治理，同时推动更多资源来帮助其他国家起诉那些利用加密货币掩盖其非法行为的人的活动。北约召开马德里峰会，设立旨在快速响应外部网络攻击的合作项目。"中国+中亚五国"外长第三次会晤中，六国共同提出并签署了《"中国+中亚五国"数据安全合作倡议》。各方呼吁，各国应秉持发展和安全并重的原则，平衡处理技术进步、经济发展与保护国家安全和社会公共利益的关系。二是启动网络防护演习。美军舰队网络司令部创建"网络巨龙行动"以减少海军网络中的漏洞。美国国民警卫队启动年度非机密网络防护演习，以进一步保护联邦网络。三是推动技术发展，促进网络安全治理。洛克希德·马丁公司和美国印太司令部合作研发了一种与虚拟宙斯盾武器系统相结合的人工智能规划工具，用于执行联合军种、多域打击行动。英国政府购买了第一台量子计算机，用于提高其在网络防御和其他国家安全关键领域的研究能力。美国国防部高级研究计划局推出最新人工智能项目，试图以新的、混合的 AI 算法的形式来解决诸多挑战。

第二节 2022 年 6 月网络空间安全治理态势大事件简介

一、美国国务院情报与研究局发布网络安全新战略①

2022 年 6 月 27 日，美国国务院情报与研究局（INR）发布一项网络安全战略，该战略旨在解决"技术债务"，并在漏洞发现与修复方面营造一种更为积极的安全文化。这份战略文件主要强调了情报研究局在"加强部门绝密计算环境的安全性和改进网络风险管理方式"上应做的工作。在技术应用方面提出，需要优先考虑并运用新技术，"建立现代 IT 基础设施、软件、硬件与系统"。在部署方面提出了要"基于实时威胁的安全功能"开展部署工作的需求。在人力资源配备方面提出了要引导情报研究局员工以更负责任的态度管理网络风险和招聘工作，建设起具备强大网络安全技能的员工队伍，以及与国土安全部等大型机构进一步加深合作，建立一种更适合自己的网络安全文化，从容应对日常工作中的大量绝密信息。

二、信息安全媒体"安在"披露美国国安局 TAO "黑手行动"②

2022 年 6 月 13 日，信息安全媒体"安在"披露，美国国家安全局（NSA）通过其下属的网络战情报搜集部门——接入技术行动处（TAO）的"黑手行动"，在 30 天内远程窃取了超过 970 亿条全球互联网数据和 1240 亿条电话记录，涉及世界各国的大量公民个人隐私，这些数据正在成为美国以及其他"五眼联盟"国家的情报来源。此前，针对中国境内目标所使用的代表性网络武器"量子"攻击平台的操盘手就是 TAO，该平台可以劫持全世界任意地区、任意上网用户的正常网页浏览流量，实施漏洞利用、通信操控、情报窃取等一系列复杂网络攻击。经调查，近年来，TAO 对中国国内的网络目标实施了上万次的恶意网络攻击，控制了数以万计的网络设备（网络服务器、上网终端、网络交换机、电话交换机、路由器、防火墙等），窃取了超过 140GB 的高价值数据。TAO 利

---

① SMALLEY S. State Department Cyber Strategy Emphasizes Proactively Hunting for Threats [EB/OL]. Cyber Scoop，2022-06-27.

② FARBER D. NSA Reportedly Planted Spyware on Electronics Equipment [EB/OL]. CNET，2013-12-30.

用其网络攻击武器平台、"零日漏洞"（Zero-day）及其控制的网络设备等，持续扩大网络攻击范围。

三、美国国会委员会提出《美国数据隐私和保护法案》①

2022 年 6 月 3 日，美国众议院与参议院发布了《美国数据隐私和保护法案》讨论稿，这是首个获得两党两院支持的全面的联邦隐私立法草案，内容涉及国会近 20 年来隐私辩论的方方面面，是美国数据法治发展的重大转折点。该法案起草的主要意图包括：其一，从联邦层面推动分散的隐私立法走向统一，以更好地保护公民权利；其二，制衡欧盟《通用数据保护条例》（GDPR）在全球隐私保护领域的影响，推广美国隐私保护理念；其三，限制美国个人数据向中国等国流动，在全球数据资源争夺中获取优势。该法案离正式成为联邦法律还有一定的距离，但反映出数字时代美国数据隐私保护的价值理念，在制度设计上既考虑了增强个人数据权利的国际趋势，又有很多有利于数据价值释放的内容。

四、中国与中亚国家签署数据安全合作倡议②

2022 年 6 月 8 日，"中国+中亚五国"外长第三次会晤在努尔苏丹举行。着眼构建全方位、立体化地区互联互通新格局，深化中国同中亚国家全方位互利合作，中华人民共和国、哈萨克斯坦共和国、吉尔吉斯共和国、塔吉克斯坦共和国、土库曼斯坦、乌兹别克斯坦共和国共同提出并签署了《"中国+中亚五国"数据安全合作倡议》。各方承认联合国在该领域的主导地位，各方呼吁，各国应秉持发展和安全并重的原则，平衡处理技术进步、经济发展与保护国家安全和社会公共利益的关系。中国同中亚五国欢迎国际社会在支持多边主义、兼顾安全发展、坚守公平正义的基础上，为保障数据安全所做出的努力，愿共同应对数据安全风险挑战并在联合国等国际组织框架内开展相关合作。

五、美方首次承认参与俄乌网络战执行"前出狩猎"行动③

2022 年 6 月 1 日，美国网络司令部司令兼国家安全局局长保罗·中曾根

---

① USC. U. S. Senate Committee on Commerce, Seuence, and Transportation. U. S. Data Privacy and Protection Act［EB/OL］. Congress，2022-06-03.

② "中国+中亚五国"数据安全合作倡议［EB/OL］. 新华网，2022-06-08.

③ MARTIN A. US Military Hackers Conducting Offensive Operations in Support of Ukraine，Says Head of Cyber Command［EB/OL］. Sky News，2022-06-01.

(Panl Nakasone) 在接受英国《天空新闻》采访时承认，在此次俄乌冲突中，为支持乌克兰抵御俄罗斯网络攻势，在乌克兰执行"前出狩猎"（Hunt Forward）任务的美国军方黑客已开展了包括对俄罗斯网络攻防、信息作战在内的全系列作战行动。此外，中曾根还透露，早在 2021 年 12 月，美方就向乌克兰派遣了网军，并在当地停留了近 3 个月。这是美军高层首次公开承认美军已采取行动干涉俄乌冲突。"前出狩猎"是美国开展"网络战"的行动框架，于 2018 年开始部署。它是指通过向海外派遣网络力量、采取情报共享等，并进行主动攻击。据美国网络司令部公布的消息，截至 2022 年 5 月，美国网络司令部已在全球 16 个国家开展了 28 次"前出狩猎"行动，其中包括爱沙尼亚、立陶宛、黑山、北马其顿和乌克兰。

六、中国国务院印发《关于加强数字政府建设的指导意见》①

2022 年 6 月 6 日，中国国务院印发《关于加强数字政府建设的指导意见》：意见中明确了数字政府建设七个方面的目标任务：一是到 2025 年与政府治理能力现代化相适应的数字政府顶层设计更加完善、统筹协调机制更加健全，二是到 2025 年政府数字化履职能力、安全保障、制度规则、数据资源、平台支撑等数字政府体系框架基本形成，三是到 2025 年政府履职数字化、智能化水平显著提升，四是到 2025 年政府决策科学化、社会治理精准化、公共服务高效化取得重要进展，五是到 2025 年数字政府建设在服务党和国家重大战略、促进经济社会高质量发展、建设人民满意的服务型政府等方面发挥重要作用，六是到 2035 年与国家治理体系和治理能力现代化相适应的数字政府体系框架更加成熟完备，七是到 2035 年整体协同、敏捷高效、智能精准、开放透明、公平普惠的数字政府基本建成，为基本实现社会主义现代化提供有力支撑。

七、西北工业大学邮件系统遭受境外网络攻击②

2022 年 6 月 23 日，西安警方针对"西北工业大学电子邮件系统发现含木马程序的钓鱼邮件"一事发布警情通报。通过立案侦查，警方初步判定，此事件为境外黑客组织和不法分子发起的网络攻击行为，不法分子通过向西北工业大学师生发送包含木马程序的钓鱼邮件，企图窃取相关师生邮件数据和公民个人

---

① 国务院. 关于加强数字政府建设的指导意见［EB/OL］. 中国政府网，2022-06-23.
② 李云舒，薛鹏，朱雅欣. 西北工业大学遭美网络攻击，揭开"黑客帝国"虚伪面纱［EB/OL］. 央视网，2022-09-06.

信息。西北工业大学作为工业和信息化部直属 985 大学，以发展航空、航天、航海等领域人才培养和科学研究为特色，为武器装备研制、国防领域关键核心技术自主安全可控和西部建设提供了有力支撑。因其重点发展专业的特殊性，该校长期以来高度重视网络安全工作，经常性开展网络安全宣传教育，定期开展网络安全检查和技术监测，明确主动防御策略，全面采取技术防护措施，来自境外的钓鱼邮件暂未造成重要数据泄露。

八、兰德智库发布"重大网络事件的应急计划指南"①

2022 年 6 月 27 日，兰德公司国土安全作战分析中心（HSOAC）发布报告《重大网络事件计划：决策者导论》。报告旨在为美国国家关键职能利益相关的部门制定专门的"重大网络事件应急计划"，指导私营部门和联邦政府如何应对"运营核心网络"的重大网络事件对国家关键职能的影响。"重大网络事件应急计划"是对包括网络事件在内的突发事件做出协调、快速和有效的反应。对重大网络事件的计划过程可促进对事件响应的思考，利益相关者可加深对各自角色和责任的理解，并达成对信息共享的共识。为重大网络事件制订应对计划是一项复杂的工作，需要多个利益相关方密切合作。该报告总结了由美国国土安全作战分析中心（HSOAC）和美国网络安全和基础设施安全局（CISA）的专家制定的《重大网络事件的计划：网络事件应急计划指南》的关键要素，并列出了利益相关者在制定国家关键职能应急计划时要考虑的流程、问题和注意事项，提供了一个有效的计划框架和模板。

九、中国国家网信办发布《互联网用户账号信息管理规定》②

2022 年 6 月 27 日，中国国家互联网信息办公室发布的《互联网用户账号信息管理规定》（以下简称《规定》），自 2022 年 8 月 1 日起施行。《规定》的颁布旨在加强对互联网用户账号信息的管理，弘扬社会主义核心价值观，维护国家安全和社会公共利益，保护公民、法人和其他组织的合法权益，促进互联网信息服务健康发展。《规定》在具体内容中做了以下四点明确：一是明确了互联网用户账号信息的范围，二是明确了账号信息注册和使用规范，三是明确了账

---

① KOTILA B, HODGSON Q E, MITCH I, et al. Planning for Significant Cyber Incidents［R/OL］. RAND, 2022-06-27.

② 国家互联网信息办公室. 互联网用户账号信息管理规定［EB/OL］. 中国政府网, 2022-06-27.

号信息管理的规范，四是明确了开展监督检查和追究法律责任的相关要求。网络空间是亿万民众共同的精神家园，制定《规定》是为了落实《网络安全法》《个人信息保护法》等法律法规的规定，完善网络信息安全和个人信息保护制度，进一步划定互联网用户注册、使用和互联网信息服务提供者管理账号信息底线、红线，明确责任义务，维护网络空间良好生态。

十、英国政府向下议院提交《数据保护和数字信息法案》①

2022 年 7 月 18 日，英国数字、文化、媒体和体育部（DCMS）向英国下议院提交了《数据保护和数字信息法案》（以下简称《法案》）。这是英国在脱欧之后首次推动数据保护改革的举措之一。该法案旨在更新和简化英国的数据保护框架，以减少组织的负担，同时保持英国高标准的数据保护。《法案》中涵盖了许多数据保护问题，从个人数据的定义到国际数据转移、数据主体访问请求、cookies 和合法利益评估。此外，《法案》还旨在改革目前英国的监管机构——信息专员办公室（ICO），以建立一个新的信息委员会，并取消对公司/组织的某些责任要求，如对数据保护官、英国代表和数据保护影响评估的要求。可以说，这是英国脱欧以来明确以立法迈出了远离 GDPR 的第一步。

---

① House of Commons. Data Protection and Digital Information Bill ［EB/OL］. Bill，2022-07-18.

第十章

2022 年 7 月治理月度报告和大事件

第一节 2022 年 7 月网络空间安全治理态势月度报告

一、网络安全事件持续高发

一是网络黑客加强对主要广播电台及社交公众平台的攻击。乌克兰一经营着九家主要广播电台的公司遭到黑客恶意攻击，并在被恶意入侵的广播电台中传播有关乌克兰总统健康的假新闻。英国陆军受到了网络攻击，陆军官方推特和Youtube 账户被黑客入侵并用以宣传加密货币诈骗。俄罗斯情报部门被曝一直在利用国家控制的媒体和其他虚假信息渠道传播旨在分裂支持乌克兰的西方联盟的宣传。二是政府官方网站遭到网络攻击事件增多。加拿大安大略省圣玛丽的官网不幸成为 LockBit 勒索软件组织的攻击目标，并被要求支付赎金，否则隐私数据将会被泄露。阿尔巴尼亚向政府服务数字交付的转变受到网络攻击的破坏，导致国家电子服务门户网站关闭。三是国家重点科研机构、企业遭到网络攻击频发。国际性黑客组织"匿名者"为报复俄罗斯黑客组织对立陶宛和挪威政府的网络攻击，入侵了俄罗斯主要的太空探索机构——俄罗斯科学院太空研究所。三家伊朗钢铁制造企业遭到黑客组织攻击，其中近 20GB 的伊朗绝密数据被泄露。

二、各国多措并举推进数据法治建设

一是加强对勒索软件违法行为的关注。日内瓦协会发布《勒索软件：保险市场视角》，强调了网络保险公司在应对勒索软件攻击方面的关键作用，建议政府需要采取更多措施来遏制不断增长的勒索软件市场，重点关注加密货币的非法使用。二是加强对太空领域的网络安全保护。德国联邦信息安全办公室发布了太空基础设施的

IT 基线保护配置文件。美国防创新小组（DIU）已授予多家公司混合太空架构项目合同，将帮助国防部连接联合全域指挥控制网络。三是推动对关键基础设施的保护。新加坡发布《关键信息基础设施网络安全实务守则》，旨在指定关键信息基础设施所有者（CIIO）为确保 CII 的网络安全而应实施的最低要求。四是加强对虚假信息的打击。英国政府将修改最近推出的互联网安全法案，包括打击来自俄罗斯和其他敌对国家的虚假信息的条款。联合国安理会表示需要采取更多措施打击有关联合国 12 项维和行动的虚假信息和错误信息。五是寻求组建更具网络弹性的数字网络。世界经济论坛发布《网络弹性指数：提高组织网络弹性》，该白皮书阐述了组织缺乏网络弹性的原因，建议通过网络弹性框架（CRF）和网络弹性指数（CRI）构建更具可持续性、包容性和弹性的数字环境。美国国土安全部宣布，美国和以色列已建立新的伙伴关系，旨在提高两国关键基础设施的网络弹性。

三、各国积极推进国家安全战略的部署

一是加强合作演习，互补互助。美国和摩洛哥军队的网络防御者合作参加了一项名为"非洲狮 22 号"的联合网络安全演习。建立对多领域数字活动的理解将使美国和伙伴部队能够使用更可持续的设备，并更好地了解其任务面临的数字威胁。新英格兰各地的国民警卫队与其他军事部门和私营部门合作，练习抵御网络攻击并处理其后果。二是完善对网络安全事件的响应。澳大利亚网络安全局发布网络安全事件响应规划指南，该指南的主要内容是就应对网络事件所需的步骤提供指导。三是强化对未成年人使用网络媒体的管理。中共中央网信办、国务院未保办（民政部）、教育部、共青团中央、全国妇联联合举行"清朗·2022 年暑期未成年人网络环境整治"专项行动启动仪式，集中解决人民群众反映强烈的涉未成年人问题乱象。

第二节　2022 年 7 月网络空间安全治理态势大事件简介

一、联合国强调战略沟通打击虚假信息"战争武器"①

2022 年 7 月 12 日，联合国安理会举行维和行动战略沟通问题公开辩论会。

---

① 联合国新闻. 安理会讨论维和传播战略，秘书长强调可靠信息"生死攸关"［EB/OL］. 联合国网，2022-07-12.

联合国秘书长古特雷斯表示，维和人员当前所处的环境比记忆中的任何时候都更加危险，错误信息、虚假信息以及仇恨言论被越来越多地用作战争武器，引发当地民众对维和人员的敌意，而战略沟通可以消除谎言、增进理解。中国常驻联合国代表张军在会上发言，强调应从四个方面加强战略沟通，其中包括建立更强有力的伙伴关系、更好保障维和人员安全、促进维和行动有效履职以及加强战略沟通能力建设。此外，当日一份由巴西起草的主席声明得到所有安理会成员的批准，称联合国必须"改善维和任务中民事、军事和警察部门之间的战略沟通文化"，以保护平民。

二、德国政府强制实施安全浏览器①

2022 年 7 月，德国联邦信息安全办公室（BSI）发布了一个最低标准草案，希望通过该草案的标准增强政府的网络弹性并更好地保护敏感数据。提议的标准涵盖桌面和移动浏览器，而之前的安全指南仅适用于政府 PC 和工作站上的桌面浏览器。BSI 预计将在政府系统中强制执行最低标准，此举将禁止联邦雇员在政府业务中使用不合规的浏览器，如现已弃用的 Internet Explorer。强制实施安全浏览器更多是为了提高政府 IT 的安全性，而不是为了改变浏览器的设计方式。事实上，大部分现代浏览器都已经非常安全（忽略隐私），它们中的大多数共享完全相同的引擎，因此，共享相同的安全功能和加密功能。但某些浏览器不允许用户关闭遥测或供应商跟踪数据的方式可能会导致合规问题。

三、德国公布应对卫星网络攻击计划②

2022 年 7 月初，德国联邦信息安全办公室（BSI）发布了一份针对空间基础设施的 IT 基线保护配置文件。该文件是空客防务与航天、德国航空航天中心（DLR）德国航天局和 BSI 等机构一年的工作成果，重点关注定义卫星网络安全的最低要求，将各种卫星任务的保护要求从"正常"到"非常高"进行了分类，其目标是覆盖尽可能多的任务，并且旨在涵盖卫星从制造到运行全过程的信息安全。该文件还考虑了卫星在生命周期结束后的处理方式，航天器可能包含各种加密信息，因此需要对其进行监控。但由于各类设施的信息技术所遭遇的针对性攻击一直在增加，该文件

① Data Guidance. Germany：BSI Requests Comments on Revised Minimum Standard for Web Browsers［EB/OL］. Data Guidance，2022-07-20.

② BSI. Germany Unveils Plan to Tackle Cyberattacks on Satellites［EB/OL］. The Register，2022-07-05.

在文末发出了警告，"即使实现了所有要求，也无法达到百分之百安全"。

四、中国国家互联网信息办公室对滴滴全球股份有限公司依法做出网络安全审查相关行政处罚①

2022 年 7 月 21 日，中国国家互联网信息办公室依据《网络安全法》《数据安全法》《个人信息保护法》《行政处罚法》等法律法规，对滴滴全球股份有限公司处人民币 80.26 亿元罚款，对滴滴全球股份有限公司董事长兼 CEO 程维、总裁柳青各处人民币 100 万元罚款。经查明，滴滴公司相关违法行为最早开始于 2015 年 6 月，持续至今，共存在 16 项违法事实，其违法行为涉及多个 APP，涵盖过度收集个人信息、强制收集敏感个人信息、APP 频繁索权、未尽个人信息处理告知义务、未尽网络安全数据安全保护义务等多种情形。此外，在网络安全审查中还发现，滴滴公司存在严重影响国家安全的数据处理活动，以及拒不履行监管部门的明确要求，阳奉阴违、恶意逃避监管等其他违法违规问题。滴滴公司违法违规运营给国家关键信息基础设施安全和数据安全带来严重安全风险隐患。

五、乌克兰广播电台遭入侵以广播有关其总统健康的假新闻②

2022 年 7 月 21 日，乌克兰官员宣布，有恶意黑客攻击了经营着九家主要广播电台的乌克兰公司 TAVR Media。在被恶意入侵的广播电台中，机器人合成音连续数次表示泽连斯基（Zelensky）总统的病情非常严重，他的职责目前由最高拉达主席鲁斯兰·斯特凡丘克（Ruslan Stefanchuk）代为履行。这些虚假新闻在中午 12 点至 14 点播出，促使泽连斯基在 Instagram 上发表声明，表示此消息为假新闻，自己的身体很健康。目前，入侵的来源尚未查明，一些威胁行为者利用俄罗斯和乌克兰之间正在进行的冲突进行了一连串网络攻击，黑客组织对此采取了一些不同的立场。此外，乌克兰计算机应急响应小组（CERT-UA）还在相关申明中警告政府官员及平民，宏载的 PowerPoint 文件是被用于部署针对该国国家组织的 Agent Tesla 恶意软件。

---

① 国家互联网信息办公室. 国家互联网信息办公室对滴滴全球股份有限公司依法做出网络安全审查相关行政处罚的决定 ［EB/OL］. 人民网，2022-07-21.

② VICENS A J. Cyber Criminals Attack Ukrainian Radio Network, Broadcast Fake Message About Zelensky's Health ［EB/OL］. Cyber Scoop，2022-07-21.

六、澳大利亚国防一站式情报数据接口上线①

2022 年 7 月，Leidos 公司期待已久的情报、监视和侦察（ISR）集成功能已在澳大利亚国防部投入使用，为澳大利亚国防部情报分析师提供了跨多个数据集的单一用户界面搜索数据。通过该一站式情报数据集成功能，情报分析师使用单个用户界面便能在多个数据库中搜索和吸收 ISR 信息，使他们更容易访问、发现和协作 ISR 信息，从而更快、更明智地做出决策。Leidos 公司将继续与澳大利亚国防部进行合作，后续任务将分为两步：第一步，国防部将界面提供的搜索和发现功能扩展到已部署的用户中；第二步，将专注于整合来自选定的盟国、联盟和整个政府数据存储的数据。

七、美国参议院商务委员会批准《儿童和青少年在线隐私保护法》《儿童在线安全法》②

2022 年 7 月 27 日，美国参议院商务委员会投票批准两项保护儿童和青少年在线隐私的法案：《儿童和青少年在线隐私保护法》和《儿童在线安全法》，将扩大在商业电子平台上给予儿童和青少年的安全和隐私。此举被视为对 TikTok、Snapchat 和 YouTube 等社交媒体平台使用算法的担忧的回应。《儿童和青少年在线隐私保护法》将给予特殊在线隐私保护的儿童年龄提升至 16 岁。同时，禁止 TikTok、Snapchat 等公司未经同意向儿童投放针对性广告。《儿童在线安全法》将"未成年人"定义为 16 岁或以下的个人，并规定平台有责任为使用该平台产品或服务未成年用户的"最佳利益"行事。平台将有责任防止未成年人因消费宣扬自我伤害、自杀、饮食失调、药物滥用、成瘾和掠夺性营销行为的内容而遭受风险或伤害。平台还必须防止其他个人查看其收集的未成年人个人数据。此外，该法案还规定了家长控制和一个"可随时访问和易于使用的"伤害报告机制。

---

① Army-technology. Australian Defence Force Get Access to New ISR Data Interface［EB/OL］. Army-Technology，2022-07-11.

② U. S. Senate Committee on Commerce，Science，and Transportation. Commerce Committee Approves 2 Bills and 4 Nominations，Including Bipartisan Children's Online Privacy Legislation and OSTP Nomination［EB/OL］. U. S. Senate，2022-07-27.

八、欧盟成员国一致批准《数字市场法案》①

2022 年 7 月 18 日，欧盟 27 个成员国一致批准《数字市场法案》。这部法律对被归为"守门人公司"的互联网巨头企业提出一系列规范性要求，包括不得滥用市场支配地位打压或并购竞争对手、不得未经用户允许强行推送广告或安装软件，不得将采集的用户数据移作他用等。该法律从市场公平竞争的角度出发，旨在通过规制守门人的不公平竞争行为来确保数字服务的公平开放性。《数字市场法案》与欧盟以及各国出台的竞争法是相互补充的关系，其是在原有的竞争规则基础上进行补充和完善的，以期尽可能降低不公平的竞争行为对数字市场发展的不利影响。从宏观上来说，《数字市场法案》通过重点规制互联网巨头的行为来为市场竞争释放更多的空间，激活整个欧盟市场的竞争力和创造力。从微观上来说，《数字市场法案》在一定程度上考虑到了中小企业的合规压力，豁免了其很多合规义务，更利于促进小企业的规模化发展。

九、中国国家网信办发布《数据出境安全评估办法》②

2022 年 7 月 7 日，中国国家互联网信息办公室发布的《数据出境安全评估办法》（以下简称《办法》），自 2022 年 9 月 1 日起正式施行。随着数字经济的蓬勃发展，数据跨境活动日益频繁，数据处理者的数据出境需求快速增长。《办法》秉持安全和发展并重的基本原则，制定出台《办法》是落实《网络安全法》《数据安全法》《个人信息保护法》有关数据出境规定的重要举措，目的是进一步规范数据出境活动，保护个人信息权益，维护国家安全和社会公共利益，促进数据跨境安全、自由流动。《办法》明确了数据出境安全评估重点评估数据活动可能对国家安全、公共利益、个人或者组织合法权益带来的风险；明确了数据出境的具体流程，包括事前评估、申报评估、开展评估以及重新评估和终止出境；明确了保密要求，参与安全评估工作的相关机构和人员对在履行职责中知悉的国家秘密、个人隐私、个人信息、商业秘密、保密商务信息等数据应当依法予以保密，不得泄露或者非法向他人提供、非法使用。

①　Council of the European Union. Digital Markets Act ［EB/OL］. Consilium, 2022-07-18.

②　国家互联网信息办公室. 数据出境安全评估办法 ［EB/OL］. 中国政府网, 2022-07-07.

第十一章

2022 年 8 月治理月度报告和大事件

第一节 2022 年 8 月网络空间安全治理态势月度报告

一、网络攻击活动持续增加

一是计算机黑客攻击政府网络和其他企业。监控乌克兰网络攻击的威胁分析师报告俄罗斯国家支持的黑客组织"Gamaredon"的行动继续严重针对乌克兰。巴黎东南郊区科尔贝伊-埃松（Corbeil-Essonnes）镇的南大巴黎中心医院（CHSF）持续遭受计算机黑客攻击，急诊和手术受到影响。德国工商会（DIHK）遭到大规模网络攻击，随后关闭了电话、邮件和网络服务，防止影响继续扩大。二是信息泄露事件频发。美国医疗保健提供商 Novant Health 警告患者，由于脸书背后的公司对在线跟踪工具的错误配置，可能会发生数据泄露。黑客入侵技术服务提供商 Nelnet Servicing 系统后，美国俄克拉何马州学生贷款管理局（OSLA）和 EdFinancial 的超过 250 万学生贷款数据被曝光。

二、各国采取各类措施完善数据治理体系，加强政府针对个人信息的保护力度，推进数据共享机制建立，维护数据安全

一是对个人信息的保护。俄罗斯联邦通信、信息技术和大众传媒监督局（Roskomnadzor）领导的公共委员会举行了例行会议，会上讨论了《联邦个人数据法》的变化以及在数字服务发展的背景下保护其主体的权利。据专家介绍，将加强对用户的保护以及数据运营商的泄密责任。此外，印度发布通知撤回2019 年公布的《个人数据保护法（草案）》。该法案旨在规范公司和政府如何使用公民的数字数据，对数据跨境流动提出了严厉的规定，并建议赋予印度政府从公司获得用户数据的权力，这被视为总理莫迪对科技巨头实施更严格监管

的努力的一部分。二是规范数据的适用。巴西众议院于 2022 年 8 月 12 日颁布了第 1515/22 号法案，该法案规定了 2018 年 8 月 14 日第 13.709 号法律《个人数据保护总法》（LGPD）在国家安全、国防、公共安全、调查和起诉刑事犯罪方面的适用性。该法案禁止了私主体处理与国家安全以及国防相关的数据，但因公法管辖的法律实体要求而处理上述数据的情形除外。三是加强国际合作。根据《数字经济伙伴关系协定》（DEPA）联合委员会的决定，中国加入 DEPA 工作组正式成立，全面推进中国加入 DEPA 即全球首份数字经济区域协定的谈判。澳大利亚总检察长马克·德雷福斯（Mark Dreyfus）和贸易和旅游部长唐·法瑞尔（Don Farrell）联合宣布该国加入全球跨境隐私规则（Cross-Border Privacy Rules, CBPR）论坛。全球 CBPR 论坛旨在建立 CBPR 和处理者隐私识别系统认证，这是同类首创的数据隐私认证，可证明公司符合国际公认的数据隐私标准。同时，新论坛将促进贸易和国际数据流动，促进全球合作，在共同的数据隐私价值观基础上，承认国内保护数据隐私方法的差异。通过这种基于创建实用合规工具和合作的独特方法，可以让数字经济为各种规模的消费者和企业服务。

三、网络大国博弈日趋复杂

韩国国防部部长李钟燮与美国网络司令部司令兼国家安全局局长保罗·中曾根就近期网络安全威胁及其应对方案、网络安全合作等事宜交换意见，韩美网络司令部签署《关于网络作战领域合作和发展的谅解备忘录》。双方期待借此深化网络安全威胁信息共享和增加培训、演练机会等领域的合作，进而加强网络空间作战力量建设。自俄乌冲突以来，网络安全频繁受到威胁，乌克兰和波兰签署一项协议，以加强网络安全合作。

第二节 2022 年 8 月网络空间安全治理态势大事件简介

一、美国总统拜登签署《2022 芯片与科学法案》①

美国总统拜登于 2022 年 8 月 9 日在白宫签署长达 1054 页、授权资金总额高达约 2800 亿美元的《2022 年芯片和科学法案》（*CHIPS and Science Act 2022*，以

---

① The White House. Remarks by President Biden at Signing of H. R. 4346, "The CHIPS and Science Act of 2022"[EB/OL]. White House, 2022-08-09.

下简称《法案》），标志着针对单一产业高额补贴的法案正式生效。该《法案》主要内容包括四点：（一）实现一个目标。该法案旨在帮助美国重获在半导体制造领域的领先地位，通过为美国半导体生产和研发提供巨额补贴，推动芯片制造产业落地美国。（二）针对一个对手。芯片是数字经济的基础，中国数字经济领域飞速发展让美国政府深感"战略焦虑"。该法案限制获美国国家补贴的公司在中国投资 28 纳米以下制程的技术，限期为 10 年，违令公司需全额退还联邦补助款。（三）落实两大计划。一是半导体行业资助计划。向半导体行业提供约 527 亿美元的资金支持，并为企业提供价值 240 亿美元的投资税抵免，鼓励企业在美国研发和制造芯片。二是科研资助计划。在未来几年提供约 2000 亿美元的科研经费支持，主要流向美国国家科学基金会、美国国家标准与技术研究院、商务部和能源部等机构，重点支持人工智能、机器人技术、量子计算等前沿科技。（四）成立四大基金。根据法案，美国将成立"美国芯片基金""美国国防芯片基金""美国芯片国际技术安全与创新基金"和"美国芯片劳动力和教育基金"。

二、巴西众议院颁布 LGPD 下国家安全数据处理法案①

巴西众议院于 2022 年 8 月 12 日颁布了第 1515/22 号法案，该法案规定了 2018 年 8 月 14 日第 13.709 号法律《个人数据保护总法》（LGPD）在国家安全、国防、公共安全、调查和起诉刑事犯罪方面的适用性。该法案禁止了私主体处理与国家安全以及国防相关的数据，但因公法管辖的法律实体要求而处理上述数据的情形除外。根据该法案，个人可以在向主管部门提出要求后获取其个人数据，当局可以拒绝请求，但需要说明拒绝理由，并且巴西数据保护机构（ANPD）可对当局行为进行质询、提起诉讼。在数据转移方面，该法案将允许个人数据向在公共安全、国防和刑事诉讼领域工作的国际组织或国外代理人转移。最后，若违反法案规定，将有可能被暂停部分数据库的运行，最长时间为 2 个月，并在行政和刑事范围内追究代理人的责任。

三、中国加入《数字经济伙伴关系协定》工作组正式成立②

2022 年 8 月 18 日，根据《数字经济伙伴关系协定》（DEPA）联合委员会

---

① MANZUETO C, LEAL R. Brazil: Chamber of Deputies Announces Bill on Data Processing for State Security Under LGPD［EB/OL］. Mayer Brown, 2022-08-16.

② 商务部新闻办公室. 中国加入《数字经济伙伴关系协定》工作组正式成立［EB/OL］. 中华人民共和国商务部网, 2022-08-19.

的决定，中国加入DEPA工作组正式成立，全面推进中国加入DEPA的谈判。2021年10月30日，中国国家主席习近平在出席二十国集团领导人第十六次峰会时宣布，中国已经决定申请加入DEPA，随后两天，中国正式提出加入申请。在推进加入进程中，中国与DEPA成员国新西兰、新加坡、智利在各层级开展对话，举行了十余次部级层面的专门会谈、两次首席谈判代表会议、四次技术层非正式磋商，深入阐释中国数字领域法律法规和监管实践，全面展现中国在DEPA框架下与各方开展数字经济领域合作的前景。下一步，中国将与成员国在中国加入DEPA工作组框架下深入开展加入谈判，努力推进中国加入进程，力争尽早正式加入DEPA，为与各成员国加强数字经济领域合作、促进创新和可持续发展做出贡献。DEPA由新西兰、新加坡、智利于2019年5月发起、2020年6月签署，是全球首份数字经济区域协定。

四、美韩双方加强网络安全作战合作[1]

韩国国防部2022年8月18日表示，韩防长李钟燮当天会晤到访的美国网络司令部司令兼国家安全局局长保罗·中曾根，双方就近期网络安全威胁及其应对方案、网络安全合作等事宜交换意见。据国防部介绍，双方在会上一致认为网络安全合作对形成联防态势十分关键，并就共同应对网络安全威胁达成共识。双方同意发展信息、作战领域力量，以有效应对智能化升级的网络威胁，并决定定期举行联合演练等。当天，韩美网络司令部签署《关于网络作战领域合作和发展的谅解备忘录》。双方期待借此深化网络安全威胁信息共享和增加培训、演练机会等领域的合作，进而加强网络空间作战力量建设。

五、Meta Pixel暴露医疗保健数据[2]

2022年8月22日，美国医疗保健提供商Novant Health披露了一起影响1362296人的数据泄露事件，这些用户的敏感信息被Meta Pixel广告跟踪脚本错误地收集了。为了衡量广告效果，Novant在他们的网站上添加了Meta Pixel代码。而Meta Pixel在Novant Health的网站和"MyChart"门户上被错误配置，将隐私信息传输给Meta及其广告合作伙伴。可能通过Meta Pixel暴露的信息包括

---

[1] Yonhap News Agency. South Korean Defense Minister Lee Jong-sup Meets With the Head of the U. S. Cyber Command [EB/OL]. Yonhap News Agency，2022-08-18.

[2] HARDCASTLE J L. Novant Health Admits Leak of 1.3m Patients' Info to Facebook [EB/OL]. The Register，2022-08-22.

电子邮件地址、电话号码、IP 地址、紧急联系信息、入选医师等。

六、印度宣布撤回《个人数据保护法（草案）》①

2022 年 8 月 3 日，印度发布通知撤回 2019 年公布的《个人数据保护法（草案）》。该法案旨在规范公司和政府如何使用公民的数字数据，对跨境数据流动提出了严厉的规定，并建议赋予印度政府从公司获得用户数据的权力，这被视为总理莫迪对科技巨头实施更严格监管的努力的一部分。然而，该法案遭到了反对党和一些民间团体的抨击，他们声称，虽然该法案试图对私营公司的数据使用进行更多控制，但它为政府及其机构提供了太多豁免。印度联邦电子和信息技术部长 7 月 27 日在议会上撤回了该法案。他在一份声明中指出，该法案已经由印度议会联合委员会（JPC）进行了"详细审议"，该委员会提出了 81 项修正案以及 12 项建议，以建立数字生态系统的综合法律框架。

七、俄罗斯修订《联邦个人数据法》②

当地时间 2022 年 8 月 11 日，俄罗斯联邦通信、信息技术和大众传媒监督局（Roskomnadzor）领导的公共委员会举行了例行会议，会上讨论了最近通过的《联邦个人数据法》的变化以及在数字服务发展的背景下保护其主体的权利。据专家介绍，将加强对用户的保护以及数据运营商的泄密责任。部分修正案将于 2022 年 9 月 1 日生效。法案的变化体现在：从 2022 年 9 月 1 日起，运营商被要求将用户信息泄露事件通知 Roskomnadzor。改变了个人数据跨境转移的规则，从 2023 年 3 月 1 日起，运营商必须在开始跨境数据传输之前通知 Roskomnadzor。据 Roskomnadzor 负责人安德烈·利波夫（Andrey Lipov）称，俄罗斯的个人数据保护已经达到了一个新的水平："对个人数据安全的新要求是一个真正专注于为公民权利提供高水平保护的监管体系形成的自然延续。"

八、美国网络安全与基础设施安全局关注量子计算威胁③

2022 年 8 月 24 日，美国网络安全和基础设施安全局（CISA）发布了《CISA

---

① The Indian EXPRESS, Data Guidance. LEGISLATIVE BUSINESS Bill for Withdraws［EB/OL］. Data Guidance，2022-08-03.

② Publication Pravo. "О внесении изменений в Федеральный закон "О персональных данных［EB/OL］. Publication，2022-08-11.

③ CISA. Preparing Critical Infrastructure for Post-Quantum Cryptography［EB/OL］. CISA，2022-08-24.

洞察力：为后量子密码学的关键基础设施做准备》（CISA Insights：Preparing Critical Infrastructure for Post-Quantum Cryptography）报告，概述了利益相关者现在应该采取的行动，为他们未来迁移到 NIST 的后量子加密标准做准备。CISA 表示："强烈敦促利益相关者立即遵循报告中的建议，以确保自身顺利迁移到后量子密码标准。"主要体现：（一）数字通信的量子风险。国家和私人公司正在积极追求量子计算机的能力。量子计算开辟了令人兴奋的新的可能性，然而，这种新技术的后果包括对当前加密标准的威胁。这些标准确保数据的保密性和完整性，并支持网络安全的关键因素。（二）公钥密码的量子威胁。所有的数字通信如电子邮件、网上银行、网上消息等，都依赖用于传输数据的设备和应用程序中的数据加密。这种加密基于数学函数，确保数据在传输过程中的安全，保护数据免受篡改或间谍活动。在公开密钥加密（也被称为非对称加密）中，数学函数依靠加密密钥来加密数据，并验证发送者和接收者。当量子计算机的计算能力和速度达到更高水平时，它们将有能力破解公钥密码，威胁到商业交易、安全通信、数字签名和客户信息的安全。虽然 NIST 要到 2024 年才会发布新的后量子密码标准，但 CISA 敦促领导者现在就开始为迁移做准备，遵循后量子密码路线图。

九、乌克兰与波兰共同反击俄罗斯的网络攻击①

乌克兰和波兰签署一项协议，以加强网络安全合作。根据乌克兰数字化转型部的说法，这些国家决定共同打击网络犯罪，并分享他们在打击网络威胁方面的经验，包括来自俄罗斯的威胁。波兰是乌克兰最近的邻国，战争期间有超过 120 万乌克兰难民搬到波兰，由于与乌克兰的密切联系以及对其强大的财政支持，波兰已成为俄罗斯黑客的热门攻击目标。对波兰的网络攻击在俄罗斯入侵乌克兰后不久便开始了，2022 年 7 月，一个名为杀戮网（Killnet）的亲克里姆林宫黑客组织关闭了波兰的主要政府网站。根据协议，乌克兰和波兰将共同参加网络安全会议，并努力防止俄罗斯虚假信息在媒体上传播。

十、澳大利亚加入全球 CBPR 论坛②

2022 年 8 月 17 日，澳大利亚总检察长马克·德雷福斯（Mark Dreyfus）和

---

① The Record by Recorded Future. Ukraine and Poland Agree to Jointly Counter Russian Cyberattacks［EB/OL］. The Record by Recorded Future，2022-08-23.

② Australia Government. Australia Joins the Global Cross-Border Privacy Rules Forum［EB/OL］. Attorney-General's Portfolio，2022-08-17.

贸易和旅游部长唐·法瑞尔（Don Farrell）联合宣布该国加入全球跨境隐私规则（Cross-Border Privacy Rules，CBPR）论坛。该联合声明描述了澳大利亚对各经济体之间"互操作性和合作"的渴望，同时努力"弥合数据保护和隐私框架的差异"。全球 CBPR 论坛旨在建立 CBPR 和处理者隐私识别系统认证，这是同类首创的数据隐私认证，可证明公司符合国际公认的数据隐私标准。同时，新论坛将促进贸易和国际数据流动，促进全球合作，在共同的数据隐私价值观基础上，承认国内保护数据隐私方法的差异。通过这种基于创建实用合规工具和合作的独特方法，可以让数字经济为各种规模的消费者和企业服务。

第十二章

2022 年 9 月治理月度报告和大事件

第一节　2022 年 9 月网络空间安全治理态势月度报告

一、香港个人资料私隐专员公署就《数据出境安全评估办法》生效发布提醒①

香港个人资料私隐专员公署留意到，国家互联网信息办公室发布的《数据出境安全评估办法》（以下简称《办法》）于 2022 年 9 月 1 日生效。私隐专员提醒香港企业，尤其是在内地开展业务的香港企业或机构，如银行、保险公司和证券公司等，如符合《办法》所订明的情形，须按照有关规定向国家网信部门申报数据出境安全评估。具体而言，《办法》要求数据处理者向境外提供数据，如有以下情形之一，须开展数据出境风险自评估，并须通过所在地省级网信部门向国家网信部门申请数据出境安全评估：数据处理者向境外提供重要数据；关键基础设施运营者和处理 100 万人以上个人信息的数据处理者向境外提供个人信息；自 2021 年 1 月 1 日起累计向境外提供 10 万人个人信息或 1 万人敏感个人信息的数据处理者向境外提供个人信息；国家网信部门规定的其他需要申报数据出境安全评估的情形。其中"重要数据"是指一旦遭到篡改、破坏、泄露或者非法获取、非法利用等，可能危害国家安全、经济运行、社会稳定、公共健康和安全等的数据。

---

① 孙建红．总体国家安全观大事记［J］．国家安全研究，2022（4）：167-175.

二、ENISA 支持部门信息共享和分析中心（ISAC）之间的合作①

兰德公司 2022 年 9 月 9 日发布，ENISA 主办了一次活动，这次活动旨在达成共识，并最终在社区建立信任，以促进不同部门的合作。代表的行业包括金融国际审计中心、顶级域名会计准则、能源国际审计计量公司、城市会计准则理事会和电信国际审计计量处等。该活动包括欧盟委员会和 ENISA 关于 ISACS 和信息共享重要性的发言。会议还欢迎日本国际信息通信技术协会的在线参与与贡献。信息分享和分析中心（ISAC）是非营利组织。它们的作用就是收集有关网络威胁的信息提供中央资源，还促进了私营部门与公共部门之间就原因、事件和威胁交流信息，并允许分享经验、知识和分析。

三、美官方发布首个综合网络安全战略规划②

2022 年 9 月 13 日，美国网络安全和基础设施安全局（CISA）发布了《2023 年至 2025 年战略规划》（2023—2025 *Strategic Plan*）。该规划与美国国土安全部 2020—2024 财年战略规划保持一致，是 CISA 自 2018 年成立以来发布的首个综合性战略规划，为未来 3 年美国网络和基础设施安全工作指明了方向。CISA 此次战略规划中确定了网络防御、减少风险和增强恢复能力、业务协作、统一机构 4 个网络安全目标，共有 19 个子目标，分别聚焦降低风险、增加韧性，以及确保 CISA 实施该战略规划的组织地位。近年来，美国关键基础设施遭遇多次重大网络安全事件，拜登政府高度重视关键基础设施网络安全工作。2021 年 5 月，拜登签署关于增强国家网络安全的行政命令，其中提出要加强基础设施的安全可信。CISA 发布的《2023 年至 2025 年战略规划》是 CISA 自 2018 年成立以来发布的首个综合性战略规划，为未来 3 年美国网络和基础设施安全工作指明了方向。规划中提出了分别聚焦网络防御、网络攻防、业务协作和机构统一的目标，同时提出了具体举措，以确保 CISA 战略规划能够顺利实施。

---

① Department of Justice Office of Public Affairs. DOJ and DOD Support Federal Communicaton Cominision Inquiry Into Internet Security［EB/OL］. Justice，2022-09-15.

② BRUSSELS. New Rules to Boost Cybersecurity and Information Security in EU Institutions，Bodies，Offices and Agencies［EB/OL］. European Commission，2022-03-22.

四、欧盟委员会《网络弹性法》提出强制性网络安全标准①

2022 年 9 月 15 日，欧盟委员会提议制定《网络弹性法》（*Cyber Resilience Act*），要求所有在欧盟市场上可销售的可联网数字化设备和软件在设计、生产、运营及维护整个生命周期都必须满足欧盟设定的强制性网络安全标准。根据这部拟议中的法案，全球的软硬件数字产品在欧盟市场上市前要通过自查或第三方检查，确认满足欧盟网络安全标准并签署承诺书，由欧盟办法"CE"标志后才可上市销售。生产商有义务向消费者及时告知安全风险并提供更新或升级，确保软硬件产品安全，保护消费者和企业免受缺陷产品侵害。委员会指出，拟议的《网络弹性法》将引入的新规则重新平衡制造商责任，通过提高安全属性的透明度、促进对数字化产品的信任，使消费者和使用数字产品的企业受益，并更好地维护隐私和数据保护等基本权利。此外，《网络弹性法》将对直接或间接连接到另一设备或网络的所有产品适用。据悉，这项法律草案随后将提交欧洲议会和欧洲理事会审议。一旦通过，经济运营商和成员国将有两年时间来适应大多数新要求。

五、美国和盟国就伊朗网络行为者的活动发布联合咨询②

2022 年 9 月 16 日，美国、加拿大、澳大利亚和英国的机构已经警告伊朗网络攻击者利用未受保护系统中的已知漏洞来访问和加密关键数据并支持勒索行动。根据联合网络安全咨询，隶属于伊朗政府伊斯兰革命卫队的网络攻击者正在利用 Microsoft Exchange 等漏洞。美国国家安全局表示，他们的主要目标是关键基础设施部门。恶意行为者通常在伊朗公司 Najee Technology Hooshmand 的支持下运作，为了保护系统免受网络攻击，这些机构建议维护离线数据备份，在所有网络上计划 BitLocker，使用免费的 CISA 网络卫生服务漏洞扫描服务实现自动连续测试，并立即修补操作系统、软件和固件。

六、兰德公司发布量化海军网络安全投资价值的方法③

2022 年 9 月 28 日，兰德公司的研究人员开发并支持实施了一种方法，以评估美国海军网络安全投资的资源选择价值。拟议的方法分为两类（影响和

---

① EU. Cyber Resilience Act of 2022［EB/OL］. Europa, 2022-09-15.
② BBC. The BBC Publishes Its 2022—2024 Strategic Plan［EB/OL］. CISA, 2022-09-16.
③ Rand-act. Cyber Resilience Act of 2022［EB/OL］. RAND, 2022-09-15.

可利用性）12 个量表，使海军能够在计划目标备忘录（POM）流程中对潜在的网络安全投资进行评分。与海军使用的现有方法相比，这种方法可以提高评级的一致性，并为思考不同投资的风险降低和优先排序提供更明确的结构。主要发现了在制定网络安全投资优先级和决策方法时，面临的挑战很多，这种新方法的一个主要优点是它的简单性，信息安全经济方法不直接适用于海军环境，提出了两点建议：一是海军可以为推荐的投资提供一个结构化的数据框架，最好是通过门户网站。这至少使其能够更快地比较投资，并减轻比较过去和未来一年投资的挑战。二是在数据框架内，海军应提供代表优先事项和投资范围的共同领域。该框架可以包括对计量经济学分析有用的其他字段。对投资请求来说，包含这些信息对于增加对特定投资相对于其他投资的潜在影响的理解至关重要。同样，在投资中建立结构化、编纂和一致的优先级也有助于快速进行比较分析。

第二节　2022 年 9 月网络空间安全治理态势大事件简介

一、澳大利亚政府将审查 TIKTOK 和微信的数据采集情况①

据 ABC News 报道，澳大利亚情报机构正式开始对 TikTok 展开严格仔细的审查。有澳大利亚分析人士认为，TikTok 正在收集大量数据，并警告字节跳动可能会与中国政府分享那些用户信息。澳大利亚 ABC News 也被告知，时任总理莫里森已指示情报机构调查 TikTok 是否构成安全威胁，同时，澳大利亚内政部也在调查政府可以采取哪些措施来管理其带来的隐私或数据泄露风险。TikTok 澳大利亚公司（TikTok Australia）称："我们将用户数据都存储在美国和新加坡，所以 TikTok 用户不必担心自己的隐私被泄露。"在一份声明中该公司称："TikTok 不会与包括中国政府在内的任何外国政府分享我们在澳大利亚的用户信息，如果被要求也不会这样做。"联邦议会情报与安全联席委员会副主席、联邦工党议员安东尼·伯恩（Anthony Byrne）一直呼吁：如果中国政府继续对澳大利亚进行网络攻击或者经济胁迫，TikTok 应该被禁止以作为报复行动。

---

① Australian Government. New Disinformation Laws［EB/OL］. Infrastructure，2022-09-02.

二、欧盟委员会《网络弹性法》提出强制性网络安全标准①

2022 年 9 月 15 日，欧盟委员会提议制定《网络弹性法》（*Cyber Resilience Act*），要求所有在欧盟市场上可销售的可联网数字化设备和软件在设计、生产、运营及维护整个生命周期都必须满足欧盟设定的强制性网络安全标准。根据这部拟议中的法案，全球的软硬件数字产品在欧盟市场上市前要通过自查或第三方检查，确认满足欧盟网络安全标准并签署承诺书，由欧盟办法"CE"标志后才可上市销售。生产商有义务向消费者及时告知安全风险并提供更新或升级，确保软硬件产品安全，保护消费者和企业免受缺陷产品侵害。欧盟委员会指出，拟议的《网络弹性法》将引入的新规则重新平衡制造商责任，通过提高安全属性的透明度、促进对数字化产品的信任，使消费者和使用数字产品的企业受益，并更好地维护隐私和数据保护等基本权利。此外，《网络弹性法》将对直接或间接连接到另一设备或网络的所有产品适用。据悉，这项法律草案随后将提交欧洲议会和欧洲理事会审议。一旦通过，经济运营商和成员国将有两年时间来适应大多数新要求。

三、美国国安局、国土安全部、网络安全与基础设施安全局及国家情报总监办公室联合发布《面向开发者的软件供应链安全指引》②

美国国安局（NSA）、国土安全部网络安全与基础设施安全局（CISA）及国家情报总监办公室（ODNI）于 2022 年 9 月联合发布《面向开发者的软件供应链安全指引》（*Securing the Software Supply Chain for Developers*），该文件由"持久安全框架软件供应链工作组"——隶属于美国关键基础设施合作顾问委员会（CIPAC），成员包括美国政府专家及信息技术、通信、国防等行业代表，负责为应对美国国家安全系统所面临之威胁和风险开展工作的跨领域工作组——编制，是美国联邦政府网络安全职能机构依照白宫第 14028 号行政令《加强美国网络安全性》所提"保障美国联邦政府软件供应链"要求而发布的首份软件安全指引，之后还将发布分别面向软件供应商和用户的另外两份指引。

---

① European Commission. Cyber Resilience Act of 2022［EB/OL］. Shaping Europe's Digital Furure，2022-09-15.

② NSA，CISA，ODNA. Securing the Software Supply Chain：Recommended Practices for Developers［EB/OL］. Media Defense，2022-09-01.

四、美国司法部与国防部加入 FCC 互联网路由安全审查行动①

美国司法部国家安全部门（DOJ NSD）2022 年 9 月宣布，其已与美国国防部一起加入由美国联邦通信委员会（FCC）在 2022 年 2 月底启动的"互联网路由安全审查"（Inquiry on Secure Internet Routing）行动，美国国土安全部网络安全与基础设施安全局（CISA）此前已作为首个支持机构参与相关工作。根据美国司法部国家安全部门和美国国防部联合提交的材料，美国政府认为当前用于设置互联网路由的"边界网关协议"缺乏基本安全功能，极易被外国对手利用其弱点窃取美国个人及机构的数据，实施网络间谍或破坏行动，联邦通信委员会应考虑通过技术安全标准及提升透明度的综合措施来有效管控"边界网关协议"相关的安全风险。

---

① Department of Justice Office of Public Affairs. DOJ and DOD Support Federal Communicaton Cominision Inquiry Into Internet Security［EB/OL］. U. S. Department of Justice，2022-09-15.

参考文献

中文著作、译著：

［1］黄春林．网络与数据法律实务：法律适用及合规落地［M］．北京：人民法院出版社，2019．

［2］周辉，张心宇．互联网平台治理研究［M］．北京：中国社会科学出版社，2022．

［3］牛丽红．俄罗斯网络空间安全战略探析［M］．北京：知识产权出版社，2021．

［4］刘磊，吴之欧．数字货币与法［M］．北京：法律出版社，2022．

［5］王融．数据要素——数据治理：数据政策发展与趋势［M］．北京：电子工业出版，2020．

［6］王希海，望岳，吴海亮．华为 HMS 生态与应用开发实战［M］．北京：机械工业出版社，2020．

［7］京东法律研究院．欧盟数据宪章：《一般数据保护条例》GDPR 评述及实务指引［M］．北京：法律出版社，2018．

［8］狄乐达．数据隐私法实务指南：以跨国公司合规为视角［M］．何广越，译．北京：法律出版社，2018．

［9］谢永江，李欲晓．网络安全法学［M］．北京：北京邮电大学出版社，2017．

［10］姚前，陈华．数字货币经济分析［M］．北京：中国金融出版社，2018．

［11］斯蒂芬森．雪崩［M］．郭泽，译．成都：四川科技出版社，2018．

［12］米铁男．俄罗斯联邦网络安全法律与政策研究［M］．北京：北京邮电大学出版社，2021．

［13］司马贺．网络信息政策法规导论［M］．武夷山，译．上海：上海科技教育出版社，2003．

［14］蔡翠红．美国国家信息安全战略［M］．上海：学林出版社，2009．

中文期刊：

［15］郑颖，申玉兰．中国信息网络安全监管法治建设路径探析：基于国际比较的视野［J］．河北学刊，2014（5）．

［16］郭旨龙．网络安全的内容体系与法律资源的投放方向［J］．法学论坛，2014（6）．

［17］闫晓丽，周千荷．美国网络威慑能力建设情况分析及借鉴［J］．网络空间安全，2020（5）．

［18］张舒，刘洪梅．中美网络信息安全政策比较与评估［J］．信息安全与通信保密，2017（5）．

［19］蔡翠红，王天禅．特朗普政府的网络空间战略［J］．当代世界，2020（8）．

［20］廖蓓蓓，邢松．美国网络安全体制研究及拜登时代对华战略分析研判［J］．情报杂志，2021（4）．

［21］赵晨．特朗普政府《美国国家网络战略》评析［J］．国际研究参考，2018（12）．

［22］惠志斌．美国网络信息产业发展经验及对我国网络强国建设的启示［J］．信息安全与通信保密，2015（2）．

［23］刘金瑞．美国网络安全立法近期进展及对我国的启示［J］．暨南学报（哲学社会科学版），2014，36（2）．

［24］刘彬，胡建伟．美国网络空间安全战略发展演变分析［J］．网络安全技术与应用，2022（5）．

［25］毛欣娟．国家安全学科体系构建的内在逻辑与基本面向［J］．情报杂志，2021，40（1）．

［26］郭一霖，靳高风．国家安全学：学科建设现状与发展路径［J］．江汉论坛，2020（9）．

［27］李文良．国家安全：问题、逻辑及其学科建设［J］．国际安全研究，2020（4）．

［28］李峰，舒洪水．美国高校国土安全专业的课程设置对我国国家安全学学科建设的启示［J］．情报杂志，2021（12）．

［29］王林．国家安全学学科建设中的若干争议问题研究［J］．情报杂志2021（8）．

［30］喻平．发展学生学科核心素养的教学目标与策略［J］．课程·教材·

教法，2017（1）.

　　［31］张可.大数据侦查之程序控制：从行政逻辑迈向司法逻辑［J］.中国刑事法杂志，2019（2）.

　　［32］刘学涛，李月.大数据时代被遗忘权本土化的考量：兼以与个人信息删除权的比较为视角［J］.科技与法律，2020（2）.

　　［33］王彦飞.澳大利亚网络空间安全体系建设论析［J］.信息安全与通信保密，2022（6）.

　　［34］张钰，杜芳.澳大利亚打击网络犯罪"新战略"［J］.现代世界警察，2022（8）.

　　［35］梅夏英，王剑."数据垄断"命题真伪争议的理论回应［J］.法学论坛，2021（5）.

　　［36］程雪军，侯姝琦.互联网平台数据垄断的规制困境与治理机制［J］.电子政务，2023（3）.

　　［37］张凌寒.网络平台监管的算法问责制构建［J］.东方法学，2021（3）.

　　［38］裴炜.欧盟GDPR：数据跨境流通国际攻防战［J］.中国信息安全，2018（7）.

　　［39］张乐，王淑敏.法定数字货币：重构跨境支付体系及中国因应［J］.财经问题研究，2021（7）.

　　［40］李真，刘颖格，戴祎程.Libra稳定币对我国货币政策的影响及应对策略［J］.西安交通大学学报（社会科学版），2020（3）.

　　［41］吴云，朱伟.虚拟货币的国际监管：以反洗钱为起点走出自发秩序［J］.财经法学，2021（2）.

　　［42］常宇豪.论信息主体的知情同意及其实现［J］.财经法学，2022（3）.

　　［43］洪延青.国家安全视野中的数据分类分级保护［J］.中国法律评论，2021（5）.

　　［44］纪正坦.互联网平台相关市场的界定：兼评"美国运通公司禁止转介案"的双边市场［J］.中国价格监管与反垄断，2022（9）.

　　［45］王正昌.数字平台的算法与监管［J］.中国金融，2021（5）.

　　［46］张菲，朱桐雨.互联网平台企业的数据垄断问题研究［J］.国际经济合作，2022（5）.

　　［47］郑翔，山茂峰.互联网平台经营者市场支配地位的认定：基于平台数

据竞争的反思 [J]. 北京交通大学学报（社会科学版），2021 (3).

[48] 肖军. 俄罗斯信息安全体系的建设与启示 [J]. 情报杂志，2019 (12).

[49] 官晓萌. 俄罗斯网络安全领域最新法律分析 [J]. 情报杂志，2019 (11).

[50] 陈春彦. 俄罗斯互联网主权立法创新与启示 [J]. 中国广播电视学报，2021 (11).

[51] 张孙旭. 俄罗斯网络空间安全战略发展研究 [J]. 情报杂志，2017 (12).

[52] 马天骄. 俄罗斯网络空间治理：以互联网政治为视角 [J]. 俄罗斯学刊，2021 (2).

[53] 马海群，范莉萍. 俄罗斯联邦信息安全立法体系及对我国的启示 [J]. 俄罗斯中亚东欧研究，2011 (3).

[54] 刘勃然. 俄罗斯网络安全治理机制探析 [J]. 西伯利亚研究，2016 (6).

[55] 李彦. 俄罗斯互联网监管：立法、机构设置及启示 [J]. 重庆邮电大学学报（社会科学版），2016 (6).

[56] 彭知辉. 论大数据伦理研究的理论资源 [J]. 情报杂志，2020 (5).

[57] 陶蔓茜，范荣荣，杨彦超，等. 全球视野 [J]. 互联网天地，2022 (11).

[58] 白长虹，刘欢. 旅游目的地精益服务模式：概念与路径：基于扎根理论的多案例探索性研究 [J]. 南开管理评论，2019 (3).

[59] 何奇松. 美国太空系统网络安全能力构建 [J]. 国际展望，2022 (3).

报纸、其他文献：

[60] 朱永华. 以新安全格局保障新发展格局 [N]. 湖南日报，2022-10-17 (15).

[61] 王世伟. 论信息安全、网络安全、网络空间安全 [J]. 中国图书馆学报，2015 (2).

[62] ZI CHENC. 网安大国系列：澳大利亚：来自大洋孤岛的隐忧 [EB/OL]. 黑客技术，2022-09-16.

[63] 陈弘. 首鼠两端的澳大利亚对华政策 [EB/OL]. 国际网，2020-

09-11.

　［64］链谈未来. 深度分析元宇宙发展过程中的挑战和建议［EB/OL］. 百度百科，2022-07-21.

　［65］中国科技新闻协会大数据与科技传播专委会. 中国元宇宙白皮书［R/OL］. 中国大数据网，2022-01-26.

英文期刊：

　［66］CHRISTOU G. The Collective Securitisation of Cyberspace in the European Union［J］. West European Politics, 2019, 42（2）.

　［67］CARRAPICO H, FARRAND B. Dialogue, Partnership and Empowerment for Network and Information Security：the Changing Role of the Private Sector From Objects of Regulation to Regulation Shapers［J］. Crime, Law and Social Change, 2017, 67.

　［68］PRASETYO H N, SURENDRO K. Designing a Data Governance Model Based on Soft System Methodology（SSM）in Organization［J］. Journal of Theoretical and Applied Information Technology, 2015, 78（1）.

　［69］KOLLNER P. Australia and New Zealand Recalibrate Their China Policies：Convergence and Divergence［J］. The Pacific Review, 2021, 34（3）.

其他文献：

　［70］The United States Navy. U. S. Fleet Cyber Command/U. S. Tenth Fleet Strategic Plan 2020—2025［R］. Maryland：The U. S. Tenth Fleet, 2018.

　［71］United Nations Conference on Trade and Development. Digital Economy Report 2019［R］. Geneva：United Nations Pub-lications, 2019.

　［72］European Commision. Sharping Europe's Digital Future［R］. Luxembourg：Publications Office of the European Union, 2020.

　［73］CLINTON H. Remarks on the Release of President Obama Administration's International Strategy for Cyberspace［EB/OL］. STATE, 2011-05-16.

　［74］European Parliament. Common Security and Defence Policy［EB/OL］. European Union, 2021-12-08.

　［75］Briefing. "Digital Sovereignty for Europe"［EB/OL］. European Parliament, 2021-04-07.

　［76］HART E. "Franco-German Position on GAIA-X"［EB/OL］. BFUK,

2021-04-07.

[77] EDPS. EDPS Strategy 2020—2024 Shaping a Safer Digital Future [EB/OL]. Europa, 2021-04-07.

[78] European Parliament. "A European Strategy for Dat" [EB/OL]. European Commission, 2021-03-01.

[79] European Commission & High Representalive of the Union for Foreign Affairs and Security Policy. The EU's Cybersecurity Strategy for the Digital Decade [EB/OL]. Europarl, 2021-04-03.

[80] ENGLER A. The EU and U. S. Are Starting to Align on AI Regulation [EB/OL]. Brookings. Edu, 2022-02-01.

[81] European Parliament. A Governance Framework for Algorithmic Accountability and Transparency [R/OL]. Europarl, 2019-04-01.

[82] REISMAN D, SCHULTZ J, CRAWFORD K, et al. Algorithmic Impact Assessments: A Practical Framework for Public Agency Accountability [EB/OL]. Ainowinstitute. Org, 2018-04-09.

[83] Bank for International Settlements. Annual Economic Report2021 [EB/OL]. BIS, 2021-06-29.

[84] FSB. Crypto-asset: Work Underway, Regulatory Approaches and Potential Gap [EB/OL]. FEB, 2019-05-31.

[85] Central Bank of Brazil. Distributed Ledger Technical Research in Central Bank of Brazil: Positioning Report [EB/OL]. Semanticscholar. Org, 2017-08-31.

[86] Federal Council. Federal Council Report on Virtual Currencies in Response to the Schwaab and Weibel Postulates [EB/OL]. Admin. Ch, 2014-06-25.

[87] BAKER P. A Ban on Privacy Coins Could be Disastrous [EB/OL]. CRYPOT BRIEFING, 2018-05-03.

[88] OECD. Taxing Virtual Currencies: An Overview of Tax Treatments and Emerging Tax Policy Issues [EB/OL]. OECG. ORG, 2020-10-14.

U0173503